ulmer

Thomas Lohrer

PFLANZEN-SCHUTZ EINFACH VON A–Z

330 Krankheiten und Schädlinge im Zier- und Nutzgarten

Das steckt in diesem Buch

So finden Sie sich in diesem Buch zurecht

In diesem Buch finden Sie im vorderen Teil die Krankheiten und Schädlinge an Zierbäumen, -sträuchern und -stauden, und im hinteren Teil die an Obst und Gemüse. In beiden Teilen werden Ihnen zuerst Übeltäter vorgestellt, die besonders häufig und an verschiedenen Pflanzen auftreten können. Anschließend sind zu jeder Pflanze, nach dem deutschen Namen alphabetisch sortiert, die wichtigsten Quälgeister in Wort und Bild festgehalten. Bei jedem Schaderreger ist auch der wissenschaftliche Name genannt. Dieser hilft Ihnen etwa bei weiteren Recherchen im Internet.

So ist jedes Porträt aufgebaut:

32

Ahorn

Ahornborstenlaus

Periphyllus-Arten
Blattlaus

Steckbrief
Mehrere Generationen pro Jahr. Am Ahorn treten unterschiedliche Borstenlausarten auf, deren Biologie und Schadwirkung jedoch vergleichbar sind. Nach der Überwinterung als Ei an den Trieben erscheinen zum Blattaustrieb die ersten Läus e an den jungen Blättern saugen. Geflügelte Tiere sorgen im Frühjahr für eine weitere Ausbreitung. Zum Sommer hin verlangsamt sich die Entwicklung und es entstehen ruhende Sommerlarven. Im Herbst gebildete Geschlechtstiere sorgen dann wieder für die Eiablage.

Symptome und Schadbild
Durch eine frühe Saugtätigkeit an den Blättern treten Deformatione d aufgerissene Blattspreiten auf, auch wird teils reichlich Honigtau gebildet. Die Sommerlarven sitzen bevorzugt entlang der Blattadern und lassen sich im Gegenlicht gut erkennen. Ein starker Befall führt zum frühzeitigen Laubfall. Das punktuell aufgerissene Blattgewebe ähnelt einer Schädigung durch Wanzen.

Vorbeugen und bekämpfen
Absammeln befallener Blätter im Sommer, u eine spätere Abw ng und Eiablage zu verhindern. Einsatz von Insektiziden im Frühjahr bei einem stärkeren Vorjahresbefall. Oft ist der Schaden nur gering, sodass sich eine Bekämpfung erübrigt.

Auf einen Blick
- fein löchrig aufgerissene Blätter am Ahorn
- im Gegenlich kennbare an den Blattadern sitzende Blattläuse
- der Schaden an den Blättern ist meist nur gering

Ganz nah dran
Die erwachsen Tiere werden 3 mm groß und trag nterschiedliche Borsten am Körper (Namensgebung)

Unter **Symptome und Schadbild** sind die an der Pflanze sichtbaren Merkmale aufgeführt.

Die unter **Vorbeugen und bekämpfen** genannten Maßnahmen verstehen sich als Auflistung möglicher Schritte ohne eine Wertung oder Gewichtung.

In **Auf einen Blick** sind die wichtigsten Fakten kurz für eine schnelle Durchsicht zusammengefasst.

Im **Steckbrief** finden Sie in geraffter Form die wichtigsten Informationen zur Biologie, zum Lebenszyklus und zum Aussehen.

33

Ahorngallwespe

Pediaspis aceris
Gallwespe

Steckbrief
Mehrjähriger Entwicklungszyklus. Die im Frühjahr des ersten Jahres auftretenden Weibchen legen ihre Eier an den Blättern von verschiedenen Ahornarten ab, die als Folge eine auffällige Blattgalle bilden. Die noch im gleichen Jahr im Sommer geschlüpften Tiere legen ihre Eier an den Wurzeln schließlich von Berg-Ahorn ab, an denen sich Wurzelgallen ausbilden. Nach zweijähriger Entwicklungszeit kommt es im Frühjahr des dritten Jahres zum Schlupf und der Zyklus beginnt dann wieder mit der Eiablage an die Ahornblätter.

Symptome und Schadbild
Blattunterseits sind am Ahorn bis zu 8 mm große, gelblich bis deutlich rot gefärbte, zu mehreren auftretende Gallen zu erkennen. Die Gallen sind innen hohl und beherbergen eine einzelne, weiß gefärbte Larve. Die am Berg-Ahorn gebildeten, braun gefärbten Wurzelgallen sind anfangs fleischig, später holzig und haben eine Größe von etwa 1 cm im Durchmesser. Sie treten oft in größerer Zahl auf. Die Schadwirkungen auf die Pflanze sind in beiden Fällen bei einem geringen Auftreten vergleichsweise schwach.

Vorbeugen und bekämpfen
Entfernung der Blätter mit Gallen im Frühjahr vor dem Schlupf der Tiere. Auf einen Insektizideinsatz kann verzichtet werden.

Nicht verwechseln!
Aufgrund des eindeutigen Schadbildes ist keine Verwechslung mit anderen Schaderregern möglich.

Ahorn

Auf einen Blick
- auffällige, rundliche Gallen in größerer Zahl an Ahornblättern
- verborgene Wurzelgallen am Berg-Ahorn
- diese Gallwespe tritt nur an Ahorn auf

Aussagekräftige Fotos vermitteln Ihnen einen Eindruck von Schaderreger und Schadbild und erleichtern Ihnen die Diagnose.

Zusätzliche Hinweise zum Schaderreger finden Sie unter **Nicht verwechseln!**, **Kommt auch vor an** und **Ganz nah dran**.

Den Übeltätern auf der Spur

Geht es Ihnen gut oder kränkeln Sie? Bei näherer Betrachtung dieser Frage wird schnell klar, dass die Grenze zwischen gesund und krank fließend ist und auch von jedem individuell unterschiedlich wahrgenommen wird. Und dies gilt im übertragenen Sinne auch für Pflanzen. Drei Bedingungen, die gleichzeitig auftreten müssen, führen dazu, dass es zu einer Erkrankung kommt. Diese sind: eine geeignete Wirtspflanze, der passende Schaderreger und bestimmte Umweltbedingungen. Ist eine dieser Bedingungen nicht vorhanden, wird auch kein „Arzt" benötigt, denn es kommt zu keiner Erkrankung. Dazu als Beispiel die bekannte Kraut- und Braunfäule der Tomate: Es müssen die Tomate (Wirtspflanze), der Pilz *Phytophthora infestans* (Schaderreger) sowie eine bestimmte Temperatur und feuchtes Blattwerk (Umweltbedingungen) vorhanden sein, damit der Pilz die Blätter infizieren kann. Wird ein Faktor nicht erfüllt, kommt es zu keiner Erkrankung. Aus der Biologie des Pilzes ist beispielsweise bekannt, dass die Sporen über infizierte Kartoffelpflanzen mit dem Wind auf die Tomate übertragen werden – ein gemeinsamer Anbau von Tomaten und Kartoffeln im Garten erhöht das Risiko einer Infektion somit erheblich. Ist dieser Schaderreger-Faktor nicht zu beeinflussen, kann eventuell am Faktor Umweltbedingungen etwas geändert werden. So lässt sich die vom Pilz für die Infektion benötigte Feuchtigkeit auf den Blättern recht einfach verhindern, wenn man die Tomaten im Freiland unter einem Pultdach anbaut. Ergebnis: Die Tomate ist vorhanden, der Pilz ebenso, aber er kann die Pflanze mangels passender Umweltbedingungen nicht infizieren – die Tomate bleibt gesund.

Aufgrund der geschilderten Zusammenhänge wird schnell klar, dass Sie bei näherer Kenntnis dieser drei Faktoren eine Erkrankung leicht verhindern bzw. rasch eine Bekämpfungsstrategie entwickeln können. Und dabei ist es egal, ob es sich um einen Schaderreger an Gemüse oder einer anderen Kultur handelt – diese Zusammenhänge gelten kulturübergreifend. Besonders wichtig sind dabei Kenntnisse über die Biologie der Schaderreger (Überwinterungsort, Infektionsbedingungen, Anzahl der Generationen pro Jahr) sowie deren sichere Diagnose. Denn wenn Sie nicht wissen, welcher Schaderreger am Werk ist, können Sie auch keine wirkungsvollen Maßnahmen ergreifen. In diesem handlichen Taschenbuch finden Sie viele Hinweise auf die richtige Diagnose des Schaderregers.

Leitbild: integrierter Pflanzenschutz

Seit 1986 ist der integrierte Pflanzenschutz im deutschen Pflanzenschutzgesetz fest verankert. Er ist „... eine Kombination von Verfahren, bei denen unter vorrangiger Berücksichtigung biologischer, biotechnischer, pflanzenzüchterischer sowie anbau- und kulturtechnischer Maßnahmen die Anwendung chemischer Pflanzenschutzmittel auf das notwendige Maß beschränkt wird." Der integrierte Pflanzenschutz findet aber nicht nur auf nationaler Ebene eine juristische Beachtung, sondern auch in Regelwerken der Europäischen Union. Eine von ihr erlassene Richtlinie formulierte bereits 2009 insgesamt acht allgemeine Grundsätze des integrierten Pflanzenschutzes, die innerhalb der EU-Mitgliedsstaaten zumindest für alle beruflichen Verwender von Pflanzenschutzmitteln seit Januar 2014 auch verbindlich einzuhalten sind. Darüber hinaus wurde ebenfalls aufgrund von EU–Vorgaben Ende 2019 im Rahmen des von der Bundesregierung verabschiedeten Nationalen Aktionsplans zur nachhaltigen Anwendung von Pflanzenschutzmitteln eine umfangreiche Leitlinie zum integrierten Pflanzenschutz im Haus- und Kleingarten als Broschüre veröffentlicht (einsehbar unter https://www.nap-pflanzenschutz.de).

Mit dem nachfolgend näher vorgestellten Maßnahmenkatalog des integrierten Pflanzenschutzes können Sie auch in Ihrem Garten den an Obst, Gemüse, Ziergehölzen und Schmuckstauden auftretenden Schaderregern wirkungsvoll begegnen.

Nützlinge im Einsatz

Zahlreiche Nützlinge treten im Garten meist unbemerkt auf und helfen dem Hobbygärtner bei der Schädlingsbekämpfung. Die bekannten Marienkäfer und ihre Larven sind besonders eifrige Blattlausräuber. Auch die Larven der Florfliegen, die als ausgewachsene Insekten filigrane netzartige Flügel besitzen, saugen mit ihren hervorstehenden Zangen (Schad-)Insekten und Milben aus. Die Larven der Schwebfliegen sind wichtige Blattlausvertilger und sitzen oft mitten in den Blattlauskolonien. Da sie kleinen Nacktschnecken ähneln, werden sie gern übersehen. Oft finden sich in Blattlaus- und Spinnmilbenkolonien auch die nur wenige Millimeter kleinen, oft rosa gefärbten Larven der Gallmücken, die ihre Beute anstechen und aussaugen. Die meist nachtaktiven Laufkäfer sind hingegen große, stattliche Käfer, die sich ebenso wie ihre Larven räuberisch von anderen Insekten und Schnecken ernähren. Schlupfwespen und Raubmilben sind wegen ihrer geringen Größe eher unbekannte Nützlinge. Aber auch sie helfen dem Hobbygärtner, da sie beispielsweise die Eier von schädlichen Raupen parasitieren oder Spinnmilben aussaugen. Auch die Larven der Leuchtkäfer, besser bekannt als „Glühwürmchen", gehören zu den Nützlingen, da sie sich während ihrer zwei- bis dreijährigen Entwicklung ausschließlich von Schnecken ernähren. Erwähnt sei an dieser Stelle das verblüffende, zugegeben „todsichere" System, wie die Larven der Leuchtkäfer ihre Beute finden: Sie besitzen die Fähigkeit, dank ihres ausgeprägten Geruchs- und Geschmackssinns die Fährte selbst 24 Stunden alter Schleimspuren zurückzuverfolgen und so ihre Beute aufzuspüren.

Neben den hier vorgestellten „kleinen" Nützlingen wie Florfliegen, Marienkäfer und Co. gibt es aber auch eine Reihe „größerer" Helfer, zu denen nicht nur der Igel, sondern auch die Fledermäuse und Singvögel wie die Meisen gehören. Auf der nachfolgenden Doppelseite stellen wir Ihnen einige dieser „Gehilfen des Gärtners" näher vor.

Da Nützlinge wichtige Helfer im Garten sind, sollten Sie diese stets durch geeignete Maßnahmen schonen und fördern:

- Unterschlupfmöglichkeiten wie Laubschichten unter Sträuchern oder auch gezielt angelegte Totholz- oder Steinhaufen sind für viele Nützlinge wichtig.
- Die Aussaat von Wildblumenmischungen, von Dolden- und Korbblütlern bei einem möglichst ganzjährigen Nektarangebot fördert die Anwesenheit der erwachsenen Schwebfliegen, Florfliegen und Schlupfwespen.
- Einige Nützlinge können Sie auch gezielt fördern, wie beispielsweise Vögel (Vogelkästen, Vogeltränke, Sitzkrücke für Greifvögel), Florfliegen (rote Florfliegenkästen), Fledermäuse (Fledermauskästen), Ohrwurm (Ton-Blumentöpfe gefüllt mit Stroh) oder Igel (Schlupflöcher im Zaun, halbkugelige Igelhöhlen, Brett zum Gartenteichausstieg).

Setzen Sie zudem, wenn überhaupt, nur nützlingsschonende Pflanzenschutzmittel ein. Hinweise dazu finden Sie auf Verpackung und Gebrauchsanweisung. Produkte mit Hinweisen wie „Das Mittel wird als schädigend für Populationen relevanter Nutzorganismen eingestuft" sind nicht zu bevorzugen.

Nützlinge können darüber hinaus auch über den Fachhandel bezogen werden. Wegen der meist hohen Ansprüche an Temperatur, Feuchtigkeit und Licht beschränkt sich ihr Einsatz aber vorwiegend auf Wintergärten (Australische Marienkäfer gegen Schmierläuse), Gewächshäuser (Raubmilben gegen Spinnmilben) sowie Innenräume (Florfliegenlarven gegen Blattläuse). Manche sind aber auch für den Einsatz im Freiland geeignet, beispielsweise Nematoden gegen die Larven vom Dickmaulrüssler. Diese lassen sich aber nicht etwa ganzjährig einsetzen, sondern verständlicherweise nur in den Zeiträumen, in denen sich auch die Larven im Boden befinden – und bei über 12 °C Bodentemperatur. Optimale Einsatztermine liegen hier in den Monaten März bis April und August bis September.

Große Helfer im Garten

Heißen Sie die wichtigsten Nützlinge in Ihrem Garten willkommen, dann hält sich der Ärger mit Raupen, Blattläusen und anderen Schädlingen im Zaum.

Igel

Der dämmerungs- und nachtaktive Igel besitzt 6000–8000 Stacheln und frisst fast alles, was ihm vor die Nase kommt, bevorzugt wirbellose Tiere wie Schnecken, Würmer, Engerlinge und Raupen. Im Herbst nascht er im Garten auch gerne am Fallobst.

Fledermaus

Die Fledermaus jagt in der späten Abenddämmerung und fängt mit Hilfe ihrer Ultraschall-Echopeilung nachtaktive Falter, Käfer und Mücken. Tagsüber benötigen Fledermäuse einen ruhigen Unterschlupf wie Baumhöhlen, Keller oder auch Fledermauskästen.

Spitzmaus

Spitzmäuse besitzen einen ausgeprägten Geruchssinn und ein gutes Gehör. Sie ernähren sich als lebhafte, meist nachtaktive Einzelgänger bevorzugt von Insektenlarven am Boden und benötigen keinen Winterschlaf, sind somit ganzjährig aktiv.

Meise und Co.

Singvögel wie die verschiedenen Meisenarten benötigen insbesondere im Frühjahr für die Aufzucht ihrer Jungen größere Mengen an Insekten. In einem Jahr kommen so bei einem Meisenpärchen etwa 75 Kilogramm Insektenfutter zusammen.

Kleine Helfer im Garten

Marienkäfer und Co. fühlen sich in Ihrem Garten besonders wohl, wenn Sie ihre Lebensräume, also Hecken, Wiesen und Steingärten schützen.

Marienkäfer

Sowohl die erwachsenen Tiere als auch die Larven ernähren sich je nach Art bevorzugt räuberisch von Blattläusen, Schildläusen und Spinnmilben, seltener auch von echten Mehltaupilzen. Gesellig überwintern mehrere Käfer an geschützten Orten.

Ohrwurm

Erkennbar an ihren auffälligen Zangen am Hinterleib, ernähren sich die dämmerungs- und nachtaktiven Tiere bevorzugt von weichhäutigen Insekten, teils aber auch von weichen Blütenblättern wie Dahlien. Die Tiere überwintern im Boden.

Schwebfliege

Die auffällig gelb-schwarz gefärbten, erwachsenen Schwebfliegen ernähren sich von Pollen und Nektar. Die nacktschneckenartigen, unscheinbaren Larven finden sich auf der Blattunterseite und sind sehr effektive Vertilger von Blattläusen.

Florfliege

Die erwachsenen Tiere besitzen filigrane, grün gefärbte und netzartige Flügel und ernähren sich von Pollen und Nektar. Die länglichen Larven mit ihren beiden hervorstehenden Saugzangen gehen in der Nacht auf die Jagd nach Blattläusen und Co.

Fallen, Leimringe und Co.

Bei den biotechnischen Maßnahmen werden physikalische oder chemische Reize genutzt, die spezifisch auf die jeweiligen Schaderreger wirken. Hierzu zählt beispielsweise die allseits bekannte Bierfalle gegen Schnecken oder auch die klebrige Gelbfalle gegen Kirschfruchtfliegen, Trauermücken und andere Insekten. Gegen die an Obst auftretenden Sägewespen können Weißfallen eingesetzt werden, denn diese Insekten werden nicht von der Farbe Gelb angelockt. In Obstkulturen kommen häufig Pheromonfallen zum Einsatz. Diese geben einen spezifischen Lockstoff ab, der die Männchen ausgewählter Falter (beispielsweise vom Apfel- oder Pflaumenwickler) auf einer klebrigen Unterlage abfängt und abtötet. Damit wird eine Partnerfindung, Begattung und spätere Eiablage verhindert. In größeren Arealen, zum Beispiel einer gesamten Kleingartenanlage, lassen sich solche Pheromonfallen auch als Verwirrungsmethode verwenden. Dazu werden die Fallen großflächig in hoher Dichte verteilt, sodass eine geschlossene Duftwolke über der Fläche liegt und die Männchen nicht mehr gezielt die Weibchen riechen und anfliegen können; auch hier unterbleibt eine Begattung. Für die an Ziergehölzen auftretenden Schadschmetterlinge sind nur vereinzelt Pheromonfallen entwickelt worden, beispielsweise für den Weidenbohrer, das Blausieb oder den Buchsbaumzünsler. Zur Flugüberwachung und zur Befallsreduktion können gegen bestimmte Borkenkäfer (Ungleicher Holzbohrer) Alkohol-Fallen in Kombination mit roten Leimtafeln eingesetzt werden.

Schallerzeugende Geräte gegen Wühlmäuse zählen ebenfalls zu den biotechnischen Maßnahmen, haben bei unabhängigen Prüfungen aber keine nachweisbare, wiederholbare Wirkung gezeigt. Im Gegensatz dazu werden Leimringe zum Abfangen der im Herbst die Stämme zur Eiablage hochkletternden, flügellosen Weibchen des Frostspanners recht erfolgreich zur Bekämpfung eingesetzt.

Augen auf bei der Sortenwahl

Mit Hilfe einer gezielten Sortenwahl lassen sich Pflanzenschutzprobleme recht elegant verhindern. Gegen viele Schaderreger sind mittlerweile resistente Sorten erhältlich, beispielsweise gegen Apfelschorf, Falschen Mehltau an Salat oder auch das Gurkenmosaikvirus. Diese Sorten sollten Sie bevorzugt nutzen, sofern nicht andere, individuelle Gründe (etwa der Geschmack der Sorte) dagegen sprechen. Achten Sie beispielsweise bei Rosen auf Sorten mit dem ADR-Gütesiegel (Allgemeine Deutsche Rosenneuheitenprüfung). Bei diesen Pflanzen handelt es sich um über zwei Jahre lang geprüfte neue Sorten, die eine besonders geringe Anfälligkeit gegenüber Schaderregern, insbesondere pilzlichen, aufweisen. Details und Sortenlisten sind online abrufbar (www.adr-rose.de). Auch bei Stauden lässt sich zumindest ansatzweise über die durchgeführten Sichtungen für bestimmte Arten eine erste Auswahl geeigneter Sorten treffen. Auch dies ist im Internet abrufbar (www.staudensichtung.de). Sind keine resistenten Sorten erhältlich, achten Sie auf die Einstufung der Anfälligkeit und bevorzugen Sie widerstandsfähige Sorten. So sind mittlerweile gegenüber dem gefährlichen Buchsbaumsterben (*Cylindrocladium buxicola*) einige deutlich weniger anfällige Sorten, wie 'Brno' oder 'Herrenhausen', in Versuchen ermittelt worden. Aktualisierte Hinweise zu resistenten Sorten lassen sich auch an den Gartenakademien oder gärtnerischen Forschungsanstalten erfragen.

Vorbeugend aktiv werden

Nur wenn man die Biologie der einzelnen Schaderreger kennt, können vorbeugende Maßnahmen wirklich effektiv sein. So empfiehlt sich beispielsweise die **Laubentfernung im Herbst** bei Befall durch verschiedene Miniermotten, deren Larven in den Blättern (z. B. von Kastanie, Platane oder Feuerdorn) minieren, da sich die Puppen für die Überwinterung in den Blättern befinden. Beim Schneeballblattkäfer wäre diese Maßnahme wenig sinnvoll, da der Käfer die kalte Jahreszeit als Eigelege an den jungen

Trieben übersteht – hier wäre somit ein **Rückschnitt der Triebspitzen** eine sinnvolle Maßnahme. Viele Pilze überdauern den Winter im Falllaub, sodass hier dessen Entfernung im Regelfall zu empfehlen ist. Beim Birnengitterrost hingegen kann die Laubentfernung im Herbst vernachlässigt werden, da die Infektion der Birnenblätter im Frühjahr ausschließlich über infizierte Wacholderbüsche erfolgt. Sind die biologischen Eckdaten des Pilzes bekannt, können Bekämpfungsmaßnahmen auch erfolgreich sein. Und wer erkannt hat, dass das „Knospensterben" am Rhododendron erst durch Wunden der Rhododendronzikade ermöglicht wird, die die Zikade bei der Eiablage hinterlässt, setzt damit auch bei der **Bekämpfung der Schadinsekten** den Hebel an der richtigen Stelle an. Sofern möglich sollten Sie die Anbautermine so legen, dass beispielsweise die Flugzeiten der Schädlinge sich nicht mit der anfälligen Wachstumsphase decken. Eine zeitige Aussaat von Kohl umgeht auf diesem Weg beispielsweise die erste Generation der Kleinen Kohlfliege. Eine frühe und dichte Abdeckung mit engmaschigen Kulturschutznetzen reduziert insbesondere bei Gemüse den Befall mit verschiedenen Gemüsefliegen und deren Maden an den Wurzeln sowie den Befall von blattfressenden Schmetterlingsraupen.

Grundsätzlich gilt, dass Blätter mit „normalen" Blattfleckenpilzen oder auch mit einer Rostpilzinfektion bedenkenlos **über den Kompost entsorgt** werden können, sofern dieser regelmäßig umgesetzt wird und die Blätter vorher zerkleinert werden. Es gibt jedoch auch Ausnahmen wie den Erreger des Buchsbaumsterbens, der im Blatt mit bloßem Auge nicht erkennbare, langlebige Dauerkörper ausbildet. Pilze, die eine Wurzelfäule hervorrufen, bilden (mikroskopische) Dauerkörper aus, die eine Kompostierung im Garten im Regelfall problemlos überstehen und somit vorsorglich stets über die **Biotonne** oder den **Hausmüll** entsorgt werden sollten. Eine gewerbliche Kompostierung (Biotonne) erlaubt eine höhere Rotte-Temperatur sowie eine intensivere Umsetzung als im Kompost im Kleingarten, dadurch werden auch Dauersporen mehrheitlich sicher abgetötet. Ebenfalls hauptsächlich vorbeugenden Charakter haben anbau- und kulturtechnische Maßnahmen in der Gartenpraxis. Beispielsweise müssen die **Standortansprüche** der Pflanze an die Lichtverhältnisse (Halbschatten, Sonne) und die Bodenverhältnisse (Bodenart, pH-Wert, Feuchtigkeit, Nährstoffgehalt) berücksichtigt werden. Lässt sich Feuchtigkeit gezielt aus einem Pflanzenbestand zurückhalten, wie durch ein Pultdach beim Anbau von Tomaten im Freiland, tritt die gefürchtete Kraut- und Braunfäule deutlich später oder sogar überhaupt nicht auf. Insbesondere bei immergrünen Laubgehölzen ist zu beachten, dass sie auch im Winter Wasser brauchen. Das Phänomen der Frosttrocknis ist bei Immergrünen in strengen Wintern als Schadfaktor weit verbreitet. Verursacht wird dies durch einen gefrorenen Boden bei einem länger anhaltenden, sonnigen und windigen Wetter, das eine erhöhte Transpiration der Pflanze zur Folge hat. Das hierbei abgegebene Wasser kann aber über den gefrorenen Boden nicht mehr nachgeliefert werden – die Pflanze vertrocknet.

Hygiene im Garten – ein Muss

Auch wenn der Begriff „Hygiene" mit dem Ziel einer Vermeidung von Krankheiten eher bei Mensch oder Tier angesiedelt wird, besitzt er auch bei Pflanzen eine große Bedeutung. Inhaltlich überschneidet er sich mit vielen anderen vorbeugenden Maßnahmen, verfolgt jedoch stets das Ziel, kranke Pflanzen oder Pflanzenteile frühzeitig zu entfernen, Werkzeuge und Geräte zu desinfizieren oder bei der Kompostierung darauf zu achten, dass keine mit bodenbürtigen Erregern, wie der Kohlhernie (*Plasmodiophora brassicae*), befallenen Pflanzenteile auf den Kompost geworfen werden.

Nur im Notfall: chemische Pflanzenschutzmittel

In Deutschland werden Pflanzenschutzmittel vom BVL (Bundesamt für Verbraucherschutz und Lebensmittelsicherheit) zugelassen. Diese Produkte erkennen Sie an dem Zulassungsdreieck mit den Begriffen „amtlich“, „geprüft“, „zugelassen“ sowie einer Zulassungsnummer, die auf der Verpackung aufgedruckt ist. Im Hobbygarten dürfen zudem ausschließlich Produkte eingesetzt werden, die auf der Verpackung mit dem Hinweis „Anwendung durch nichtberufliche Anwender zulässig“ gekennzeichnet sind. Alle anderen Produkte, beispielsweise aus dem Erwerbsanbau, sind verboten. Dies gilt übrigens auch für Spritzmaßnahmen, die von einem Profigärtner in Ihrem Garten durchgeführt werden. Denn entscheidend ist hier der Einsatzort, nicht der Anwender. Der Gesetzgeber hat an die für den Haus- und Kleingartenbereich zulässigen Produkte besondere Anforderungen: Sie dürfen nicht als giftig oder sehr giftig eingestuft sein, müssen anwendungsfertig vorliegen (etwa als Stäbchen oder bereits fertig verdünnte Spritzbrühe) oder ein geeignetes Dosiersystem besitzen. Zudem darf die Packungsgröße höchstens dem Jahresbedarf bzw. Flächenbedarf von 500 m² entsprechen. Die im Haus- und Kleingartenbereich zugelassenen Pflanzenschutzmittel beinhalten neben unterschiedlichen Formulierungs- und Beistoffen eine für die eigentliche Wirkung verantwortliche Verbindung, die als sogenannter Wirkstoff auf der Verpackung mit aufgeführt ist. Verbreitet sind Verbindungen auf pflanzlicher Basis, zu denen beispielsweise verschiedene Öle (Orangenöl, Rapsöl), Seifen (Kali-Seife) oder auch Stoffe aus dem Neem-Baum (Azadirachtin) gehören. Auch mineralische Produkte wie Kupfer oder Schwefel kommen als Wirkstoffe zum Einsatz. Darüber hinaus werden auch einige Produkte auf der Basis von Mikroorganismen im Haus- und Kleingarten erfolgreich als Wirkstoffe eingesetzt. Zu nennen sind hier insbesondere *Bacillus thuringiensis* unter den Bakterien – im Einsatz beispielsweise gegen Raupen – oder auch Viruspräparate wie die Granuloseviren – im Einsatz gegen die Larven des Apfelwicklers („Obstmade“). Ein Großteil der Wirkstoffe in Pflanzenschutzmitteln kann jedoch sicherlich den chemisch-synthetischen Produkten zugerechnet werden. Auch bestimmte Pheromone, wie sie häufiger im Erwerbsobstbau oder Forst eingesetzt werden, müssen als Pflanzenschutzmittel zugelassen werden.

Der eigentliche Wirkstoffgehalt in Pflanzenschutzmitteln ist unterschiedlich hoch. Nicht immer beträgt er wie bei vielen Schwefelpräparaten 70–80 %, häufig liegt die Konzentration auch deutlich darunter wie bei verschiedenen Schneckenkornprodukten, die meist nur einen Wirkstoffgehalt von 5–10 % aufweisen.

Beachten Sie in jedem Fall alle Angaben und Informationen, die in der Gebrauchsanweisung aufgeführt sind. Dies gilt insbesondere auch für die „Hinweise zum Schutz des Anwenders“, die darüber aufklären, ob beispielsweise das Tragen von Handschuhen empfohlen wird oder bei Arbeiten mit dem konzentrierten Mittel eine Schutzbrille zu tragen ist. Für die Ausbringung der flüssigen Pflanzenschutzmittel – aber auch für Jauchen und Brühen – werden im Handel hand-, rücken- oder schultertragbare Geräte angeboten. In kleineren bis mittleren Gärten werden dabei häufig Druckspeichergeräte mit einem Fassungsvermögen von 3–8 Liter eingesetzt. Hier sollte bevorzugt auf Geräte geachtet werden, die während der Ausbringung den eingestellten Druck auch beibehalten können und damit eine gleichmäßige Ausbringung gewährleisten. Ähnlich wie bei anderen Gartengeräten finden sich auch bei den Pflanzenschutzgeräten mittlerweile vermehrt Hersteller, die akkubetriebene Spritzen anbieten. Dank eines Zubehörs in Form von Sprühschirmen, Verlängerungslanzen oder kleinerem Spritzgestänge lassen sich zudem auch spezielle Anwendungen umsetzen.

Pflanzenschutzmittel erhalten Sie nicht in einem Selbstbedienungsregal, denn ihr Verkauf ist gesetzlich stets an eine Beratung über Gefahren, Auflagen und Verbote gebunden. Ganz im Gegensatz übrigens zu anderen Produkten mit teils ähnlich klingenden Namen wie Pflanzenstärkungsmittel, Biostimulanzien, Bodenhilfsstoffe oder Biozide, die Sie im freien Verkauf erwerben und damit einfach aus dem Regal nehmen können.

Das sollten Sie beim Einsatz beachten

Derzeit sind über 500 Pflanzenschutzmittel für den Haus- und Kleingartenbereich zugelassen. Dies sind Mittel gegen Insekten (Insektizide), Pilze (Fungizide), Unkräuter (Herbizide), Milben (Akarizide) oder Nagetiere (Rodentizide). Wichtiger als der Produktname sind die enthaltenen Wirkstoffe (beispielsweise Myclobutanil, Schwefel, Azoxystrobin), da diese für die eigentliche Wirkung verantwortlich sind. Liegen beispielsweise Resistenzen gegen bestimmte Schaderreger vor, müssen Sie andere Wirkstoffe, nicht jedoch nur einfach andere Produkte, einsetzen. Im Detail ist hier sogar nicht nur ein Wirkstoffwechsel, sondern ein Wechsel der jeweiligen Resistenzgruppe erforderlich. Die Klassifizierungen in einzelne Nummern erfolgen nach dem FRAC-Code bei Fungiziden bzw. IRAC-Code bei den Insektiziden. Lassen Sie sich für den konkreten Fall im Pflanzenschutzamt (siehe Seite 372) oder auch in der Gartenakademie (siehe Seite 373) telefonisch beraten. Beachten Sie vor jedem Einsatz die in der Gebrauchsanweisung aufgeführten Vorsichtsmaßnahmen. So müssen Sie etwa beim Einsatz an Gemüse- und Obstkulturen die auf der Verpackung angegebene Wartezeit einhalten. Diese entspricht dem Zeitraum in Tagen, der zwischen der letzten Anwendung des Pflanzenschutzmittels und dem Erntetermin liegen muss. Nur dann können Obst und Gemüse gefahrlos verzehrt werden. Bevorzugen Sie Produkte mit kurzer Wartezeit. Die Gebrauchsanweisung liefert ebenfalls Hinweise zur möglichen Bienengefährlichkeit des Produktes. Sofern mehrere Mittel zur Auswahl stehen, setzen Sie im Garten stets bienenungefährliche Mittel ein.

Vor der Anwendung von Pflanzenschutzmitteln müssen Sie auch prüfen, ob sie für den Einsatz in dem geplanten Bereich überhaupt zugelassen sind. Hinweise auf „Freiland", „Gewächshaus" oder „Zimmer, Büroräume, Balkone" finden Sie in der Gebrauchsanweisung. Der Einsatz von Pflanzenschutzmitteln ist nur auf landwirtschaftlich, gärtnerisch oder forstwirtschaftlich genutzten Flächen erlaubt. Auf allen anderen Flächen ist der Einsatz hingegen tabu. Hierzu gehören insbesondere Garagen- und Hofzufahrten, Stellplätze oder auch Terrassen. Ein dortiger Einsatz mit beispielsweise einem Unkrautvernichter (Herbizid) stellt eine Ordnungswidrigkeit dar, die mit einem Bußgeld in fünfstelliger Höhe geahndet werden kann. Dies trifft auch für Pflanzenschutzmittel zu, die in der Gebrauchsanweisung beispielsweise das Anwendungsgebiet „Wege und Plätze" auflisten. Diese Anwendung ist nur erlaubt, wenn der Anwender über eine zusätzliche Sondergenehmigung verfügt, die beim zuständigen Landespflanzenschutzamt zu stellen ist. Ohne eine derartige behördliche Genehmigung ist der Einsatz verboten – und dies gilt für den Hobbygärtner genauso wie für gartenbauliche Betriebe, die über eine Sachkunde im Pflanzenschutz verfügen. Bundesweite Kontrollen überwachen im Rahmen des jährlich durchgeführten Pflanzenschutzkontrollprogramms die Einhaltung der pflanzenschutzrechtlichen Vorschriften. So wurden im Jahr 2018 u. a. rund 1600 befestigte Freilandflächen wie Garagenauffahrten und Bürgersteige oder sonstige Freilandflächen, die nicht gärtnerisch genutzt werden, auf den Einsatz von Pflanzenschutzmitteln überprüft. Konkret vorstellig wurden die Prüfer bei über 1400 Unternehmern und rund 500 Privatpersonen, bei denen – bei Nichtvorlage einer Ausnahmegenehmigung – Bußgelder bis zu einer Höhe von 4500 Euro erhoben worden sind.

Häufige Gartenplagen an Zierpflanzen

Die Schaderreger in diesem Kapitel kommen nicht nur auf einer bestimmten Pflanzenart vor, sondern können verschiedene Wirtspflanzen befallen. Bevor Sie einen Blick auf die Schaderreger im darauffolgenden, nach Pflanzen sortierten Kapitel werfen, sollten Sie prüfen, ob nicht etwa einer der folgenden „Universal-Schaderreger" für Ihr Schadbild verantwortlich ist.

Blattschneiderbiene

Verschiedene *Megachile*-Arten
Biene

Steckbrief

1–2 Generationen pro Jahr. Nach ihrer Verpuppung im Frühjahr treten ab Juni, später dann auch ab August, die ersten, solitär lebenden Bienen auf. Das für den Nestbau benötigte Blattmaterial schneiden sich die Tiere in unterschiedlicher Größe und Form (ovale und runde Blattstücke) aus den Blatträndern von Laubgehölzen. In zylindrischen Röhren (Holz, Stängel, Mauern) legen sie damit fingerhutartig zusammengesteckte, zellenartige Brutnester an. Jedes der bis zu 10 Nester ist mit einem Ei und mit einem Vorrat an Pollen und Nektar bestückt. Die spätere Larvenentwicklung erfolgt bis zur Verpuppung innerhalb der Brutröhre. Neben Rose, Liguster, Ahorn, Flieder und Felsenbirne können auch die Blätter von anderen Laubgehölzen von den Bienen genutzt werden.

Symptome und Schadbild

Am Blattrand fehlen – wie scharf ausgeschnitten – meist größere ovale und rundliche Blattstücke. Die verursachenden Bienen sind selten zu sehen, da der Schnitt der Blattstücke nur wenige Sekunden benötigt.

Vorbeugen und bekämpfen

Eine Bekämpfung ist praktisch nicht möglich, aber aufgrund der geringen Schäden auch nicht notwendig.

Auf einen Blick

- solitär lebende Bienen als Verursacher
- ovale oder rundlich ausgeschnittene Blattränder
- insgesamt zu vernachlässigende Schäden

Nicht verwechseln!

Bei flüchtiger Betrachtung ähnelt das Schadbild dem Buchtenfraß des Dickmaulrüsslers. Dessen Fraßspuren sind aber kleiner.

Blausieb

Zeuzera pyrina
Schmetterling

Steckbrief

Mehrjährige Entwicklungsdauer. Bis zu 3 Jahre lebt die Larve (Raupe) innerhalb der Triebe und verpuppt sich schließlich im Frühjahr. Aus der Puppe schlüpfen nachtaktive Falter, die auf weißer Grundfarbe viele blauschwarze Punkte tragen. Sie legen ihre Eier auf der Rinde ab und die geschlüpften Larven bohren sich in bis zu 10 cm dicke Äste ein. Die weitere Entwicklung erfolgt ausschließlich als Minierer im Holz und unter der Rinde. Im Laufe der Jahre erreichen die Larven eine Größe von 6 cm und sind gelb gefärbt mit einer Reihe dunkler Punkte. Kopf und Nackenschild sind deutlich dunkel. Mehr als 100 Wirtspflanzen können von den Raupen geschädigt werden.

Symptome und Schadbild

Unspezifische Welke- und Absterbeerscheinungen ganzer Äste, früher Windbruch. Auswurf von Bohrmehl auf die umliegende Rinde und den Boden. Nach Anschnitt oder Spaltung des Holzes Nachweis großer, gelb-schwarz gefärbter Raupen.

Vorbeugen und bekämpfen

Rückschnitt befallener Äste vor der Verpuppung zum Falter. Mechanische Abtötung der Larven in den Gängen (Draht einführen).

Nicht verwechseln!

Als Raupenminierer in Ästen treten bei einer sonst ähnlichen Biologie auch die Larven des Weidenbohrers auf, welche aber fleischrot gefärbt sind.

Auf einen Blick

- Absterben einzelner Äste
- große, gelb-schwarz gefärbte Raupen im Holz
- erkennbarer Bohrmehlaustritt

Borkenkäfer

Verschiedene Arten
Käfer

Steckbrief

Artabhängig eine oder mehrere Generationen pro Jahr. Die beinlosen, weißen Larven mit der braunen Kopfkapsel sind, ebenso wie die dunklen, länglichen Käfer, 3–5 mm lang. Man unterscheidet rinden- und holzbrütende Arten. Rindenbrüter: Weibchen fressen im Frühjahr einen oder mehrere, einige Zentimeter lange Muttergänge in die Rinde, von denen seitlich die Larvengänge abgehen. Jeder der später sich verpuppenden Käfer bohrt sein eigenes Ausbohrloch.
Holzbrüter: Weibchen bohren sich im Frühjahr tief in das Holz und legen dort eher kurze, verzweigte Fraßgänge an; die Larven ernähren sich von in den Gängen wachsendem Pilzmyzel. Der Ausschlupf der Käfer erfolgt über das ehemalige Einbohrloch des Muttertieres.

Symptome und Schadbild

Rindenbrüter mit charakteristischem Fraßbild der Mutter- und Larvengänge im Rindenbereich; zahlreiche Ausbohrlöcher; Befall führt meist zum Absterben der betroffenen Stämme. Fraßgänge der Holzbrüter im unmittelbaren Holzbereich als schwarz gefärbtes Gangsystem; nur vereinzelte Bohrlöcher.

Vorbeugen und bekämpfen

Rückschnitt oder Rodung befallener Bäume vor dem Schlupf der Käfer. Artabhängig ist auch ein Einsatz von Fallen zum Abfangen der Käfer möglich. Einsatz von Insektiziden zur Flugzeit der Käfer.

Auf einen Blick

- **etwa 3–5 mm große Käfer als Verursacher**
- **Schäden treten bevorzugt an geschwächten Gehölzen auf**
- **arttypische Gänge der Larven in der Rinde und im Holz**

Nicht verwechseln!

Fraßgänge unter der Rinde können auch durch andere Käfer, wie beispielsweise Prachtkäfer, verursacht werden.

Dickmaulrüssler

Verschiedene *Otiorhynchus*-Arten
Käfer

Steckbrief

1 Generation pro Jahr. Als Larve überwintert der Dickmaulrüssler im Freiland im Boden und ab Mai treten nach der Verpuppung die ersten Käfer auf. Sie leben oberirdisch versteckt an der Pflanze und fressen an den Blättern. Die bevorzugt dämmerungs- und nachtaktiven Käfer sind 1 cm groß, dunkel gefärbt und haben einen kurzen, vorgezogenen „Rüssel“. Mehrere Hundert Eier werden von den Käfer-Weibchen ohne Befruchtung (Männchen sind bei uns nicht bekannt) in den Boden abgelegt. Die ab August schlüpfenden Larven bleiben bis zur Verpuppung im nächsten Frühjahr im Boden und fressen an den Wurzen. Das Wirtspflanzenspektrum ist recht groß und umfasst eine Vielzahl von Laub- und Nadelgehölzen, Stauden und Bodendeckern.

Symptome und Schadbild

Die Blätter zeigen am Blattrand einen charakteristischen Buchtenfraß. Vereinzelt sind auch Käfer anzutreffen. Im Boden sind die an den Wurzeln fressenden Larven zu finden, oberirdisch kommt es zu Absterbeerscheinungen.

Vorbeugen und bekämpfen

Absammeln der Käfer in der Dämmerung. Einsatz von Insektiziden und parasitären Nematoden gegen die Larven und/oder die Käfer.

Ganz nah dran

Die Larven werden 1 cm groß, sind weiß gefärbt und beinlos, tragen eine braune Kopfkapsel und sind stets etwas zur Bauchseite gekrümmt.

Auf einen Blick

- Buchtenfraß an den Blättern durch die Käfer
- Larven fressen an den Wurzeln
- Überwinterung als Larve im Boden

Engerlinge

Verschiedene Arten
Käfer

Steckbrief

Als Engerlinge werden die Larven der Käferfamilie der Blatthornkäfer bezeichnet. Je nach Art tritt nur 1 Generation pro Jahr auf (beim Gartenlaubkäfer) oder es besteht eine mehrjährige Entwicklungszeit (2 Jahre beim Junikäfer, 3–5 Jahre beim Maikäfer) im Boden, wo die Tiere auch überwintern.
Maikäferlarven werden bis zu 5 cm lang, sind weißlich gefärbt, besitzen drei recht lange Brustbeinpaare und eine braune Kopfkapsel; sie sind bauchseits gekrümmt. Im Frühjahr legen die an Blättern fressenden Käfer ihre bis zu 70 Eier in kleinen Gelegen im Boden ab.

Symptome und Schadbild

Fraßschäden an den Wurzeln zeigen sich oberirdisch in Form kleiner, meist eng begrenzter Absterbeerscheinungen (nestweise). Im Wurzelbereich sind Engerlinge anzutreffen, die an den Wurzeln fressen. Teilweise ist der Boden deutlich aufgewühlt, da verschiedene Vögel den Larven nachstellen. An den Bäumen findet der Blattfraß der Käfer im Frühjahr statt.

Vorbeugen und bekämpfen

Absammeln der Engerlinge im Boden. Mechanische Bekämpfung durch Fräsen oder Stachelwalzen. Artabhängig ist ein Einsatz von Nematoden gegen die Larven sowie Lockstofffallen zum Abfangen der Käfer möglich. Einsatz von Insektiziden gegen die Käfer.

Auf einen Blick

- unspezifische, oberirdische Absterbeerscheinungen
- im Boden finden sich größere Larven mit langen Beinpaaren
- artabhängig teils mehrjährige Larvenentwicklungsdauer

Nicht verwechseln!

Große Engerlinge mit auffallend kurzen Beinpaaren aus dem Kompost stammen vom Rosenkäfer und schädigen keine Wurzeln.

Kleiner Frostspanner

Operophtera brumata
Schmetterling

Steckbrief

Nur 1 Generation pro Jahr. Als ovales, später deutlich orangerot gefärbtes Ei erfolgt die Überwinterung im Kronenbereich der Bäume. Ab April schlüpfen die Raupen, wobei die jungen Tiere leicht vom Wind weitergetragen werden. Die Raupen werden 2 cm lang, sind grünlich gefärbt und besitzen mehrere feine Längsstreifen. Da sie nur am 6. und 10. Hinterleibssegment Füße besitzen, ergibt sich beim Kriechen eine spannerartige Fortbewegung. Alle Stadien fressen frei an der Pflanze. Ab Ende Mai verlassen die Raupen ihre Wirtspflanzen, um sich im Boden zu verpuppen. Die nur Flügelstummel besitzenden Weibchen krabbeln nach dem Schlupf und der anschließenden Paarung ab Oktober in die Baumkrone zur Eiablage. Die Raupen fressen an einer Vielzahl von Ziergehölzen und Obstbäumen.

Symptome und Schadbild

Fraßschäden an Blättern, Früchten, Knospen und Blüten, teils werden auch Blätter zusammengesponnen. Im Frühjahr treten Raupen auf, die sich spannerartig fortbewegen.

Vorbeugen und bekämpfen

Einsatz von Leimringen zum Abfangen der Weibchen im Herbst. Einsatz von Insektiziden im zeitigen Frühjahr gegen die Larven.

Nicht verwechseln!

Neben dem Kleinen Frostspanner gibt es an Gehölzen eine Reihe weiterer, in ihrer Biologie ähnlicher Arten mit sich spannerartig fortbewegenden Raupen.

Auf einen Blick

- Überwinterung als Ei in der Baumkrone
- spannerartige Fortbewegung der Raupen
- Schlupf der Falter im Herbst

Goldafter

Euproctis chrysorrhoea
Schmetterling

Steckbrief

Eine Generation pro Jahr. Die bis zu 3 cm langen, dunklen Raupen überwintern in einem bis zu faustgroßen Winternest. Sie sind deutlich behaart (Brennhaare) und besitzen farbige Längsstreifen sowie zwei rote auffällige Borstenbüschel auf dem Rücken. Im Juni erfolgt die Verpuppung. Flügelspannweite der Falter 3 cm. Die Weibchen besitzen am Hinterleib ein goldenes Haarbüschel (Name). Bis zu 300 Eier legt jedes Weibchen in kleinen Gelegen auf die Blattunterseite. Die ab August schlüpfenden Raupen treten gesellig in mit Blättern zusammengesponnenen Nestern auf.

Symptome und Schadbild

Fraßschäden an Knospen und jungen Blättern durch die Raupen, dabei auch Kahlfraß möglich. Im Winter weiße Gespinste mit Raupen an den Bäumen.

Vorbeugen und bekämpfen

Entfernen der Winternester (Handschuhe tragen). Im Spätsommer oder im zeitigen Frühjahr Einsatz von Insektiziden gegen die noch jungen Raupen.

Auf einen Blick

- Die Raupen überwintern gesellig in faustgroßen Nestern
- Vorsicht: Raupen besitzen Brennhaare
- Fraßschäden der Raupen an Blättern und Knospen

Kommt auch vor an

Die Raupen des Goldafters treten an vielen Obstgehölzen auf, insbesondere an Kirsche, Birne und Zwetschge.

Rotpustel

Nectria cinnabarina
Pilz

Steckbrief

Die Überdauerung des Pilzes ist in zweierlei Formen möglich: zum einen als Pilzgeflecht im erkrankten Gewebe an der Pflanze oder im bereits abgestorbenen Schnittgut am Boden und zum anderen in Form seiner Fruchtkörper; zu unterscheiden sind hier lachsfarbene, größere (1–3 mm), polsterartige Lager und deutlich kleinere (0,5 mm) dunkelrote, kugelige Fruchtkörper. Als Schwächeparasit kann er bevorzugt geschwächtes (Wassermangel, erhöhte Stickstoffgaben) und vorgeschädigtes Gewebe (Wunden, Verletzungen) befallen. Die Entwicklung des Pilzes erfolgt innerhalb der Äste und Triebe, die genannten Fruchtkörper treten erst nach dem Absterben des Holzes auf. Infektionen können ganzjährig stattfinden. Der Pilz befällt eine Vielzahl von Laubgehölzen (sehr anfällig ist Ahorn).

Symptome und Schadbild

An Aststummeln und Zweigen zeigen sich lokale Absterbeerscheinungen. Außen treten rötliche und/oder rosafarbene Fruchtkörper in teils größerer Zahl auf.

Vorbeugen und bekämpfen

Stressfaktoren für die Pflanze, wie Wasser- oder Nährstoffmangel, vermeiden. Schnittmaßnahmen nicht im Winter, sondern im Frühjahr oder Sommer durchführen und keine Aststummel stehen lassen sowie Wundverschlussmittel verwenden. Infiziertes Schnittgut entfernen.

Nicht verwechseln!

Der Obstbaumkrebs bildet ähnlich rote Fruchtkörper aus, die jedoch in Verbindung mit erkennbaren krebsartigen Wucherungen im näheren Umfeld dieser Stelle auftreten.

Auf einen Blick

- bevorzugt an geschwächten Pflanzen auftretend
- rosafarbene und rote Fruchtkörper auf den Trieben
- Überdauerung auch im Schnittgut am Boden möglich

Schnecken

Verschiedene Nackt- und Gehäuseschnecken
Weichtiere

Steckbrief

1–2 Generationen pro Jahr. Die Überwinterung erfolgt als Ei oder erwachsenes Tier. Schnecken sind nachtaktive, feuchteliebende Tiere, die eine wasserreiche Nahrung bevorzugen. Ihre weißlichen glasigen Eier werden in kleinen Haufen in den Boden abgelegt. Förderlich für einen Schneckenbefall sind feuchte Rückzugsgebiete, schwere Böden und milde Winter. Die häufigste Nacktschnecke im Garten ist die Spanische Wegschnecke, bei den Gehäuseschnecken sind es die Bänderschnecken.

Symptome und Schadbild

Es zeigen sich Fraßschäden sowie schnurartige Kothaufen mit einem die Blätter bedeckenden, silbrig-glänzenden, später eintrocknenden Schleim. Ein Totalausfall von Sämlingen und Jungpflanzen ist möglich. Während Nacktschnecken bevorzugt am Abend bodennah an Pflanzen fressen, treten Gehäuseschnecken auch tagsüber in höheren Regionen der Pflanze an Blättern und am Stamm auf.

Vorbeugen und bekämpfen

Absammeln der Gehäuseschnecken an den Pflanzen oder bei Nacktschnecken am Abend unter zuvor ausgelegten Brettern und Säcken. Ausstreuen von Schneckenkornprodukten (Molluskizide). Aufstellen von Bierfallen. Umzäunen von Beeten mit einem Schneckenzaun. Einsatz von Nematoden, insbesondere gegen Ackerschnecken. Förderung von Nützlingen (Laufkäfer). Verwendung von Laufenten.

Auf einen Blick

- Schnecken überwintern als Ei oder erwachsenes Tier
- Schneckenzaun gegen Nacktschnecken einsetzen
- Gehäuseschnecken rufen meist nur geringe Schäden hervor

Ganz nah dran

Schnecken sind Zwitter, die sich gegenseitig den Samen übertragen. Die weißlich glasigen Eier sind mit bloßem Auge noch erkennbar und werden in kleinen Haufen in den Boden abgelegt.

Wühlmaus

Arvicola terrestris
Nagetier

Steckbrief

Die Wühlmaus benötigt keine Winterruhe, ist also ganzjährig aktiv und als reiner Pflanzenfresser (Wurzeln, Rhizome, Knollen) im Boden zu finden. Bis zu viermal pro Jahr können jeweils 3–5 Jungtiere geboren werden. Die Tiere graben als Einzelgänger unterirdische, bis zu 100 m lange, hoch-ovale Gänge in der oberen Bodenschicht (bis 30 cm). Das Erdreich wird zu flachen Hügeln aufgeworfen. Wühlmäuse werden 10–20 cm lang, besitzen einen halb so langen Schwanz und deutlich paarige Nagezähne bei einer sonst stumpfen Schnauze. Sie können an sehr vielen Pflanzen Fraßschäden anrichten, die bis zum Absterben führen.

Symptome und Schadbild

Flache, neben dem eigentlichen Wühlmausgang aufgeworfene Hügel. Freigegrabene Öffnungen werden (im Unterschied zum Maulwurf) innerhalb weniger Stunden wieder zugewühlt. Fraßschäden an den Wurzeln und paarige, 2–3 mm breite Nagespuren. Oberirdische Welke- und Absterbeerscheinungen. Fraßschäden entwickeln sich besonders über den Winter.

Vorbeugen und bekämpfen

Vorbeugende Pflanzung in engmaschige Drahtballen. Förderung von Nützlingen (Mauswiesel, Greifvögel). Einsatz von Fallen oder Giftködern.

Nicht verwechseln!

Fraßschäden an Wurzeln können auch durch Insektenlarven oder Feldmäuse hervorgerufen werden.

Auf einen Blick

- ganzjährige Aktivität
- Fraßschäden an den Wurzeln
- flach aufgeworfene Hügel

Krankheiten und Schädlinge im Ziergarten

In diesem Kapitel lernen Sie Schädlinge und Krankheiten kennen, die fast ausschließlich bestimmte Zierpflanzenarten im Garten befallen können. Die entsprechenden Pflanzen sind von Ahorn bis Zwergmispel in alphabetischer Reihenfolge angeordnet. Den richtigen Schaderreger finden Sie, wenn Sie bei der betreffenden Pflanze nachschauen: Entweder Sie erkennen ihn anhand der Fotos oder Sie finden ihn anhand des alphabetisch einsortierten Namens.

Ahorn

Ahornborstenlaus

Periphyllus-Arten
Blattlaus

Steckbrief

Mehrere Generationen pro Jahr. Am Ahorn treten unterschiedliche Borstenlausarten auf, deren Biologie und Schadwirkung jedoch vergleichbar sind. Nach der Überwinterung als Ei an den Trieben erscheinen zum Blattaustrieb die ersten Läuse, die an den jungen Blättern saugen. Geflügelte Tiere sorgen im Frühjahr für eine weitere Ausbreitung. Zum Sommer hin verlangsamt sich die Entwicklung und es entstehen ruhende Sommerlarven. Im Herbst gebildete Geschlechtstiere sorgen dann wieder für die Eiablage.

Symptome und Schadbild

Durch eine frühe Saugtätigkeit an den Blättern treten Deformationen und aufgerissene Blattspreiten auf, auch wird teils reichlich Honigtau gebildet. Die Sommerlarven sitzen bevorzugt entlang der Blattadern und lassen sich im Gegenlicht gut erkennen. Ein starker Befall führt zum frühzeitigen Laubfall. Das punktuell aufgerissene Blattgewebe ähnelt einer Schädigung durch Wanzen.

Vorbeugen und bekämpfen

Absammeln befallener Blätter im Sommer, um eine spätere Abwanderung und Eiablage zu verhindern. Einsatz von Insektiziden im Frühjahr bei einem stärkeren Vorjahresbefall. Oft ist der Schaden nur gering, sodass sich eine Bekämpfung erübrigt.

Auf einen Blick

- fein löchrig aufgerissene Blätter am Ahorn
- im Gegenlicht erkennbare an den Blattadern sitzende Blattläuse
- der Schaden an den Blättern ist meist nur gering

Ganz nah dran

Die erwachsenen Tiere werden 3 mm groß und tragen unterschiedliche Borsten am Körper (Namensgebung).

Ahorn

Ahorngallwespe

Pediaspis aceris
Gallwespe

Steckbrief

Mehrjähriger Entwicklungszyklus. Die im Frühjahr des ersten Jahres auftretenden Weibchen legen ihre Eier an den Blättern von verschiedenen Ahornarten ab, die als Folge eine auffällige Blattgalle bilden. Die noch im gleichen Jahr im Sommer geschlüpften Tiere legen ihre Eier an den Wurzeln ausschließlich von Berg-Ahorn ab, an denen sich Wurzelgallen ausbilden. Nach zweijähriger Entwicklungszeit kommt es im Frühjahr des dritten Jahres zum Schlupf und der Zyklus beginnt dann wieder mit der Eiablage an die Ahornblätter.

Symptome und Schadbild

Blattunterseits sind am Ahorn bis zu 8 mm große, gelblich bis deutlich rot gefärbte, zu mehreren auftretende Gallen zu erkennen. Die Gallen sind innen hohl und beherbergen eine einzelne, weiß gefärbte Larve. Die am Berg-Ahorn gebildeten, braun gefärbten Wurzelgallen sind anfangs fleischig, später holzig und haben eine Größe von etwa 1 cm im Durchmesser. Sie treten oft in größerer Zahl auf. Die Schadwirkungen auf die Pflanze sind in beiden Fällen bei einem geringen Auftreten vergleichsweise schwach.

Vorbeugen und bekämpfen

Entfernung der Blätter mit Gallen im Frühjahr vor dem Schlupf der Tiere. Auf einen Insektizideinsatz kann verzichtet werden.

Nicht verwechseln!

Aufgrund des eindeutigen Schadbildes ist keine Verwechslung mit anderen Schaderregern möglich.

Auf einen Blick

- auffällige, rundliche Gallen in größerer Zahl an Ahornblättern
- verborgene Wurzelgallen am Berg-Ahorn
- diese Gallwespe tritt nur an Ahorn auf

Ahorn

Blattbräune

Pleuroceras pseudoplatani
Pilz

Steckbrief

Nach der Überwinterung im Herbstlaub bildet der Pilz Vermehrungseinheiten aus, deren Sporen mittels Wind und Wasserspritzern im näheren Umfeld verbreitet werden. Infiziert werden bevorzugt Blätter unterer Blattetagen, da sich hier länger die Feuchtigkeit halten kann. Später im Jahr auf den Blattflecken gebildete Fruchtkörper und Sporen besitzen offenbar keine biologische Bedeutung.

Symptome und Schadbild

Ab Juni zeigen sich bevorzugt auf der Blattunterseite erste länglich-ovale Blattflecken, die meist entlang der Blattadern oder auch am Übergang zum Stielansatz liegen. Die sich blattoberseits bildenden, bräunlichen, bis zu 5 cm großen Flecken besitzen insbesondere im jungen Stadium einen deutlichen, fingerartig fein aufgefächerten, schwarzen Rand. Bei einem stärkeren Befall ist auch ein frühzeitiger Laubfall möglich.

Vorbeugen und bekämpfen

Im Regelfall genügt es, das vom Pilz infizierte Falllaub vor Eintritt des Frühjahrs (Sporenverbreitung) zu entfernen.

Auf einen Blick

- tritt bevorzugt an den Blättern der unteren Blattetagen auf
- große, braune Flecken mit aufgefächerter Randzone
- zur Bekämpfung genügt die Laubentfernung vor dem Frühjahr

Kommt auch vor an

Die Blattbräune tritt ausschließlich am Berg-Ahorn auf, keine andere Ahornart wird von ihm befallen.

Hörnchengallmilbe

Verschiedene Arten
Gallmilbe

Ahorn

Steckbrief

Mehrere Generationen pro Jahr. Die Gallmilben überwintern unter Knospenschuppen oder in Rindenritzen. Zur Zeit des Laubaustriebs verlassen sie ihre Winterquartiere und besiedeln die jungen Blätter des Berg- und Feld-Ahorns. Durch ihre Saugtätigkeit wird die Pflanze angeregt, kleine Gallen auszubilden, in denen die Tiere dann leben und sich vermehren. Bereits ab dem Sommer verlassen sie die Gallen wieder auf dem Weg zu ihren Winterquartieren.

Symptome und Schadbild

Teils großflächig tritt auf der Blattoberseite eine Vielzahl kleiner, meist rötlich gefärbter Gallen auf (etwa 2-6 mm hoch). Im Längsschnitt zeigt sich ein Hohlraum, in dem die kleinen Tiere gesellig und geschützt vor äußeren Umwelteinflüssen und Feinden leben. Die restliche Blattfläche bleibt weiter grün gefärbt.

Vorbeugen und bekämpfen

Zur Bekämpfung genügt es, die Blätter im Sommer zu entfernen und so eine Abwanderung zu verhindern. Einsatz von geeigneten Pflanzenschutzmitteln während des Laubaustriebs bei einem stärkeren Vorjahresbefall.

Ganz nah dran

Die Gallmilben sind nur 0,2 mm groß, von länglicher Gestalt, hell gefärbt und besitzen zwei vordere Beinpaare.

Auf einen Blick

- rötlich gefärbte, kleine Gallen auf der Blattoberseite
- kommt an Berg- und Feld-Ahorn vor
- Laubentfernung zur Bekämpfung bereits im Sommer notwendig

Ahorn

Echter Mehltau

Verschiedene Arten
Pilz

Steckbrief

Die Überwinterung der Echten Mehltaupilze am Ahorn erfolgt im Falllaub innerhalb der dort gebildeten Fruchtkörper (Kleistothecien). Im Frühjahr entstehen Sporen, die während des Laubaustriebs für eine erste Infektion und anschließende Symptomausbildung sorgen. Die vergleichbar einem Zyklus über die Vegetationszeit hinweg gebildeten Sporen sorgen dann für eine weitere Ausbreitung des Pilzes. Zum Herbst hin werden dickwandige Fruchtkörper gebildet.

Symptome und Schadbild

Je nach Mehltau- und Ahornart zeigt sich auf der Blattoberseite (z. T. auch blattunterseits) ein weißlicher, mehliger Belag, der die ganze Blattspreite befallen kann oder auch nur entlang der Blattadern auftritt. Innerhalb dieses weißen Geflechtes werden im Herbst etwa 0,1 mm große, anfangs noch gelblich, später deutlich dunkel gefärbte Kügelchen (Fruchtkörper) sichtbar. Ein stärkerer Befall führt zu Wachstumshemmungen der Pflanze, teils auch zum verfrühten Laubfall.

Vorbeugen und bekämpfen

Eine Laubentfernung im Herbst unterbindet wirkungsvoll die Überwinterung des Pilzes. Bei Bedarf frühzeitiger Einsatz von Fungiziden.

Auf einen Blick

- weißer, mehliger Belag am Blatt
- Überwinterung im Falllaub
- spezifisch nur an Ahorn auftretend

Nicht verwechseln!

Mehltaupilze am Ahorn befallen spezifisch nur diese Pflanzengattung, andere Pflanzen (Rose, Wein, Phlox) sind nicht durch ihn gefährdet.

Petrakia-Blattbräune

Petrakia echinata
Pilz

Steckbrief

Nach der Überwinterung im Falllaub bildet der Pilz Fruchtkörper und Sporen aus, die dann mit Wasserspritzern auf die Blätter übertragen werden. Nach der Symptomausbildung entstehen erneut Sporen, die für eine weitere Ausbreitung des Pilzes sorgen. Die Petrakia-Blattbräune tritt nur regional und auch nicht regelmäßig in gleicher Intensität auf.

Symptome und Schadbild

Vergleichsweise spät im Jahr entstehen Blattflecken, die graubraun gefärbt sind und eine Größe von bis zu 6 cm erreichen. Häufig finden sie sich in Blattstielnähe oder auch am Blattrand. Bei einem stärkeren Befall trocknen die Blätter ein und können auch frühzeitig abfallen. Die später im Blatt gebildeten Fruchtkörper sind als dunkle Punkte am Rand der Flecken nachweisbar. Erkennbar sind die Flecken sowohl von der Blattober- als auch von der Blattunterseite.

Vorbeugen und bekämpfen

Zur Bekämpfung genügt es die Blätter im Herbst zu entfernen. Ein Fungizideinsatz im Frühjahr erübrigt sich meist.

Kommt auch vor an

Ausschließlich der Berg-Ahorn kann von der Petrakia-Blattbräune befallen werden.

Ahorn

Auf einen Blick

- Überwinterung im Falllaub
- große, grau gefärbte Blattflecken
- verstärktes Auftreten im Herbst

Ahorn

Auf einen Blick

- tritt bevorzugt am Berg-Ahorn auf
- großflächig abgestorbene Rinde am Stammfuß
- massive Sporenfreisetzung (Mundschutz zur Rodung erforderlich)

Rußrindenkrankheit

Cryptostroma corticale
Pilz

Steckbrief

Besonders durch Trockenheit und Hitze geschwächte Bäume können von diesem, bisher nur regional in Deutschland aufgetretenen Pilz infiziert werden. Betroffen ist hauptsächlich der Berg-Ahorn, weniger andere Ahornarten. Nach dem Absterben des Baumes werden am Stamm in hoher Zahl Sporen gebildet, die die Verbreitung des Pilzes sichern.

Symptome und Schadbild

Es beginnt meist mit dunklen Schleimflussflecken, die sich am Stamm ausbilden, sowie abgestorbenem Gewebe in der Rinde. Die Krankheit führt innerhalb eines Jahres oder auch über mehrere Jahre hinweg zum Tod des Baumes. Anschließend blättert die Rinde am unteren Teil des Stammes unter gleichzeitiger Bildung eines großflächigen, grauschwarzen Sporenbelages ab.

Vorbeugen und bekämpfen

Eine gute Wasserversorgung der Pflanzen beugt einer Erkrankung vor. Bereits abgestorbene Bäume sollte man nur geschützt durch einen Mundschutz entfernen, da die abgegebenen Sporenmassen beim Menschen zu allergischen Reaktionen der Atemwege führen.

Ganz nah dran

Die Zahl der gebildeten Sporen ist riesig: Pro Quadratzentimeter befallener Rindenoberfläche werden bis zu 170 Millionen Sporen freigesetzt.

Teerfleckenkrankheit

Rhytisma acerinum
Pilz

Ahorn

Steckbrief

Der Pilz überdauert im Falllaub innerhalb der von ihm besiedelten dunklen „Teerflecken". Im Frühjahr bilden sich auf diesen Flächen kleine Fruchtkörper und Sporen aus, die mit dem Wind und mit Wasserspritzern auf andere Ahornblätter gelangen. Spitz-Ahorn wird hierdurch bevorzugt befallen. Nach der Infektion bleibt der Pilz auf die im Laufe der Zeit größer werdenden Flecken beschränkt.

Symptome und Schadbild

Befallen werden von dem Pilz ausschließlich die Blätter von Ahornarten, meist die der unteren Blattetagen. Triebe und Früchte werden nicht geschädigt. Blattoberseits sind deutliche, im Jahresverlauf bis zu 2 cm große, rundliche Flecken erkennbar. Sie besitzen eine schwarze Farbe („Teerflecken") mit einer schmalen, deutlich gelben äußeren Umrandung. Auf einem Blatt können sich mehrere dieser Flecken entwickeln. Die nicht befallene Blattspreite bleibt weiter grün. Die Flecken schrumpfen im Frühjahr auf dem Falllaub deutlich ein („Ahornrunzelschorf").

Vorbeugen und bekämpfen

Da der Schaden an der Pflanze gering ist, genügt es das Herbstlaub vor dem Frühjahr, also vor der Sporenabgabe, zu entfernen. Eine Behandlung mit Fungiziden, sofern notwendig, ist nur im Frühjahr erfolgreich möglich.

Nicht verwechseln!

Ein nah verwandter Pilz mit einem fast identischen Schadbild tritt auch an Weiden auf.

Auf einen Blick

- große, schwarze Blattflecken mit gelbem Rand
- Laubentfernung vor dem Frühjahr genügt für eine Bekämpfung
- die Pflanze wird nur wenig geschädigt

Ahorn

Verticillium-Welke

Verticillium dahliae
Pilz

Steckbrief

Mit Hilfe seiner Dauerkörper (Mikrosklerotien) ist es dem Pilz möglich, für viele Jahre im Boden zu überdauern. Die Infektion erfolgt über die Wurzel, wobei sich der Pilz anschließend im Gefäßsystem der Pflanze ausbreitet und durch ausgelöste Wechselwirkungen mit der Pflanze und die Abgabe von Toxinen zu Schadsymptomen führt.

Symptome und Schadbild

Der Krankheitsverlauf kann akut sein, was zu einem raschen Absterben der Pflanze führt, oder auch chronisch, sodass die Pflanzen über mehrere Jahre hinweg kränkeln. Typische Schadsymptome sind ein sektorweises Absterben der Krone, dunkle Verfärbungen im äußeren Holzbereich (nach Anschnitt von Ästen oder Zweigen sichtbar) oder auch größere Längsrisse am Stamm, die aber auch andere Ursachen haben können. Eine Infektion der Pflanze wird durch Stressfaktoren (z. B. Wassermangel) deutlich gefördert.

Vorbeugen und bekämpfen

Neue Pflanzflächen sollten durch einen Bodentest auf die Anwesenheit von Dauerkörpern untersucht werden (Pflanzenschutzamt). Eine direkte Bekämpfung des Pilzes mit Fungiziden ist nicht möglich.

Auf einen Blick

- bodenbürtiger Pilz, der Dauerkörper ausbildet
- sektorenweise auftretende Welkesymptome der Krone
- Ahornarten sind hochanfällig gegenüber dem Pilz

Kommt auch vor an

Neben Ahorn, der als sehr anfällige Wirtspflanze einzustufen ist, kann der Pilz an rund 70 Ziersträuchern und Laubbäumen schädigend auftreten (u. a. Kastanie, Robinie, Esche).

Ahorn

Weißfleckigkeit

Cristulariella depraedans
Pilz

Steckbrief

Mit Hilfe seiner dunklen, mikroskopisch kleinen Dauerkörper überwintert der Pilz im Falllaub. Im Frühjahr gebildete Sporen werden dann mit dem Wind und mit Wasserspritzern insbesondere auf die bodennahen Blätter übertragen. Auf den hier entstehenden Flecken werden ihrerseits wieder Sporen ausgebildet, die für eine weitere, zyklusartige Vermehrung über die gesamte Vegetationszeit sorgen.

Symptome und Schadbild

Auf der Blattoberseite bilden sich runde, weiß gefärbte, etwa 1 cm große Flecken aus, die teils von einer dunklen Randzone umgeben sind. Auf einem Blatt können viele Flecken auftreten, auch können diese zu größeren Einheiten zusammenfließen. Die blattunterseits gebildeten Vermehrungseinheiten zeigen sich als gestielte Sporenköpfe, die flächig dicht aneinander stehen. Befallen wird ausschließlich der Berg-Ahorn.

Vorbeugen und bekämpfen

Die Laubentfernung im Herbst genügt als vorbeugende Maßnahme, um eine Infektion im Frühjahr zu vermeiden.

Nicht verwechseln!

Das Schadbild ähnelt sehr dem des Echten Mehltau. Eine sichere Unterscheidung ist nur bei näherer Lupenbetrachtung möglich.

Auf einen Blick

- tritt ausschließlich am Berg-Ahorn auf
- bis zu 1 cm große, weiß gefärbte Blattflecken
- meist nur auf unteren Blattetagen lokalisiert

Ahorn

Zikaden

Verschiedene Arten
Zikade

Steckbrief

1–2 Generationen pro Jahr. Meist treten an Ahornblättern Zikaden aus der Familie der Zwergzikaden schädigend auf. Diese überwintern als Ei in den Trieben und schlüpfen als Larve nach dem Laubaustrieb. Insgesamt werden fünf Larvenstadien durchlaufen. Die Tiere sind hell gefärbt, 2–4 mm groß und haben eine stromlinienförmige Gestalt. Auffällig ist ihre dachförmige Flügelstellung. Eine trockenwarme Witterung fördert das Auftreten.

Symptome und Schadbild

Häufig beginnt der Befall entlang der Blattadern. Die Tiere sitzen blattunterseits, verlassen jedoch die Blätter auch springend, sobald sie gestört werden. Die weißen Häutungsreste finden sich ebenfalls auf der Blattunterseite und sind ein guter Nachweis für einen Befall mit Zwergzikaden. Der unmittelbare Schaden für die Blätter ist gering, da die verbleibende Blattspreite weiter grün bleibt. Ein Laubfall tritt in der Regel nicht auf.

Vorbeugen und bekämpfen

Eine Herbstlaubentfernung trägt nicht zur Bekämpfung der Zikaden bei. Es bleibt nur der Einsatz von Insektiziden im Frühjahr zur Larvenbekämpfung, insbesondere bei einem stärkeren Vorjahresbefall.

Auf einen Blick

- feine Sprenkelung entlang der Blattadern
- kleine, hell gefärbte, oft wegspringende Tiere
- Überwinterung als Ei in den Trieben

Nicht verwechseln!

Das Schadbild ähnelt auf den ersten Blick einem Befall mit Spinnmilben, da sich auf der Blattoberseite kleine helle Punkte zeigen, die in der Summe eine feine Sprenkelung ergeben.

Berberitzenblattwespe

Arge berberidis
Blattwespe

Berberitze

Steckbrief

2 Generationen pro Jahr. Nach der Verpuppung der Larven im Boden schlüpfen ab Ende April die geflügelten Blattwespen der ersten Generation. Diese sind etwa 1 cm groß und blaumetallisch gefärbt, wobei deren graue Flügel eine fein verzweigte Flügelstruktur besitzen. Sie legen ihre Eier auf die Blattunterseite und ab Mai erscheinen dann die ersten, bunt gefärbten Larven. Als Blattwespenlarve (Afterraupe) besitzen sie nach den ersten drei Brustbeinpaaren nur ein beinloses Segment. Nach der Abwanderung der Larven in den Boden erscheinen die Blattwespen der zweiten Generation etwa ab August, die aus den Eiern geschlüpften Larven dann ab September.

Symptome und Schadbild

Die Larven treten meist gesellig an den Blättern auf, wobei der Fraß bevorzugt vom Blattrand her bis teils zur Mittelrippe erfolgt. Bei einem stärkeren Befall ist auch ein Kahlfraß möglich, dies gilt insbesondere für die zweite Generation im Spätsommer. Neben Berberitzen werden z. T. auch Mahonien geschädigt.

Vorbeugen und bekämpfen

Frühzeitiges Absammeln der ab Mai und September auftretenden Larven. Einsatz von Insektiziden gegen die Larven.

Ganz nah dran

Die Larven werden bis zu 2 cm groß, sind weißlich gefärbt mit gelben und schwarzen Flecken oder Warzen und haben einen dunklen Kopf.

Auf einen Blick

- hell-bunt gefärbte Larven sorgen für Blattfraß
- Überwinterung als Puppe im Boden
- ein Kahlfraß der Pflanzen ist möglich

Berberitze

Auf einen Blick

- der Pilz vollzieht einen Wirtswechsel zwischen Getreide und Berberitze
- Schadsymptome treten an Berberitzen nur im Frühjahr auf
- Berberitzen können sich gegenseitig nicht anstecken

Getreideschwarzrost

Puccinia graminis
Pilz

Steckbrief

Der Pilz überwintert in Form von speziellen Wintersporen an den Halmen und Blättern von Getreide. Die hier im Frühjahr gebildeten Sporen werden mit dem Wind auf die Berberitze übertragen und infizieren diese. Dort werden im selben Frühjahr wiederum Sporen gebildet, die mit dem Wind wieder auf Getreide übertragen werden, auf dem sich dann der Pilz weiter entwickelt. Die Infektion der Berberitzen erfolgt stets über das Getreide im Frühjahr.

Symptome und Schadbild

Auf der Berberitze bilden sich im Frühjahr blattoberseits rötlich-orangefarbene Flecken (teils mit einem gelben Hof), wobei anschließend blattunterseits deutliche Pusteln entstehen, die gelbe Sporen abgeben. Auch Triebe können Symptome zeigen. Betroffen ist insbesondere die Art *Berberis vulgaris* mit ihren Sorten. Am Getreide entstehen über den Sommer braune Sporenlager an den Blattscheiden und Halmen.

Vorbeugen und bekämpfen

Räumliche Nähe zu Getreide meiden. Auf weniger anfällige Arten ausweichen (z. B. *Berberis thunbergii*). Einsatz von Fungiziden im zeitigen Frühjahr, um eine Infektion zu vermeiden.

Ganz nah dran

Im Herbst bilden sich am befallenen Getreide großflächig schwarze Sporenlager aus („Getreideschwarzrost“).

Berberitze

Echter Mehltau

Verschiedene Arten
Pilz

Steckbrief

Die Überwinterung der Mehltaupilze erfolgt in kleinen Fruchtkörpern im infizierten Laub. Darin im Frühjahr gebildete Sporen werden mit dem Wind auf die jungen Blätter übertragen. Nach der Infektion und Symptomausbildung werden dort erneut Sporen gebildet, die für eine weitere, zyklusartige Verbreitung des Pilzes innerhalb der Vegetationszeit sorgen. Zum Herbst hin entstehen wieder die überwinternden Fruchtkörper.

Symptome und Schadbild

Je nach auftretendem Mehltaupilz zeigt sich bevorzugt auf der Blattober- oder der Blattunterseite ein weißlicher, mehliger Pilzbelag. Insbesondere bei rotlaubigen Sorten ist der Befall der Blattoberseite augenfällig. Hinsichtlich der Jahreszeit treten die Symptome verstärkt ab dem Sommer auf. Die in hoher Zahl auf den Blättern im Herbst gebildeten Fruchtkörper sind dunkel gefärbt und etwa 0,2 mm groß.

Vorbeugen und bekämpfen

Entfernung des mit Fruchtkörpern bestückten Laubes im Herbst. Einsatz von Fungiziden während der Vegetationszeit.

Kommt auch vor an

Je nach Mehltaupilz tritt der Erreger bei einem Befall der Blattoberseite nur an Mahonie und Berberitze auf oder aber bei einem Belag auf der Blattunterseite an einer Vielzahl von Gehölzen und Sträuchern.

Auf einen Blick

- pilzabhängig können außer der Berberitze auch andere Pflanzen befallen werden
- mehliger, weißer Belag an den Blättern
- Überwinterung des Pilzes im Falllaub

Birke

Auf einen Blick

- Birkenblätter mit gelben Pusteln blattunterseits
- Wirtswechsel zur Lärche
- Übertragung der Sporen mit dem Wind

Birkenrost

Melampsoridium betulinum
Pilz

Steckbrief

Der Pilz überwintert im infizierten Falllaub der Birke in Form spezieller Wintersporen (Teleutosporen). Aus diesen entwickeln sich Sporen, die über eine Windverbreitung die Nadeln der Lärche infizieren. Nach einer Symptomausprägung auf der Lärche werden Sporen gebildet und auf die Blätter der Birke übertragen. Dort entstehen in mehrfachen Zyklen wiederum Sporen, die weitere Birkenblätter, aber auch das Laub anderer Bäume infizieren können. In den zum Herbst hin in den Blättern gebildeten Wintersporen überdauert dann der Pilz.

Symptome und Schadbild

Auf der Blattoberseite der Birkenblätter zeigen sich im Sommer eine Vielzahl gelber, kleiner, teils auch zusammenfließender Flecken. Blattunterseits bilden sich ausstäubende Pusteln in ebenfalls gelber Farbe. Bei einem starken Befall ist ein frühzeitiger Laubfall möglich. Die Nadeln infizierter Lärchen zeigen im Frühjahr rötliche Sporenlager.

Vorbeugen und bekämpfen

Bei gefährdeten Birkenarten räumliche Nähe zu Lärchen meiden. Laubentfernung im Herbst (verhindert eine Lärcheninfektion). Einsatz von Fungiziden.

Ganz nah dran

In seltenen Fällen kann der Pilz auch in Lärchenknospen oder den Trieben der Birke überwintern, sodass bereits im Frühjahr von dort eine Windübertragung der Sporen auf Birkenblätter möglich ist.

Filzgallmilbe

Acalitus longisetosus
Gallmilbe

Birke

Steckbrief

Mehrere Generationen pro Jahr. Filzgallmilben überwintern in Knospenschuppen oder Rindenritzen und verlassen zum Laubaustrieb ihre Winterquartiere, um die Blätter zu besiedeln. In den durch die Saugtätigkeit entstandenen, filzigen Gallen leben sie geschützt vor Witterungseinflüssen und Feinden. Bereits im Sommer verlassen sie ihre Gallen wieder und suchen die Winterlager auf. Die hier beschriebene Art tritt ausschließlich an Birken auf.

Symptome und Schadbild

Insbesondere auf der Blattoberseite, weniger blattunterseits, zeigen sich teils großflächige, rötlich gefärbte Filzgallen. Meist sind einzelne Astbereiche stärker befallen. Die hier geschützt lebenden Tiere lassen sich aufgrund ihrer geringen Größe nur bei stärkerer Vergrößerung erkennen. Der Schaden für die Pflanzen ist meist nur gering.

Vorbeugen und bekämpfen

Entfernen der befallenen Blätter noch im Sommer vor der Abwanderung der Tiere. Einsatz von Pflanzenschutzmitteln in der Zeit des Laubaustriebs.

Auf einen Blick

- auffällig rot gefärbte Filzgallen blattunterseits
- die Tiere sind mit bloßen Auge nicht erkennbar
- diese Art tritt nur bei der Birke auf

Ganz nah dran

Gallmilben sind nur 0,2 mm groß und mit bloßem Auge nicht zu erkennen.

Birke

Schildkrötenmotte

Verschiedene *Incurvaria*-Arten
Schmetterling

Steckbrief

1 Generation pro Jahr. Nach der Überwinterung im Boden und der Verpuppung im Frühjahr fliegen die unscheinbaren, bräunlich gefärbten Falter ab April. Sie legen ihre Eier auf Birkenblättern ab und die daraus geschlüpften Larven bohren sich einzeln in das Blatt ein. Der erste Abschnitt der Larvenentwicklung erfolgt als Minierer im Blatt. Später im Jahr wird der umliegende Blattbereich von der Larve ausgeschnitten und fällt anschließend als sandwichartiges Paket zu Boden. Die weitere Larvenentwicklung bis zur Puppenbildung im Herbst findet nun im Boden statt, wobei sich die Larven jetzt von abgestorbener Pflanzensubstanz ernähren.

Symptome und Schadbild

Im Frühjahr rundlich-ovale Platzminen (Minen mit breiter Ausdehnung, im Gegensatz zu Gangminen) mit einem Durchmesser von 4–5 mm, die verteilt zu mehreren auf dem Blatt auftreten. Im Gegenlicht sind die dort enthaltenen Larven gut erkennbar. Zum Sommer hin finden sich grüne Blätter mit scheinbar ausgestanzten Löchern.

Vorbeugen und bekämpfen

Entfernen der noch mit Minen besetzten Blätter im Frühjahr. Der Einsatz von Insektiziden im Frühjahr erübrigt sich meist.

Auf einen Blick

- Überwinterung als Puppe im Boden
- im Frühjahr rundliche Platzminen im Blatt
- im Sommer runde Löcher im Blatt

Kommt auch vor an

Neben der Birke können artabhängig eine Reihe anderer Laubgehölze befallen werden (u. a. Haselnuss, Hainbuche, Erle oder Hartriegel).

Buchengallmilbe

Aceria nervisequa
Gallmilbe

Steckbrief

Mehrere Generationen pro Jahr. Hinter Rindenritzen oder Knospenschuppen der Rot-Buche überdauern die nur etwa 0,2 mm großen Gallmilben den Winter. Wenn das Laub auszutreiben beginnt, verlassen sie ihre Winterlager und besiedeln die jungen Blätter, die nach der Saugtätigkeit charakteristische, haarfilzartige Strukturen aufweisen. In diesen Filzgallen leben die Gallmilben und vermehren sich. Bereits zeitig im Jahr, etwa ab Juli, verlassen die Tiere wieder die Blätter, um ihre Winterlager aufzusuchen.

Symptome und Schadbild

Befallene Blätter tragen blattunterseits lokal durch die Blattadern begrenzte, dichtfilzige, weiß gefärbte Strukturen, die häufig verstärkt am Blattrand auftreten. Auf einem Blatt sind meist mehrere dieser Filzgallen zu sehen. Die Blattoberseite zeigt dabei grundsätzlich keine Schadsymptome.

Vorbeugen und bekämpfen

Frühzeitiges Absammeln befallener Blätter bis zum Sommer. Einsatz von Pflanzenschutzmitteln in der Zeit des Laubaustriebs (Wanderphase der Tiere).

Kommt auch vor an

Neben der grünblättrigen Rot-Buche treten die Gallmilben auch an den Blättern der Blut-Buche auf. Hier sind die filzigen Strukturen jedoch nicht weiß, sondern deutlich rot gefärbt.

Buche

Auf einen Blick

- auffällige Filzgallen auf der Blattunterseite
- Überwinterung der Tiere hinter Rindenritzen
- die Gallmilben sind mit bloßem Auge nicht erkennbar

Buche

Buchengallmücke

Mikiola fagi
Gallmücke

Steckbrief

1 Generation pro Jahr. In den Gallen, die in der Bodenstreu liegen, überwintern die Tiere. Aus den Gallen schlüpfen ab etwa Anfang April die 3–5 mm kleinen Gallmücken und legen ihre bis zu 300 Eier in die Knospen. Die später schlüpfende Larve induziert am Blatt durch ihre Saugtätigkeit eine Galle, in der die beinlose Larve bis zu ihrer Verpuppung im nächsten Frühjahr lebt und zu einer Größe von 4 mm heranwächst.

Symptome und Schadbild

Die meist 3–5 mm großen Gallen treten bevorzugt zu mehreren entlang der Blattadern auf der Blattoberseite auf. Sie sind leicht bauchig, am oberen Ende deutlich zugespitzt, grün bis rot gefärbt und blattunterseits geöffnet. Im Herbst löst sich meist die Galle vom Blatt und wird von innen durch die Larve verschlossen.

Vorbeugen und bekämpfen

Da die Auswirkungen auf die Pflanze eher gering sind, genügt es befallene Blätter im Herbst zu entfernen. Oft stellen sich auch Nützlinge ein, die das Auftreten auf natürliche Weise begrenzen.

Auf einen Blick

- bauchige, oben zugespitzte Galle auf der Blattoberseite
- hell gefärbte Larve im Galleninneren
- meist sind mehrere Gallen auf einem Blatt zu finden

Ganz nah dran

Nach einem Längsschnitt der Galle zeigen sich eine dicke Wandung sowie die im Innern lebende, hell gefärbte Larve.

Buchenminiermotte

Verschiedene Arten
Schmetterling

Steckbrief

Mehrere Generationen pro Jahr (artabhängig). An Buchenblättern treten verschiedene Miniermottenarten auf, die in ihrer Symptomatik unterschiedlich sind, jedoch eine ähnliche Biologie aufweisen. Die Überwinterung erfolgt meist als Puppe im Falllaub, aus der etwa ab April die kleinen Falter schlüpfen. Sie haben eine Spannweite von 5–10 mm und legen ihre Eier an die Blätter der Buche. Nach dem Schlüpfen der Larven findet die weitere Entwicklung bis zur Verpuppung als Minierer im Blatt statt.

Symptome und Schadbild

Je nach Art der Tiere sind die Miniergänge unterschiedlich geformt. Die Art *Phyllonorycter maestigella* bildet beispielsweise eine breitovale Mine zwischen zwei Blattadern aus, die teils auch leicht gefaltet ist. Blattoberseits ist an dieser Stelle eine Vielzahl heller Punkte zu sehen. Eine andere Art, *Stigmella tityrella*, frisst einen feinen Miniergang in die Blätter, der von der Hauptader des Blattes in Richtung Blattrand verläuft. Zum Herbst hin behalten die Blätter im Umfeld der Mine noch recht lange ihre grüne Blattfarbe.

Vorbeugen und bekämpfen

Da der Schaden allein optischer Natur ist, genügt es vorbeugend die Blätter vor dem Schlupf der Falter zu entfernen.

Kommt auch vor an

Die verschiedenen Buchenminiermotten treten nur an Buchenblättern auf, Minengänge in anderen Pflanzen werden durch andere Miniermottenarten hervorgerufen.

Buche

Auf einen Blick

- artabhängig werden unterschiedliche Minen ausgebildet
- der Schaden an den Blättern ist nur gering
- Überwinterung meist als Puppe im Falllaub

Auf einen Blick

- Lochfraß durch die Käfer im Frühjahr
- Minierfraß an den Blättern durch die Larven
- Überwinterung als Käfer in der Bodenstreu

Buchenspringrüssler

Rhynchaenus fagi
Käfer

Steckbrief

1 Generation pro Jahr. Der sprung- und flugfähige, nur etwa 2 mm große Käfer überwintert in der Bodenstreu oder unter der Rinde. Zur Zeit des Laubaustriebs legt er nach einem kurzen Blattfraß seine Eier einzeln an die Mittelader der Blätter ab, wobei die weitere Larvenentwicklung als Minierer im Blatt erfolgt. Nach der Verpuppung im Blatt treten die ersten Käfer dann wieder ab Juni auf. Diese besiedeln noch kurz die Blätter, wandern jedoch bald zur Überwinterung in die Bodenstreu ab.

Symptome und Schadbild

Im Frühjahr vom Käfer besiedelte Blätter weisen eine Vielzahl kleiner Fraßlöcher auf. Später zeigt sich eine verbräunte Mine, ausgehend von der Mittelader, die sich zum Blattrand hin dann deutlich erweitert (Platzmine). Im Innern der Mine befindet sich eine weiß gefärbte, beinlose Larve. Da die Käfer im Frühjahr zum Teil Blattstiele anfressen, kann es zu einem vorzeitigen Laubfall kommen. Während des Laubaustriebs und etwa ab Juni sind die dunklen Käfer auf den Blättern zu sehen.

Vorbeugen und bekämpfen

Bei kleinen Pflanzen und einem Einzelbefall genügt das Absammeln der befallenen Blätter im Frühjahr vor dem Schlupf der Käfer. Insektizide können während des Blattaustriebs zur Bekämpfung der Käfer eingesetzt werden.

Nicht verwechseln!

Bei einer nur flüchtigen Betrachtung kann man das Schadbild leicht für einen Spätfrostschaden halten.

Buchenwolllaus

Phyllaphis fagi
Blattlaus

Buche

Steckbrief
Mehrere Generationen pro Jahr. Als Ei überwintern die Läuse an Zweigen und Trieben. Die daraus schlüpfenden Tiere besiedeln rasch die jungen Blätter und vermehren sich dort, später auftretende, geflügelte Tiere sorgen für eine weitere räumliche Ausbreitung. Zum Sommer hin fällt die Vermehrungsrate der Tiere deutlich ab, bis schließlich die im Herbst gebildeten Geschlechtstiere ihre schwarz gefärbten Eier zur Überwinterung ablegen. Über das Jahr hinweg erfolgt dagegen die Vermehrung durch Lebendgebärung und ohne männliche Tiere. Heckenpflanzen werden bevorzugt befallen.

Symptome und Schadbild
Insbesondere am jungen Austrieb finden sich blattunterseits eine Vielzahl der weißlich aussehenden Tiere. Sie scheiden reichlich Honigtau aus, der den Blättern ein glänzendes Aussehen gibt. Schwarze Rußtaupilze besiedeln dann später diese Flächen. Stärker befallene Blätter rollen sich vom Blattrand her nach unten ein und verfärben sich braun. Nicht selten ist auch ein frühzeitiger Laubfall die Folge.

Vorbeugen und bekämpfen
Entfernung stärker befallener Blätter im Frühjahr vor der Ausbildung geflügelter Tiere. Einsatz von Pflanzenschutzmitteln während des Laubaustriebs.

Ganz nah dran
Die Tiere sind nur 3 mm groß, erscheinen jedoch durch ihre reichlich ausgebildete, weiße Wachswolle größer.

Auf einen Blick
- weiß-wollige Ansammlungen auf der Blattunterseite
- Ausscheidung von klebrigem Honigtau
- insbesondere an Heckenpflanzen auftretend

Buchs

Buchsbaumblattfloh

Psylla buxi
Blattsauger

Steckbrief

1 Generation pro Jahr. Die jungen, nur 0,5 mm großen Larven überwintern unter den Knospenschuppen und besiedeln von dort die jungen Blätter im Frühjahr. Sie besitzen auffällige, weiß gefärbte Wachsausscheidungen, sind deutlich abgeflacht und saugen an den Blättern. Nach einer mehrwöchigen Entwicklung treten ab Anfang Juni die erwachsenen Tiere auf. Ihre Eier legen die Tiere im Sommer in die äußeren Knospenschuppen, zwischen denen dann die jungen Larven überwintern.

Symptome und Schadbild

Zum Frühjahr findet sich an den jungen Blättern lokal eine Vielzahl von Larven mit einer auffälligen Wachswolle. Durch die Saugtätigkeit wölbt sich das Blatt löffelartig nach oben („Löffelblättrigkeit“) und bietet hier den Larven eine gute Versteckmöglichkeit. Zusätzlich wird Honigtau ausgeschieden, der nachträglich von Rußtaupilzen besiedelt wird. Geflügelte, bei Gefahr davonspringende Tiere treten ab Juni an den Pflanzen auf.

Vorbeugen und bekämpfen

Frühzeitiger Rückschnitt lokal stärker befallener Triebe im Frühjahr. Einsatz von Insektiziden noch vor dem Laubaustrieb oder auch im Frühjahr gegen die jungen Larven.

Auf einen Blick

- Larven mit Wachswolle auf der Blattunterseite
- Ausscheidung von klebrigem Honigtau
- Überwinterung als junge Larve am Buchsstrauch

Ganz nah dran

Die erwachsenen Tiere sind grünlich gelb gefärbt und etwa 4 mm groß, sie tragen dachförmige, den Körper deutlich überragende Flügel und springen bei einer Störung rasch weg.

Buchsbaumgallmücke

Monarthropalpus buxi
Gallmücke

Steckbrief

1 Generation pro Jahr. Nach der Überwinterung als Puppe im Blatt schlüpfen ab Mai die Gallmücken. Diese legen ihre Eier bevorzugt auf die Blattunterseite junger Blätter, wobei sich die schlüpfenden Larven dann für den Rest ihrer Entwicklung im Blattgewebe befinden. Die beinlosen Larven sind meist rötlich gefärbt und werden 2 mm groß.

Symptome und Schadbild

Zu einem frühen Befallszeitpunkt sind blattoberseits nur einzelne Punkte erkennbar, erst im Gegenlicht ist erkennbar, dass sich darunter ein Hohlraum befindet in dem eine junge Larve miniert. Zum Sommer hin werden diese Minen deutlich größer, wölben sich auch beulenartig auf und fließen sogar zu größeren, teils ganze Blätter einnehmenden Bereichen zusammen. Ein frühzeitiger Laubfall tritt bei einem starken Befall auf. Folgeschäden ergeben sich, wenn Meisen die Blätter aufpicken, um an die Larven zu gelangen.

Vorbeugen und bekämpfen

Absammeln befallener Blätter vor dem Schlupf der Gallmücken im Frühjahr. Es existieren sortenabhängige Unterschiede in der Anfälligkeit der Buchspflanzen. Einsatz von Insektiziden zur Flugzeit der Gallmücken, um eine Eiablage zu verhindern.

Ganz nah dran

Die erwachsenen Gallmücken sind orange gefärbt und etwa 4 mm groß.

Buchs

Auf einen Blick

- beulenförmige Gallen auf der Blattfläche
- orange gefärbte, beinlose Larven im Inneren der Gallen
- Überwinterung als Puppe im Blatt

Buchs

Buchsbaumspinnmilbe

Eurytetranychus buxi
Spinnmilbe

Steckbrief

Mehrere Generationen pro Jahr. Die Tiere überwintern auf der Blattunterseite als Eier, die nur bei stärkerer Vergrößerung erkennbar sind. Im Frühjahr erfolgt der Schlupf der sechsbeinigen Larve, wobei alle weiteren Entwicklungsstadien die für Spinnentiere charakteristischen 8 Beine besitzen. Alle Stadien saugen an den Pflanzen. Die Vermehrung über die Vegetation hinweg erfolgt ebenfalls durch die jeweilige Ablage von jeweils 30 Eiern der bis zu 1 Monat lang lebenden Weibchen. Trocken-warme Witterung fördert das Auftreten der Spinnmilben, die nur auf Buchs vorkommen.

Symptome und Schadbild

Von den Spinnmilben befallene Blätter zeigen eine feine, helle Blattsprenkelung. Besiedeln die jungen Stadien bevorzugt die Blattunterseite, treten die älteren, sehr laufaktiven Stadien vermehrt auf der Blattoberseite auf. Ein starker Befall kann einen Laubfall zur Folge haben. Junge Blätter werden bevorzugt von den Spinnmilben besiedelt.

Vorbeugen und bekämpfen

Bei der Pflanzung weniger anfällige Sorten bevorzugen. Bekämpfung der überwinternden Eier mit einem ölhaltigen Produkt. Einsatz von Akariziden während der Vegetation.

Auf einen Blick

- helle Blattsprenkelung als Schadbild
- Förderung des Schadens durch trocken-warme Witterung
- Einzeltiere sind knapp 0,5 mm groß und rötlich gefärbt

Ganz nah dran

Das erste Beinpaar der erwachsenen, rötlich gefärbten Tiere ist auffällig verlängert.

Buchsbaumsterben

Cylindrocladium buxicola
Pilz

Buchs

Steckbrief

Mit Hilfe seiner mikroskopisch kleinen Dauersporen im abgefallenen Laub kann der Pilz für mehrere Jahre im Boden überdauern. Infektionen während der Vegetationszeit erfolgen über windübertragbare Sporen, die außen an infizierten Blättern und Trieben gebildet werden. Warme, nicht aber heiße Temperaturen sowie eine Blattfeuchte von über 5 Stunden fördern die Infektion.

Symptome und Schadbild

Es beginnt mit dunklen Blattflecken, die rasch zusammenfließen und auf der Blattunterseite bei feuchten Bedingungen einen weißen, flächigen Sporenrasen aufweisen. An den Trieben zeigen sich dunkle Längsstreifen. Der Pilz greift rasch auf benachbarte Pflanzen über. Unter für den Pilz günstigen Bedingungen kommt es zu einem raschen Laubfall und zum Absterben der Pflanzen.

Vorbeugen und bekämpfen

Bei Neupflanzungen weniger anfällige Sorten auswählen. Abgefallenes Laub vorbeugend entfernen, bei bereits zersetzten Blättern oberste Bodenschicht entfernen. Feuchtefördernde Bedingungen vermeiden. Frühzeitiges Entfernen stärker befallener Pflanzen. Der Einsatz von Fungiziden führt nur bei einem vorbeugenden und wiederholten Einsatz zum Bekämpfungserfolg.

Kommt auch vor an

Befallen werden ausschließlich Buchspflanzen, wobei Sortenanfälligkeiten bekannt sind (hochanfällig: *Buxus sempervirens* 'Suffruticosa').

Auf einen Blick

- dunkle Blattflecken und Längsstreifen auf den Trieben
- rascher Krankheitsverlauf
- weißlicher Sporenrasen blattunterseits

Buchs

Auf einen Blick

- starke Raupenfraßschäden mit Gespinstbildung
- drei Generationen pro Jahr
- Fraßschäden beginnen im Buschinneren

Buchsbaumzünsler

Cydalima perspectalis
Schmetterling

Steckbrief

3 Generationen pro Jahr. Im Inneren der Buchspflanze überwintern die jungen, einheitlich hell gefärbten Larven in einem Gespinst. Die Verpuppung erfolgt an der Pflanze, wobei die Puppe, ähnlich wie die ältere Larve, auffällig gefärbt ist. Nach dem Schlupf leben die nachtaktiven, weiß gefärbten Falter mit dem dunklen Flügelrand nur knapp 1 Woche und legen ihre Eier als Gelege auf die Blattunterseite ab. Der Buchsbaumzünsler stammt ursprünglich aus dem ostasiatischen Raum.

Symptome und Schadbild

Zunächst erfolgt ein unscheinbarer Schabefraß durch die jungen Larven an den Blättern im Inneren des Busches. Auch die nachfolgenden Fraßschäden beginnen vom Buschinneren und sind dadurch anfangs wenig auffällig. Geschädigte Blätter behalten noch ihre Mittelrippe. Neben den Blättern werden zusätzlich auch Triebe angefressen und sogar ein Kahlfraß ist möglich. Ältere Raupen bilden ein auffälliges Gespinst.

Vorbeugen und bekämpfen

Absammeln der Raupen und Puppen. Einsatz von Insektiziden gegen die Larven und eiablegenden Falter. Verwendung von Pheromonfallen zur Falterflugbestimmung und besseren Spritzterminierung. Regelmäßige Kontrollen auf Befall im Buschinneren.

Ganz nah dran

Ältere Larven werden bis zu 5 cm lang und tragen ein auffälliges, gelbgrün-schwarzes Längsmuster.

Buchs

Buchsrost

Puccinia buxi
Pilz

Steckbrief

Die Überwinterung erfolgt in dickwandigen, dunkelbraun gefärbten Wintersporen (Teleutosporen), die an den Blättern gebildet werden. Die im Frühjahr an diesen Sporen neu entstehenden Sporen sorgen über eine Windverbreitung für eine Infektion der Blätter. Der Pilz wächst innerhalb der Blätter und bildet erst später im Jahr wieder die Wintersporen aus. Eine Neuinfektion der Blätter folgt ausschließlich einmalig zum Frühjahr.

Symptome und Schadbild

Ab dem Spätsommer bilden sich auf den Blättern in oft hoher Zahl rostbraune, etwa 2 mm große Sporenlager aus, die ähnlich einem Punktemuster verteilt auftreten. Im Frühjahr neu infizierte Blätter bleiben lange symptomlos, bei näherer Betrachtung sind sie jedoch etwas dicker im Querschnitt. Der Pilz tritt häufiger an älteren Buchspflanzen auf.

Vorbeugen und bekämpfen

Zur Bekämpfung genügt es vorbeugend, die befallenen Blätter zum Herbst zu entfernen, um eine weitere Ausbreitung zu verhindern.

Kommt auch vor an

Dieser Rostpilz tritt ausschließlich an Buchs auf, ähnliche Symptome an anderen Pflanzen werden durch andere Rostpilzarten hervorgerufen.

Auf einen Blick

- blattunterseits auftretende, rostbraune Flecken
- meist erst ab dem Spätsommer auffällig werdend
- bevorzugt an älteren Buchspflanzen vorkommend

Buchs

Kommaschildlaus

Lepidosaphes ulmi
Schildlaus

Steckbrief

1 Generation pro Jahr. Als größeres Eigelege unter der kommaartigen Hülle des abgestorbenen Weibchens (ca. 3 mm) erfolgt die Überwinterung an den Trieben der Buchspflanze. Die während des Laubaustriebs schlüpfenden Larven (Einzelgröße 0,3 mm) besiedeln von dort aus aktiv oder auch vom Wind passiv weitergetragen das nähere Umfeld. Die Tiere saugen dabei am Pflanzengewebe und werden hier rasch sesshaft. Zum Sommer hin werden geflügelte Männchen gebildet, wobei die Vermehrung aber meist ohne diese erfolgt (Parthenogenese). Ab dem Spätsommer kommt es zur Eiablage des Weibchens unter dem abnehmbaren Schild (Deckelschildlaus).

Symptome und Schadbild

An Trieben und Blättern finden sich braun gefärbte, miesmuschelartig geformte Schildläuse in teils hoher Zahl; der Deckel lässt sich abnehmen. Honigtau und Rußtau werden nicht ausgebildet. Ein starker Befall führt zur Wachstumsreduktion der Pflanze.

Vorbeugen und bekämpfen

Rückschnitt stärker befallener Bereiche im Winter vor dem Schlupf der Larven. Einsatz von Insektiziden während des Laubaustriebs.

Auf einen Blick

- miesmuschelartig geformte Schildläuse auf Blättern und Trieben
- die jungen Larven im Frühjahr sind mit bloßem Auge nicht erkennbar
- keine Honigtau- oder Rußtaubildung

Kommt auch vor an

Neben Buchs tritt die Kommaschildlaus auch an einer Reihe anderer Zier- und Obstgehölze schädigend auf.

Volutella-Buchsbaumkrebs

Volutella buxi
Pilz

Steckbrief

Innerhalb spezieller Fruchtkörper, die sich im abgefallenen Laub befinden, überwintert der Pilz. Die hier im Frühjahr gebildeten Sporen werden mit Wind und Wasserspritzern auf neue Pflanzen übertragen und infizieren diese. Über die Vegetationszeit hinweg werden zyklusartig neue Sporen gebildet, die für eine weitere Verbreitung des Pilzes sorgen. Hohe Luft- und Bodenfeuchtigkeit fördern das Auftreten der Krankheit.

Symptome und Schadbild

Schadsymptome treten an Blättern und Trieben auf. Letztere können aufgrund eines Befalls absterben und krebsartige Wucherungen zeigen („Buchsbaumkrebs"). Befallene Blätter verfärben sich, werden blass in der Farbe und erhalten einen rosafarbenen Pilzbelag, bevorzugt auf der Blattunterseite. Zu Beginn der Pilzentwicklung ist dieser noch weißlich gefärbt. Meist werden nicht ganze Pflanzen geschädigt, sondern die Pilzinfektion beschränkt sich auf einzelne Äste oder Zweigpartien.

Vorbeugen und bekämpfen

Rückschnitt stärker befallener Ast- und Blattpartien. Einsatz von Fungiziden im Frühjahr ab Befallsbeginn. Laubentfernung im Herbst, um das Infektionsrisiko im Frühjahr zu senken. Vermeiden von zu dichten Buchsbeständen.

Ganz nah dran

Der rosafarbene Pilzbelag stellt sich bei näherer Betrachtung als Anhäufung vieler einzelner, polsterartiger Fruchtkörper dar.

Buchs

Auf einen Blick

- meist auf einzelne Äste beschränkte Absterbeerscheinungen
- rosafarbene Sporenlager blattunterseits
- Überwinterung des Pilzes im Falllaub

Christrose

Coniothyrium-Blattflecken

Coniothyrium hellebori
Pilz

Steckbrief

Die Überwinterung des Pilzes erfolgt im befallenen Pflanzenmaterial. Zum Frühjahr hin gebildete Sporen bewirken, verbreitet mit Wind und Regenspritzern, neue Infektionen und die Ausbildung von Symptomen. Die im Laufe der Vegetation auf den Blättern gebildeten Fruchtkörper und deren darin gebildete Sporen sorgen für eine weitere Verbreitung. Förderlich für einen Befall sind geringe pH-Werte und eine übermäßige Stickstoffdüngung.

Symptome und Schadbild

An den Blättern entstehen beidseitig erkennbare Flecken, die zu Beginn knapp 1 cm groß sind, jedoch rasch auf 2–3 cm anwachsen und teils auch zusammenfließen. Die oft am Blattrand gelegenen Flecken sind braun bis schwarz gefärbt, scharf vom Gewebe abgetrennt und bei näherer Betrachtung auch teils zoniert. Das Zentrum der Flecken reißt oft ein, auch können ganze Blattstücke herausbrechen. Bei einem starken Befall vergilben die Blätter und sterben ab. Auch Blatt- und Blütenstiele können vom Pilz befallen werden.

Vorbeugen und bekämpfen

Infiziertes Laub vorbeugend entfernen. Keine überhöhte Stickstoffdüngung, geringe pH-Werte vermeiden. Einsatz von Fungiziden bei Befallsbeginn.

Auf einen Blick

- dunkle, bis zu 3 cm große Blattflecken
- Überwinterung des Pilzes im Falllaub
- Pilzförderung durch hohe Stickstoffgaben

Ganz nah dran

Auf allen Befallsstellen bilden sich später dunkle, kugelförmige Fruchtkörper aus, die bei Lupenbetrachtung gut erkennbar sind.

Clematis-Welke

Verschiedene Arten
Pilz

Steckbrief

Clematis-Welke ist eine Krankheit, die durch unterschiedliche Welkepilze oder auch Stängel- und Blattpilze hervorgerufen werden kann. Die Überdauerung erfolgt pilzabhängig in den abgestorbenen Wurzeln oder in oberirdischen, infizierten Pflanzenorganen. Stressfaktoren, bedingt durch einen schlechten Standort oder andere Schaderreger, fördern eine Infektion.

Symptome und Schadbild

Pflanzen oder Pflanzenteile zeigen plötzliche Welkesymptome und sterben ab. An Stängeln treten dunkle Verfärbungen auf, die teils auch stängelumfassend sind.

Vorbeugen und bekämpfen

Den Standort vorbeugend optimieren, dazu gehören sonnige Lagen bei einem „kühlen Fuß“ (Staudenbepflanzung, Rindenmulch) und einem gleichmäßig feuchten Boden. Bevorzugt Sorten der resistenten Italienischen Waldrebe (*Clematis viticella*) pflanzen. Abgestorbene Pflanzen entfernen, vorbeugend einen Bodenaustausch vornehmen. Stressfaktoren für die Pflanze vermeiden. Beim Neukauf ältere, zweijährige Pflanzen im Container bevorzugen.

Nicht verwechseln!

Neben den hier aufgeführten Pilzen als Schadursache kann ein Absterben auch durch Staunässe, Insektenlarven im Boden oder Spätfrost verursacht werden.

Clematis

Auf einen Blick

- plötzlich auftretende Welkesymptome
- vorbeugende Standortoptimierung
- Verwendung resistenter Arten und Sorten

Entyloma-Blattflecken

Entyloma calendulae f. sp. *dahliae*
Pilz

Steckbrief

Die Überwinterung des zu den Brandpilzen gehörenden Erregers erfolgt in mikroskopisch kleinen Dauerkörpern innerhalb der infizierten Blätter. Erkrankte Blätter und deren Reste gelangen nach dem Herbst in den Boden oder an die eingelagerten Knollen. Im Frühjahr gebildete Sporen werden über Wind und Wasserspritzer auf andere Dahlienblätter übertragen und sorgen so für eine Infektion und anschließende Symptomentwicklung. Dichte, feuchte Bestände fördern das Auftreten der Krankheit. Sortenunterschiede in der Anfälligkeit sind bekannt.

Symptome und Schadbild

Blattoberseits bilden sich zu Beginn blassgrünliche, teils eckige Flecken, die eine Größe von 1 cm erreichen können, später verfärbt sich das Zentrum der Flecken hellbraun. Die Schadsymptome treten bevorzugt an den älteren, bodennahen Blättern auf, es können aber auch die Stängel Symptome zeigen. Stärker befallene Blätter trocknen als Ganzes ein.

Vorbeugen und bekämpfen

Entfernen des infizierten Laubs (Blätter und Blattreste im Boden oder an eingelagerten Knollen). Vermeidung dichter Pflanzungen. Bevorzugung weniger anfälliger Sorten. Einsatz von Fungiziden ab Befallsbeginn.

Auf einen Blick

- Pilzüberwinterung erfolgt im Falllaub
- bräunliche Blattflecken, später teils löchrige Blätter
- bodennahe Blätter werden bevorzugt befallen

Ganz nah dran

Teilweise fällt das erkrankte Blattgewebe im Zentrum auch heraus, sodass die Blätter löchrig werden.

Volutella-Triebsterben

Volutella pachysandrae
Pilz

Steckbrief

Mit Hilfe seiner Fruchtkörper überdauert der Pilz den Winter im infizierten Laub. Im Frühjahr gebildete Sporen werden mittels Wasserspritzer auf benachbarte Pflanzen übertragen und sorgen dort für eine Infektion und für die spätere Symptomentwicklung. Durch andere Schädlinge oder einen ungünstigen Standort geschwächte Pflanzen werden dabei bevorzugt befallen.

Symptome und Schadbild

Der Pilz verursacht an Pflanzen der Gattung *Pachysandra* sowohl ein Blatt- als auch ein Triebsterben. Infizierte Blätter weisen dunkle, teils die ganze Blattspreite einnehmende Verfärbungen auf und an der Blattunterseite werden bei feuchter Witterung rosafarbene Fruchtkörper in hoher Zahl gebildet. Infizierte Triebe färben sich ebenfalls dunkel und werden weich, auch hier können später rosafarbene Sporenlager auftreten. Die Krankheit greift rasch auf benachbarte Pflanzen über.

Vorbeugen und bekämpfen

Dicht wachsende, feuchte Bestände meiden. Einsatz von Fungiziden ab Befallsbeginn. Die Pflanze schwächende Faktoren vermeiden.

Nicht verwechseln!

Eine mit dem Pilz nah verwandte Art ruft an Buchspflanzen den in den Symptomen ähnlichen Volutella-Buchsbaumkrebs hervor. Beide Pilze treten aber nur auf jeweils ihren eigenen Wirtspflanzen auf.

Dickmännchen

Auf einen Blick

- es tritt ein Blatt- und Triebsterben auf
- blattunterseits entwickeln sich rosafarbene Fruchtkörper
- rasche Ausweitung auf benachbarte Pflanzen

Eberesche

Auf einen Blick

- kleine, rötliche Punkte auf der Blattoberseite der Eberesche
- die Infektion erfolgt im Frühjahr über Wacholderarten
- infizierte Wacholderbüsche bleiben mehrjährig infektiös

Ebereschenrost

Gymnosporangium cornutum
Pilz

Steckbrief

In ähnlicher Weise wie der Birnengitterrost vollzieht dieser Pilz einen Wirtswechsel vom Wacholder (u. a. *Juniperus communis*) zu einer anderen Pflanze – in diesem Fall nicht der Birne sondern bestimmten *Sorbus*-Arten (Eberesche). Der Wechsel von der Eberesche zum Wacholder erfolgt mittels Sporen im Sommer. Erst zum Frühjahr hin werden Sporen vom Wacholder mit Hilfe des Windes auf die Eberesche übertragen. Während bei den Ebereschen in jedem Jahr eine neue Infektion erforderlich ist, bleibt ein einmal infizierter Wacholder zeitlebens krank.

Symptome und Schadbild

Infizierte Blätter der Eberesche besitzen im Frühjahr mehrere rötliche, etwa 3 mm große, rundliche Flecken auf der Blattoberseite, die von einem hellen Hof umgeben sind. Bei näherer Betrachtung sind darin kleine, schwarze Punkte erkennbar. Am Wacholder bilden sich bevorzugt an den Nadeln zum Frühjahr hin rötlich-braune, geleeartige Sporenlager.

Vorbeugen und bekämpfen

Räumliche Nähe von Ebereschen und infizierten Wacholderarten vermeiden. In isolierten Lagen die befallenen Wacholderbüsche entfernen. Infizierte Äste und Zweige bei der Eberesche herausschneiden. Einsatz von Fungiziden bei der Eberesche im Frühjahr zum Zeitpunkt der Sporenübertragung vom Wacholder auf die Eberesche.

Ganz nah dran

Zum Sommer hin entstehen auf der Blattoberseite der Eberesche kleine Fruchtkörper mit wenigen dornartigen Erhebungen.

Pockenmilbe

Eriophyes sorbi
Gallmilbe

Eberesche

Steckbrief

Mehrere Generationen pro Jahr. Hinter Rindenritzen und Knospenschuppen überwintern die nur 0,2 mm großen Gallmilben, die einen walzenförmigen Körper mit nur zwei vorderen Beinpaaren haben. Zum Laubaustrieb besiedeln sie die Blätter und saugen an ihnen. Die Tiere leben und vermehren sich in den entstehenden Gallen, verlassen die Blätter aber bereits ab dem Sommer, um sich in ihr Winterquartier zu begeben.

Symptome und Schadbild

Befallene Blätter zeigen blattoberseits verteilt auftretende, helle Punkte. Auf der Blattunterseite bilden sich flache, pockenartige Erhebungen, die aber meist weiter grün bleiben. Jede dieser „Pocken" besitzt eine kleine Eintrittsöffnung, die nur bei näherer Betrachtung sichtbar ist. Die Tiere selbst sind aufgrund ihrer geringen Größe praktisch nicht erkennbar.

Vorbeugen und bekämpfen

Entfernung befallener Blätter im Sommer. Einsatz von Pflanzenschutzmitteln zum Austrieb der Blätter (Wanderphase der Tiere).

Kommt auch vor an

Neben der Eberesche können von dieser Art vermutlich auch die Blätter von Birne oder Weißdorn mit dann ähnlichen Symptomen befallen werden.

Auf einen Blick

- pockenförmige Erhebungen auf den Blättern
- mikroskopisch kleine Gallmiben als Verursacher
- auch Birne und Weißdorn können befallen werden

Efeu

Blattfleckenpilze

Verschiedene Arten
Pilz

Steckbrief

Mit Hilfe kleiner Fruchtkörper im Blatt (Einzelgröße 0,2–0,5 mm) erfolgt die Überwinterung des Pilzes. Die zum Frühjahr gebildeten Sporen werden über Spritzwasser und Schädlinge verbreitet und sorgen rasch für eine Infektion und anschließende Symptomentwicklung sowie erneute Sporenbildung, die zu einer raschen Ausbreitung der Krankheit führt.

Symptome und Schadbild

Je nach Pilzart sind die Blattflecken einheitlich hell- bis dunkelbraun gefärbt oder besitzen ein helles Zentrum, das später teils auch ganz herausfällt. Die Flecken sind gleichmäßig über das Blatt verteilt, treten aber auch verstärkt am Blattrand auf. Auch Blattstiele und Triebe können geschädigt werden. Bei näherer Lupenbetrachtung sind jeweils die zugehörigen Fruchtkörper, runde dunkle Kügelchen oder flache Gebilde mit stacheligen, dunklen Borsten, erkennbar.

Vorbeugen und bekämpfen

Konsequente Entfernung befallener Blätter. Sofern möglich, dafür sorgen, dass ein rasches Abtrocknen der gefährdeten Pflanzen erreicht wird. Frühzeitiger Einsatz von Fungiziden.

Auf einen Blick

- teils großflächig auftretende, braun gefärbte Blattflecken
- Pilzfruchtkörper bei Lupenbetrachtung erkennbar
- Überdauerung im infizierten Falllaub

Nicht verwechseln!

An Efeu treten nicht nur verschiedene Blattfleckenpilze auf, es gibt auch Bakterien, die ähnliche Symptome an den Blättern hervorrufen können.

Efeu

Efeuspinnmilbe

Bryobia kissophila
Spinnmilbe

Steckbrief

5–8 Generationen pro Jahr. Die Entwicklung erfolgt über ein Eistadium, ein Larvenstadium und zwei Nymphenstadien zum erwachsenen Tier. Mit Ausnahme der sechsbeinigen Larven sind die anderen beweglichen Stadien achtbeinig; alle Stadien saugen an den Pflanzen. Die Überwinterung der Efeuspinnmilbe ist in allen Entwicklungsstadien an der Pflanze oder auch am Mauerwerk (Ablage der Eier) möglich. Männliche Tiere sind nicht bekannt (parthenogenetische Vermehrung der weiblichen Tiere). Trocken-warme Witterung fördert die Entwicklung der Spinnmilben.

Symptome und Schadbild

Befallene Blätter sind silbrig gesprenkelt, wobei teils die ganze Blattspreite betroffen ist und stärker befallene Blätter auch nach Braunfärbung frühzeitig abgeworfen werden. Während sich die Larvenstadien noch vermehrt blattunterseits aufhalten, sind alle anderen Stadien bevorzugt auf der Blattoberseite anzutreffen. Gespinste werden im Gegensatz zu anderen Spinnmilbenarten bei der Efeuspinnmilbe nicht ausgebildet.

Vorbeugen und bekämpfen

Stärker befallene Blätter vorbeugend entfernen. Standortoptimierung (vermeiden von trocken-warmen Bedingungen). Frühzeitiger Einsatz von Akariziden.

Ganz nah dran

Die oval geformten Weibchen sind 0,7 mm groß und als Larve und Nymphe rötlich gefärbt; sie besitzen ein auffällig verlängertes erstes Beinpaar.

Auf einen Blick

- helle Sprenkelung der Blätter bis hin zur Braunfärbung
- keine Gespinstausbildung am Efeu
- Spinnmilben sind vermehrt auf der Blattoberseite anzutreffen

Efeu

Auf einen Blick

- Schabe- und Lochfraß an den Blättern
- dunkle Raupe frisst an Blättern und Trieben
- zwei Generationen pro Jahr

Efeuwickler

Clepsis dumicolana
Schmetterling

Steckbrief

2 Generationen pro Jahr. Nach der Überwinterung als Ei an den Efeupflanzen treten ab April die ersten an den Blättern fressenden Raupen auf. Die Raupen sind braun-grünlich gefärbt und haben einen dunklen Kopf sowie ein dunkles Nackenschild. Nach der Verpuppung sind ab Juni die ersten Falter zu finden. Diese sind braun gefärbt und besitzen auf den Vorderflügeln eine dunkle Binde. Etwa ab September fliegen dann am Abend die Falter der zweiten Generation. Der Efeuwickler ist aus dem Mittelmeerraum eingeschleppt worden und breitet sich erst langsam in Deutschland aus. Wärmere Standorte werden bevorzugt.

Symptome und Schadbild

Die Blätter weisen deutliche Fraßspuren auf, die von einem Schabefraß in einen Lochfraß übergehen. Die dunkel gefärbten Raupen sind dabei leicht nachzuweisen. Im Frühsommer und dann wieder im Frühherbst treten dunkel gefärbte Falter am Efeu auf.

Vorbeugen und bekämpfen

Absammeln der Raupen. Einsatz von Insektiziden bevorzugt gegen die noch jungen Larven.

Kommt auch vor an

Die Larven des Efeuwicklers treten bisher ausschließlich am Efeu auf. Andere Bodendecker sind durch ihn nicht gefährdet.

Xanthomonas-Bakteriose

Xanthomonas hortorum pv. *hederae*
Bakterien

Efeu

Steckbrief

Infizierte Blätter und Triebe dienen den Bakterien als Überwinterungsort. Im Frühjahr unter feucht-warmen Bedingungen kommt es zum Austritt von orangefarbenem Bakterienschleim, der, durch Spritzwasser verbreitet, für neue Infektionen an Blättern und Trieben sorgt. Die verschiedenen Efeusorten sind unterschiedlich anfällig.

Symptome und Schadbild

An den Blättern, verstärkt am Blattrand, bilden sich dunkel gefärbte Flecken aus, deren Zentrum im Laufe der Zeit auch herausfällt. Die Flecken sind dabei beidseitig erkennbar. Bei einer Betrachtung im Gegenlicht zeigt sich der für Bakterien typische glasige Hof. Sofern infizierte Triebe stängelumfassend geschädigt werden, sterben darüberliegende Teile ab.

Vorbeugen und bekämpfen

Vermeidung feuchter Bedingungen (enger Stand, isolierte Lage). Entsorgung stärker befallener Blätter und Triebe. Sortenanfälligkeit beachten (empfindlich: panaschierte Sorten). Desinfektion der Schnittwerkzeuge mit 70%igem Alkohol.

Nicht verwechseln!

Neben dieser Bakteriose sind auch Blattfleckenpilze an Efeu bekannt, die eine ähnliche Symptomatik hervorrufen können.

Auf einen Blick

- dunkle Blattflecken, bevorzugt am Blattrand gelegen
- Austritt von Bakterienschleim unter feuchten Bedingungen
- panaschierte Sorten sind anfälliger

Eibe

Eibenschildlaus

Eulecanium crudum
Schildlaus

Steckbrief

1 Generation pro Jahr. Das für Schildläuse bekannte Schild wird erst nach der Überwinterung zum Frühjahr hin ausgebildet. Die darunter aus den Eiern schlüpfenden, nur etwa 1 mm großen Larven verlassen ab Juni die schützende Hülle und breiten sich auf der Pflanze weiter aus. Alle Stadien saugen an den Pflanzen und scheiden Honigtau aus. Geschwächte Pflanzen werden bevorzugt befallen.

Symptome und Schadbild

Insbesondere an den Trieben finden sich ab dem Frühjahr hochgewölbte, bräunlich gefärbte Schildläuse. Je nach Befallsgrad können die Tiere dicht an dicht sitzen. Durch die Saugtätigkeit geschwächte Triebe zeigen Nadelvergilbungen, auch können Triebe ganz absterben. Die jungen Tiere sind aufgrund ihrer geringen Größe kaum sichtbar. Nadeln und Triebe sind ab dem späten Frühjahr von einem klebrigen Honigtau überzogen, der nachträglich von Schwärzepilzen überzogen wird und die Pflanze zusätzlich schwächt.

Vorbeugen und bekämpfen

Rückschnitt lokal stärker befallener Triebe. Optimierung des Standortes und der Nährstoffversorgung. Einsatz von Insektiziden, insbesondere im Frühjahr, gegen die jungen Stadien der Eibenschildlaus.

Auf einen Blick

- braune, hochgewölbte Schildläuse an den Trieben
- Honigtau und Rußtaubildung an den Nadeln
- Nadel- und Triebsterben als Schadsymptom

Ganz nah dran

Wie bei allen Napfschildläusen lässt sich das Schild vom Tier selbst nicht abheben. Es ist deutlich hochgewölbt, braun gefärbt und misst etwa 5 mm.

Knospengallmilbe

Cecidophyopsis psilaspis
Gallmilbe

Eibe

Steckbrief

Mehrere Generationen pro Jahr. In den Knospen geschützt überstehen die Tiere die kalte Jahreszeit. Zum Frühjahr hin verlassen sie die Knospen, besiedeln kurz die Pflanzen, um dann bereits zeitig die neuen Knospenanlagen zu bevölkern. Alle Stadien saugen an den Nadeln und insbesondere Knospen, die daraufhin Schadsymptome ausbilden. Die Tiere selbst besitzen einen länglichen Körper und zwei vordere Beinpaare. Pflanzen an trocken-warmen Standorten werden bevorzugt befallen. Verbreitung durch Insekten und Vögel.

Symptome und Schadbild

Stark besaugte Knospen sind verdickt, treiben im Frühjahr nicht mehr aus und sterben dann später auch ab. Schwächer besaugte Knospen treiben aus, deren Nadeln zeigen jedoch Deformationen und Verdrehungen. Die Tiere sind bei normaler Betrachtung nicht zu erkennen.

Vorbeugen und bekämpfen

Rückschnitt stärker befallener Zweigpartien. Einsatz von Pflanzenschutzmitteln im Frühjahr zur Ausbreitungsphase der Gallmilben.

Ganz nah dran

Die Tiere selbst sind aufgrund ihrer geringen Größe von 0,2 mm nur bei stärkerer Vergrößerung erkennbar.

Auf einen Blick

- deformierter Austrieb und absterbende Knospen
- Überwinterung in den Knospen
- frühzeitige Abwanderung der Tiere bereits zum Sommer hin

Eibe

Auf einen Blick

- braune Flecken auf den Nadeln
- befallene Nadeln bleiben noch lange an der Pflanze
- tritt bevorzugt an geschwächten Pflanzen auf

Pilznadelbräune

Cryptocline taxicola
Pilz

Steckbrief

An den abgefallenen, verbräunten Nadeln überdauert der Pilz innerhalb kleiner Fruchtkörper. Im Frühjahr hieraus austretende Sporen werden über Wasserspritzer und Wind weiter verbreitet und sorgen an den jungen Nadeln der Eibe für Infektionen und spätere Symptome. Die an den Nadeln neu gebildeten Fruchtkörper und Sporen bewirken dann eine weitere Verbreitung. Geschwächte Pflanzen werden bevorzugt befallen.

Symptome und Schadbild

An den jungen Nadeln treten braune Flecken auf, die sich vergrößern, später teils zusammenfließen und ganze Nadeln zum Absterben bringen können. Innerhalb der braunen Flecken bilden sich dunkle Punkte, die Fruchtkörper des Pilzes. Bei näherer Betrachtung ist ein herausquellendes weißliches Gewebe erkennbar, bei dem es sich um die austretenden Sporenmassen des Pilzes handelt. Befallene Nadeln bleiben noch lange am Baum hängen. Auch Triebe werden von dem Pilz befallen.

Vorbeugen und bekämpfen

Entfernung stärker befallener Triebe. Optimierung von Standort und Düngung.

Nicht verwechseln!

Neben diesem Pilz können an Eiben auch andere Nadelpilze auftreten, die eine ähnliche Biologie und Symptomatik aufweisen.

Echter Mehltau

Erysiphe alphitoides
Pilz

Eiche

Steckbrief

Der seit Anfang des 20. Jahrhunderts in Europa auftretende Echte Mehltaupilz unbekannter Herkunft überwintert an Eichen bevorzugt als Pilzgeflecht unter den äußeren Knospenschuppen. Darüber hinaus bildet er dunkle Fruchtkörper (Kleistothecien) aus, die vermehrt in klimatisch wärmeren Gebieten vorkommen. Erste Infektionen entstehen überwiegend durch die am überwinternden Pilzgeflecht gebildeten Sporen sowie zusätzlich durch die aus den Fruchtkörpern austretenden Vermehrungseinheiten. Dieser Infektionszyklus wiederholt sich insbesondere bei einer trockenwarmen Witterung („Schönwetterpilz") mehrfach im Jahr. Bedeutender Schadpilz, insbesondere bei jungen Eichen.

Symptome und Schadbild

Vermehrt auf der Blattoberseite, aber auch blattunterseits zeigt sich ein weißer, mehliger Belag. Am stärksten betroffen ist dabei insbesondere der junge Austrieb der Eichen. Eine fortgeschrittene Infektion führt zur Braunfärbung der Blätter und zu einem vorzeitigen Laubfall. Zum Herbst finden sich innerhalb des Pilzgeflechtes vereinzelt dunkle Fruchtkörper (0,2 mm Größe).

Vorbeugen und bekämpfen

Rückschnitt infizierter Triebe. Herbstlaubentfernung (eingeschränkte Wirksamkeit). Einsatz von Fungiziden.

Kommt auch vor an

Obgleich dieser Pilz bevorzugt an Eichen auftritt, gibt es auch Nachweise für Rosskastanie, Buche oder Esskastanie.

Auf einen Blick

- Weißer, mehliger Belag bevorzugt auf der Blattoberseite
- Bedeutender Schadpilz an jungen Eichen
- Überwinterung als Pilzgeflecht unter den Knospenschuppen

Eiche

Auf einen Blick

- Zahlreiche, linsenartige Gallen auf der Blattunterseite
- Gelbliche Punkte auf der Blattoberseite
- Überwinterung als Galle im abgefallenen Laub

Eichenlinsengallwespe

Neuroterus quercusbaccarum
Gallwespe

Steckbrief

1 Generation mit einem besonderen Lebenszyklus. Nach der Überwinterung und Verpuppung in den am Boden liegenden Gallen schlüpfen im Frühjahr die ausschließlich weiblichen Gallwespen (2–3 mm, dunkel gefärbt). Diese legen ihre unbefruchteten Eier in die männlichen Blütenkätzchen, bevorzugt von Stiel- und Traubeneiche, ab und entwickeln sich innerhalb weniger Wochen zu Geschlechtstieren. Die geschlüpften, später begatteten Weibchen legen ihre befruchteten Eier auf der Blattunterseite verschiedener Eichenarten ab, die sich zu linsenförmigen Gallen entwickeln, später mit dem Laub abfallen und überwintern.

Symptome und Schadbild

Auf der Blattunterseite verschiedener Eichenarten entwickeln sich bis zu 100 linsenförmige, nur leicht erhabene, hellbraun gefärbte und schwach rötlich behaarte Gallen (Durchmesser bis zu 5 mm), die mit einem kleinen Stift am Blatt verankert sind. Im Innern der Galle befindet sich an zentraler Stelle eine Kammer mit einer beinlosen Larve. Blattoberseits zeigen sich als Symptome nur kleine, gelbe Punkte. An den männlichen Blütenkätzchen treten an Johannisbeeren erinnernde, deutlich rot gefärbte, glasige Gallen (Durchmesser 5–7 mm) auf, in deren Innern sich eine Larve befindet.

Vorbeugen und bekämpfen

Der Schaden für die Eiche ist zu vernachlässigen. Es genügt, die mit Linsengallen besetzten Blätter zum Herbst zu entfernen.

Nicht verwechseln!

An Eichen treten auch andere Gallwespenarten auf (u. a. Eichenmünzengallwespen), deren Gallen sich aber in Form, Farbe und Größe unterscheiden lassen.

Eiche

Eichenprozessionsspinner

Thaumetopoea processionea
Schmetterling

Steckbrief

1 Generation pro Jahr. Die überwinternden Eier werden in Form eines plattenförmigen Geleges im oberen Kronenbereich der Eiche auf der besonnten Seite abgelegt. Schlupf der Raupen zum Laubaustrieb. Sie entwickeln sich über sechs Larvenstadien und fressen an den Blättern überwiegend in der Nacht. Ausbildung größerer Gespinstnester und Raupenprozessionen (Namensgebung). Die ab dem dritten Larvenstadium (L3) ausgebildeten Brennhaare verursachen bei Menschen, Weide- und Haustieren eine ausgeprägte Dermatitis sowie Hautentzündungen und Atembeschwerden (Arztbesuch erforderlich!). Innerhalb der Nester verpuppen sich die Raupen im Juni/Juli in einem ovalen Kokon zum nachtaktiven, nur wenige Tage lebenden und eiablegenden Falter.

Symptome und Schadbild

Bis zu 5 cm große Raupen, die ein dunkles Rückenband und weiße, bis zu 10 mm lange, weiße Haare tragen. Geselliger Raupenfraß an den Blättern, Ausbildung mehrreihiger Raupen-Prozessionen. Größere Raupennester bevorzugt in Astgabeln und am Stamm.

Vorbeugen und bekämpfen

Entfernen der Raupen und Nester durch Fachbetriebe (Atemschutz, Schutzanzug). Einsatz von Bioziden oder Pflanzenschutzmitteln, bevorzugt im April/Mai, gegen die jungen Raupen (L2-Stadium). Förderung natürlicher Gegenspieler (u. a. Vögel, Fledermäuse).

Ganz nah dran

Die für den Menschen kritischen Brennhaare der Raupe sind nur 0,1–0,3 mm klein, wobei ältere Raupen bis zu 600.000 Brennhaare ausbilden können.

Auf einen Blick

- Überwinterung als Eigelege im Kronenbereich
- Auffällige Raupen-Nester und größere Raupen-Prozessionen
- Medizinisch behandlungswürdige Raupen-Dermatitis

Eiche

Knopperngallwespe

Andricus quercuscalicis
Gallwespe

Steckbrief

1 Generation pro Jahr mit einem außergewöhnlichen Wirtswechsel innerhalb eines Jahres. Aus den am Boden liegenden Knoppern schlüpfen im zeitigen Frühjahr unscheinbare Gallwespen (3–4 mm, dunkel gefärbt) und legen ausschließlich in einzelne männliche Blüten der Zerreiche ihre unbefruchteten Eier ab. Die sich hier innerhalb weniger Wochen entwickelnden Geschlechtstiere legen als Weibchen ihre befruchteten Eier an die jungen Eicheln der Stiel- und Traubeneiche, die sich zu einer bizarren Eichel-Galle umbilden. Aus der im Innern lebenden Larve schlüpft im Frühjahr eine unscheinbare Gallwespe, die mit der unbefruchteten Eiablage an der Zerreiche den Zyklus wieder neu beginnen lässt.

Symptome und Schadbild

Die Eicheln der Stieleiche, seltener auch der Traubeneiche, werden von einer helmartigen bizarren und kompakten, festen Galle mit auffälligen Längskielen umgeben, die als Knoppern bezeichnet werden. In deren verholzten Inneren befindet sich eine kugelige Innengalle (3–5 mm), die ihrerseits eine weißliche, beinlose Larve beinhaltet. An den männlichen Blütenkätzchen der Zerreiche treten im zeitigen Frühjahr grüne, später rötlich gefärbte spitzeiförmige, 1–2 mm kleine Gallen auf.

Vorbeugen und bekämpfen

Eine direkte Schädigung der Eiche liegt nicht vor. Es genügt, die abgefallenen Knoppern zu entfernen, um den Zyklus im nächsten Jahr zu unterbinden.

Auf einen Blick

- **Bizarre, kompakte Eichel-Galle an Stiel- und Traubeneiche**
- **Kugelige Gallen an den männlichen Blüten der Zerreiche**
- **Keine unmittelbare Schadwirkung auf die Eiche**

Nicht verwechseln!

Das Symptombild der Knoppern ist eindeutig, eine Verwechslung mit einer anderen Schadursache ist nicht möglich.

Echter Mehltau

Verschiedene Arten
Pilz

Steckbrief

Der Pilz überwintert in kugeligen Fruchtkörpern, die sich am abgefallenen Laub oder auch an den Früchten befinden. Durch den Wind werden die im Frühjahr aus den Fruchtkörpern austretenden Sporen auf die Blätter übertragen. Dort neu gebildete Sporen sorgen für eine weitere Ausbreitung, wobei eine trocken-warme Witterung das Auftreten und die Entwicklung des Pilzes fördert. Ab dem Spätsommer, je nach Pilzart auch schon ab Juni, werden dann auf Blättern und Früchten die dunklen, winterharten, etwa 0,1 mm kleinen Fruchtkörper in hoher Zahl gebildet.

Symptome und Schadbild

Die Blätter zeigen blattoberseits, häufig aber auch beidseitig, einen weißen, mehligen Belag. Auch die Früchte besitzen später einen vergleichbaren Befall. Bei näherer Betrachtung sind in dem weißen Belag dunkle, kugelförmige und schwarz gefärbte Fruchtkörper zu erkennen. Werden viele Fruchtkörper gebildet, erscheint die Blattfläche in der Summe deutlich dunkel.

Vorbeugen und bekämpfen

Entfernung des Herbstlaubes sowie abgefallener Früchte (Überwinterungsort). Einsatz von Fungiziden ab Befallsbeginn.

Kommt auch vor an

Die an der Felsenbirne vorkommenden Echten Mehltaupilze können teils auch an anderen Laubgehölzen auftreten.

Felsenbirne

Auf einen Blick

- weißer, mehliger Belag auf den Blättern
- Förderung durch trocken-warme Witterung
- auch die Früchte werden befallen

Feuerdorn

Auf einen Blick

- braun gefärbte, teils die gesamte Blattfläche schädigende Platzmine
- Überwinterung der Tiere als Larve in der Mine im Blatt
- unscheinbarer, nur 4 mm großer Falter

Feuerdornminiermotte

Phyllonorycter leucographella
Schmetterling

Steckbrief

2 Generationen pro Jahr. Geschützt als Larve in ihrer Mine erfolgt die Überwinterung an der Pflanze im Blatt. Zum Frühjahr treten die nur 4 mm großen Falter der ersten Generation auf. Die aus den auf die Mittelrippe abgelegten Eiern schlüpfenden Larven dringen in das Blatt ein und leben dort bis zu ihrer Verpuppung als Minierer. Sie sind gelblich gefärbt und werden bis zu 5 mm groß. Die Falter der zweiten Generation fliegen etwa ab September. Die Anfälligkeit gegenüber der Feuerdornminiermotte ist je nach Feuerdornsorte unterschiedlich. In windgeschützten Lagen werden die Pflanzen stärker befallen.

Symptome und Schadbild

Die sich im Blatt entwickelnde, einzelne Platzmine erreicht später fast die Größe der gesamten Blattspreite. Die Mine besitzt eine hellbraune Oberschicht, die das Schadbild bei einem stärkeren Befall recht auffällig macht. Befallene Blätter sind zusätzlich in der Längsrichtung leicht nach oben gefaltet. Im Innern der Mine sind die bis zu 5 mm großen Larven anzutreffen.

Vorbeugen und bekämpfen

Absammeln der Blätter vor der Verpuppung (Herbst/Winter). Weniger anfällige Sorten bevorzugen. Freie Standorte bevorzugen. Einsatz von Insektiziden gegen die Larven im Blatt.

Nicht verwechseln!

Alte, verlassene Minen ähneln aufgrund ihrer braunen Verfärbung bei nur flüchtiger Betrachtung einem Pilzbefall.

Feuerdornschorf

Spilocaea pyracanthae
Pilz

Steckbrief

An infizierten Trieben und auch im Falllaub überwintert der Pilz. Die hier zum Frühjahr gebildeten Sporen werden durch Wasserspritzer und Wind auf die Pflanze übertragen und sorgen dort an Trieben, Blättern, Blüten und Früchten für Infektionen. Die später neu an den befallenen Organen auftretenden Sporen führen zu einer weiteren Ausbreitung des Pilzes. Die Anfälligkeit gegenüber dem Pilz ist je nach Feuerdornsorte unterschiedlich. Eine feucht-warme Witterung fördert das Auftreten und die Entwicklung des Pilzes.

Symptome und Schadbild

Infizierte Blätter weisen eine olivgrüne, später deutlich braune Verfärbung (Pilzüberzug) auf. Stärker befallene Blätter fallen frühzeitig ab. Triebe zeigen lokale Verfärbungen, unverholzte junge Triebspitzen können auch absterben. Die Früchte besitzen einen braunen Überzug, sie werden schrumpelig und platzen auch auf. Infizierte Blüten verbräunen und sterben frühzeitig ab. Die aufgrund des Pilzbefalls auftretende geringere Frosthärte hat auch partielle Absterbeerscheinungen nach einem kalten Winter zur Folge.

Vorbeugen und bekämpfen

Weniger anfällige Sorten verwenden. Infizierte Pflanzenreste entfernen. Einsatz von Fungiziden ab Befallsbeginn.

Kommt auch vor an

Die Bezeichnung „Schorf" umschreibt eine bestimmte Symptomatik, die bei vielen Pflanzen bekannt ist, jedoch stets von spezifischen Schaderregern verursacht wird (beispielsweise Apfelschorf, Kartoffelschorf).

Feuerdorn

Auf einen Blick

- dunkle, schorfartige Verfärbungen der Blätter und Früchte
- sortenabhängiger Befall
- bei einem stärkeren Befall teils vorzeitiger Laubfall

Fichte

Auf einen Blick

- ananasartige Gallen an den Trieben
- Läuse teils im Wirtswechsel mit Lärche lebend
- ältere Gallen an den Trieben sind geöffnet und braun gefärbt

Fichtengallenläuse

Verschiedene Arten
Fichtengallenlaus

Steckbrief

Mehrere Generationen pro Jahr, teils zweijährige Entwicklung. Je nach Art ist der Zyklus einjährig an der Fichte (Gelbe Fichtengallenlaus) oder auch zweijährig, dann im Pflanzenwechsel mit der Lärche (Rote Fichtengallenlaus). Die Überwinterung erfolgt als Ei, teils auch als Larve. Die an Fichte lebenden Stadien bilden durch ihre Saugtätigkeit Gallen aus, in denen die weitere Entwicklung stattfindet.

Symptome und Schadbild

Im Frühjahr sind die ananasartigen Gallen noch deutlich grün und geschlossen, öffnen sich zum Sommer hin mit vielen Einzelkammern, um dann zum Herbst (und in späteren Jahren) als braune, eingetrocknete Gallen an den Trieben zu sitzen. Die Gallen sind an der Triebbasis oder auch am Ende zu finden. Je nach Stärke des Befalls und Lage der Gallen können einzelne Triebe auch absterben. An in der Nähe stehenden Lärchen treten bei den wirtswechselnden Arten „Lärchenwollläuse" an den Nadeln auf.

Vorbeugen und bekämpfen

Entfernung der Gallen vor der Abwanderung im Sommer. Unmittelbare Nachbarschaft von Lärche und Fichte meiden. Einsatz von Insektiziden im Frühjahr vor der Gallenbildung.

Ganz nah dran

Im zeitigen Frühjahr, noch vor der Gallenbildung, sind an den Nadeln die mit Wachswolle beladenen Tiere und ihre Eier anzutreffen.

Fichtennadelrost

Verschiedene *Chrysomyxa*-Arten
Pilz

Steckbrief

Zu unterscheiden sind an der Fichte Pilzarten, die einen Wirtswechsel mit einer anderen Pflanze durchlaufen (artabhängig z. B. mit Rhododendron), oder solche, die ganzjährig ausschließlich auf der Fichte leben. Die Infektion der Nadeln findet stets jeweils im zeitigen Frühjahr statt. Im Rhododendronbusch oder der Fichte, somit in der Pflanze und nicht im Falllaub oder in abgeworfenen Nadeln, erfolgt die Überwinterung des Pilzes. Infiziert und geschädigt werden an der Fichte nur die Nadeln, wobei erkrankte Rhododendronpflanzen auch mehrere Jahre als Infektionsquelle wirken können.

Symptome und Schadbild

Je nach Pilzart zeigen sich andere Schadsymptome. Verbleibt der Pilz auf der Fichte bilden sich an den älteren Nadeln im Frühjahr deutlich braun gefärbte, mit bloßem Auge erkennbare, streifenförmige Sporenlager. Erfolgt ein Wirtswechsel zum Rhododendron, bilden sich bereits im Sommer an den Nadeln viele gelb ausstäubende Sporenlager aus, deren weiße, später aufgerissenen Hüllen in der Summe ein auffälliges Schadbild liefern.

Vorbeugen und bekämpfen

Räumliche Nähe von Fichten zu Rhododendron meiden. Einsatz von Fungiziden im Frühjahr an der Fichte (Infektionszeitpunkt).

Nicht verwechseln!

Im Verlauf der Erkrankung fallen die Nadeln auch ganz ab, sodass sich ein der Sitkafichtenlaus ähnliches Schadbild zeigt.

Fichte

Auf einen Blick

- je nach Pilzart eine der beiden nachfolgenden Symptome
- braun gefärbte, streifenförmige Sporenlager auf den Nadeln im Frühjahr
- weißlich aufgerissene Hüllen mit gelben Sporen an den Nadeln im Sommer

Fichte

Auf einen Blick

- Überwinterung als Ei an der Pflanze
- fleckige Nadeln mit kleinen Spinnmilben und Gespinsten
- Zuckerhutfichten sind sehr anfällig

Fichtenspinnmilbe

Oligonychus ununguis
Spinnmilbe

Steckbrief

4–10 Generationen pro Jahr. Den Winter überdauern die Tiere als rötlich gefärbte Eier, die an die Triebe oder Nadelbasis abgelegt worden sind. Die ab April schlüpfenden, noch sechsbeinigen Larven durchlaufen noch zwei bereits achtbeinige Nymphenstadien zur erwachsenen Milbe, die ihrerseits dann wieder helle Sommereier ablegt. Alle Stadien saugen an den Nadeln und bilden schwache Gespinste. Mit einer Größe von 0,2–0,4 mm sind die Tiere recht klein. Zuckerhutfichten sind besonders anfällig. Eine trocken-warme Witterung fördert den Befall deutlich.

Symptome und Schadbild

Durch das Saugen der Spinnmilbe geschädigte Nadeln besitzen eine fleckige und matte Verfärbung, trocknen später ein und fallen auch vorzeitig ab. Hier ähnelt das Schadbild etwas dem eines Spätfrostschadens. Auf den Unterseiten der Nadeln sind alle Entwicklungsstadien der Tiere (Ei, Larve, Nymphe, Spinnmilbe) zu erkennen (Lupe). An den Nadeln sind schwache, graue Gespinste zu sehen.

Vorbeugen und bekämpfen

Entsprechende Standortwahl zur Vermeidung trocken-warmer Bedingungen. Einsatz von Akariziden.

Kommt auch vor an

Neben der Fichte tritt diese Spinnmilbenart auch an anderen Nadelgehölzen auf, beispielsweise Wacholder, Scheinzypresse, Lebensbaum und Lärche.

Sirococcus-Triebsterben

Sirococcus coniogenus
Pilz

Steckbrief

Mit Hilfe kleiner Fruchtkörper überwintert der Pilz an Trieben und Nadeln. Im Sommer werden Sporen freigesetzt, die mittels Wind übertragen werden und zu neuen Triebinfektionen führen. Feucht-schattige Lagen sind für eine Infektion förderlich. Durch Nährstoffmangel geschwächte Pflanzen (z. B. Magnesiummangel) werden leichter befallen.

Symptome und Schadbild

Die Triebenden verbräunen und knicken an der Spitze um. Bis auf einige wenige braune Nadeln unmittelbar an der Spitze sind die darunter sitzenden Nadeln abgefallen. In der Summe zeigt sich ein pinselartiges Schadbild, das bei einem stärkeren Befall zu einer Auslichtung der Krone, teils etagenweise, von außen nach innen führt. An den Triebspitzen sind bei genauerer Betrachtung mit der Lupe die dunklen Fruchtkörper erkennbar.

Vorbeugen und bekämpfen

Rückschnitt infizierter Triebe, denn diese dienen als Infektionsquelle. Verbesserung der Nährstoffversorgung (Bodenuntersuchung). Vorbeugender Einsatz von Fungiziden bei benachbarten, gefährdeten Pflanzen.

Kommt auch vor an

Neben Fichte als häufigster Wirtspflanze (insbesondere *Picea pungens*, weniger *Picea abies*) können auch Tannen, Kiefern und Hemlock-Tannen befallen werden.

Fichte

Auf einen Blick

- pinselartige Triebspitzen mit umgeknicktem Ende
- bevorzugt an feucht-schattigen Standorten auftretend
- Überwinterung des Pilzes an den infizierten Trieben

Sitkafichtenlaus

Aphis abietina
Blattlaus

Steckbrief

Mehrere Generationen pro Jahr. Als erwachsene Tiere überwintern die Blattläuse an den Nadeln. Nur in sehr kalten Wintern, wie sie beispielsweise im Gebirge auftreten, werden winterharte Eier an den Trieben abgelegt. Bereits ab dem zeitigen Frühjahr besiedeln die Blattläuse die Nadeln und saugen an ihnen. Geflügelte Tiere sorgen für eine weitere Ausbreitung im näheren Umfeld. Neben der Sitkafichte werden auch andere Fichtenarten befallen. Zum Sommer hin bricht die Population aufgrund einer geänderten Nährstoffzusammensetzung der Nadeln zusammen und lebt erst wieder im Herbst auf.

Symptome und Schadbild

Bereits ab dem zeitigen Frühjahr zeigen sich an den Nadeln gelbliche Flecken, teilweise auch gebändert, die später braun werden und frühzeitig abfallen. Die betroffenen Nadeln befinden sich im inneren und bodennahen Bereich (der junge Austrieb wird nicht geschädigt). An den Nadeln sind die Läuse erkennbar (Lupe).

Vorbeugen und bekämpfen

Einsatz von Insektiziden gegen die überwinternden Tiere im zeitigen Frühjahr, nachdem eine Klopfprobe an den unteren, stammnahen Zweigen durchgeführt wurde.

Auf einen Blick

- Nadelverbräunung von innen nach außen
- nur in kalten Regionen Überwinterung als Ei
- nicht nur an der namensgebenden Sitkafichte auftretend

Ganz nah dran

Die Blattläuse sind grün gefärbt, etwa 2 mm groß und besitzen rote Augen.

Blattfleckenpilze

Verschiedene Arten
Pilz

Flieder

Steckbrief

In den erkrankten Blättern überwintert der Pilz mit Hilfe seiner Fruchtkörper (Falllaub). Die hier im Frühjahr austretenden Sporen werden mittels Wind und Wasserspritzer verteilt und gelangen so auf junge Blätter, die anschließend infiziert werden. Die erkrankten Blätter bilden erneut Fruchtkörper aus, die zu einer weiteren Ausbreitung der Blattfleckenpilze führen. Feucht-schattige Lagen fördern das Auftreten der Krankheit.

Symptome und Schadbild

Am Flieder können verschiedene Blattfleckenpilze auftreten, die eine unterschiedliche Symptomatik, aber ähnliche Biologie aufweisen. Die Flecken können unterschiedliche Farben aufweisen (grau, lederfarben, rotbraun, gelblich) und in der Form sind sie meist rundlich-oval bis unregelmäßig eckig. Teilweise sind sie von einem dunklen Rand umgeben, auch können die Flecken deutliche Zonen aufweisen. Je nach Befallsintensität können die Flecken auch zusammenfließen und größere Teile der Blattspreite betreffen. Die unteren Blattetagen sind meist stärker befallen.

Vorbeugen und bekämpfen

Absammeln des infizierten Laubes im Herbst. Optimierung des Standortes. Einsatz von Fungiziden im Frühjahr.

Ganz nah dran

Bei näherer Betrachtung (Lupe) sind innerhalb der Flecken kleine, dunkle Kügelchen zu sehen (Fruchtkörper).

Auf einen Blick

- meist dunkel gefärbte Blattflecken unterschiedlicher Farbe und Größe
- Überwinterung im Falllaub
- Förderung durch feuchte Lagen

Flieder

Auf einen Blick

- weißer, mehliger Belag auf der Blattoberseite
- Verbreitung der Sporen insbesondere über den Wind
- verstärktes Auftreten im Sommer („Schönwetterpilz“)

Fliedermehltau

Erysiphe syringae
Pilz

Steckbrief

Der Pilz überwintert vermutlich in den Knospen des Flieders, da die sonst typischen, dunkel gefärbten Fruchtkörper zum Winter hin auf den befallenen Blättern kaum ausgebildet werden. Eine trocken-warme Witterung im Frühjahr und Sommer fördert das Auftreten und die Entwicklung des Pilzes („Schönwetterpilz“). Die an dem Mehltaubelag gebildeten Sporen werden insbesondere mit dem Wind weiter übertragen. Eine verstärkte Düngung mit Stickstoff fördert die Pilzentwicklung.

Symptome und Schadbild

Auf der Blattoberseite, selten auch blattunterseits, bildet sich ein weißer, mehliger, fleckiger Belag aus, der später auch flächig zusammenfließen kann. Die Schäden treten verstärkt in den Sommermonaten auf. Im Herbst zeigen sich vereinzelt kleine, dunkle Kügelchen im weißen Belag (Überwinterungsstrukturen).

Vorbeugen und bekämpfen

Laubentfernung ist nur eingeschränkt wirksam. Düngung optimieren (keine überhöhte Stickstoffdüngung). Einsatz von Fungiziden bei Befallsbeginn.

Kommt auch vor an

Neben Flieder kann auch der Liguster mit einer ähnlichen Symptomatik von diesem Pilz befallen werden.

Fliedermotte

Gracillaria syringella
Schmetterling

Steckbrief

2 Generationen pro Jahr. Nach der Überwinterung im Boden als Puppe treten ab April die nachtaktiven, nur wenige Millimeter großen, zimtartig gefärbten, kleinen Falter auf (Spannweite etwa 1 cm). Aus den auf die Blattunterseite abgelegten Eiern schlüpfen Larven, die in das Blatt eindringen und dort bis zu ihrer Verpuppung im Blatt als Minierer leben. Die einzelnen Larven sind grüngelb gefärbt und erreichen eine Länge von knapp 7 mm. Im Sommer folgt dann die Flugzeit der Falter der zweiten Generation. Die jetzt auftretenden Larven leben frei (nicht als Minierer) auf der Blattunterseite, zur späteren Verpuppung wandern sie dann in den Boden.

Symptome und Schadbild

Im Frühjahr bilden sich an den Blättern deutliche Platzminen mit darin lebenden, grüngelb gefärbten Larven. Befallene Blätter im Sommer sind zur Unterseite hin zusammengesponnen und dort sitzende Larven führen einen Schabefraß durch. Im April und Juli treten die unscheinbaren Falter an den Pflanzen auf.

Vorbeugen und bekämpfen

Absammeln der Blätter mit den darin oder darauf lebenden Larven. Einsatz von Insektiziden zum Zeitpunkt der Eiablage oder gegen die jungen Larven.

Kommt auch vor an

Neben Flieder tritt dieser Schmetterling mit einem vergleichbaren Schaden durch die Raupen auch an Liguster, Esche oder Pfaffenhütchen auf.

Flieder

Auf einen Blick

- die Larven im Frühjahr rufen eine größere Platzmine an den Blättern hervor
- die Larven im Sommer fressen frei in eingerollten Blättern auf der Blattunterseite
- Überwinterung als Puppe im Boden

Flieder

Pseudomonas-Bakteriose

Pseudomonas syringae
Bakterien

Steckbrief

Eine Überdauerung ist in infizierten Blättern und Trieben möglich. Im Frühjahr können die Bakterien über Wunden, Verletzungen oder natürliche Öffnungen der Blätter (Spaltöffnungen) die Pflanzen infizieren. Die Übertragung erfolgt durch Wasserspritzer. Vorgeschädigtes oder geschwächtes Gewebe (Frostschaden, überhöhte Düngung) sowie junge Pflanzen sind besonders anfällig. Eine feucht-warme Witterung fördert den Befall.

Symptome und Schadbild

Befallene Blätter besitzen über die Blattspreite verteilt auftretende, helle Punkte, die sich später deutlich braun verfärben. Im Gegenlicht betrachtet zeigt sich um diese Punkte ein heller, wässriger Hof. Teils reißt das Gewebe an diesen Stellen auch löchrig ein. Blattadern sind dunkel verfärbt. Dunkel gefärbte Triebinfektionen treten bevorzugt am jungen Austrieb auf, der auch absterben kann.

Vorbeugen und bekämpfen

Rückschnitt infizierter Triebe. Absammeln erkrankter Blätter. Sträucher auslichten (Feuchtigkeitsabbau). Keine überhöhten Düngergaben.

Auf einen Blick

- Verbreitung der Bakterien insbesondere über Wasserspritzer
- Flecken auf Blättern, im Gegenlicht betrachtet mit wässrigem Hof
- Triebinfektionen am jungen Austrieb sind ebenfalls möglich

Ganz nah dran

Auch bei einer vergrößerten Lupenbetrachtung sind die verursachenden Bakterien bei einer Einzelgröße von nur 1/1000 Millimeter verständlicherweise nicht zu erkennen.

Monilia-Spitzendürre

Monilia laxa
Pilz

Steckbrief

Der Pilz überwintert in den abgestorbenen Triebspitzen der Forsythie oder in den am Steinobst hängenden Fruchtmumien. Die hier im Frühjahr gebildeten Sporen werden mit dem Wind, aber auch durch Wasserspritzer und Insekten auf die Blüte übertragen. Über die infizierte Blüte dringt der Pilz weiter in den Trieb hinein. Eine feucht-kühle Witterung zur Blütezeit fördert die Infektion.

Symptome und Schadbild

Kurz nach der Blüte sterben meist schlagartig die Blüten und später auch die Laubblätter am oberen Triebende über eine Strecke von etwa 30 cm ab („Spitzendürre“). Alle erkrankten und abgestorbenen Blätter und Blüten bleiben aber weiterhin am Trieb hängen. Unter feuchten Bedingungen findet sich hier ein schwacher, unscheinbarer Sporenrasen.

Vorbeugen und bekämpfen

Rückschnitt der befallenen Triebe. In der Nähe stehendes Steinobst auf Fruchtmumien kontrollieren und absammeln. Einsatz von Fungiziden zum Zeitpunkt der Blüte (Infektionszeitpunkt).

Kommt auch vor an

Neben der Forsythie ist die „Spitzendürre“ insbesondere beim Steinobst, speziell der Sauerkirsche, gefürchtet und ruft dort unbehandelt teils größere Blütenverluste hervor.

Forsythie

Auf einen Blick

- schlagartiges Absterben der Triebenden
- abgestorbene Blüten und Blätter bleiben weiter am Trieb haften
- feucht-kühle Witterung zur Blüte erhöht die Anfälligkeit

Hainbuche

Auf einen Blick

- meist erst im Herbst auftretende, graubraune Blattflecken
- die Blattflecken besitzen eine strahlige Randzone
- der Pilz überwintert im Falllaub

Blattbräune

Asteroma carpini
Pilz

Steckbrief

Der Pilz überdauert in den blattunterseits ausgebildeten Fruchtkörpern, deren Sporen im Laufe des Frühjahrs, übertragen durch Wind und Wasserspritzer, zu Neuinfektionen an den Blättern führen. Die weitere Pilzentwicklung erfolgt im Blatt bis in den Herbst hinein.

Symptome und Schadbild

Bevorzugt ab dem Spätsommer bilden sich insbesondere auf der Blattoberseite etwa 1–2 cm große, grau bis braun gefärbte Flecken aus. Der Rand der Flecken ist nicht scharf abgetrennt, sondern besitzt eine schwach strahlig auslaufende Form. Auf der Blattunterseite zeigen sich bei näherer Betrachtung (Lupe) dunkle, kleinere Sporenlager in größerer Zahl. Auffällig wird der Pilz hauptsächlich auf dem vergilbenden Herbstlaub am Boden, von dem er sich farblich deutlich abhebt.

Vorbeugen und bekämpfen

Absammeln des infizierten Herbstlaubes. Feuchte Standorte meiden. Bei einem starken Vorjahresbefall Einsatz von Fungiziden im Frühjahr.

Nicht verwechseln!

An den Blättern der Hainbuche können auch andere Blattfleckenpilze mit einer aber meist anderen Symptomausprägung, teils auch deutlich früher im Jahr, auftreten.

Hainbuche

Gallmilben

Eriophyes macrotrichus
Gallmilbe

Steckbrief

Die wurmförmigen Gallmilben überwintern unter Rindenritzen oder Knospenschuppen an der Hainbuche. Im Frühjahr verlassen sie ihre Winterquartiere und wandern zu den frisch austreibenden Blättern. Alle Stadien saugen an den Blättern und rufen hierdurch die eigentümliche Symptomatik hervor. Bereits zum Sommer hin verlassen die Gallmilben das Laub, um ihre Winterquartiere aufzusuchen.

Symptome und Schadbild

Durch die Saugtätigkeit zeigen die Blätter eine massive, sehr auffällige Kräuselung. Meist rollen sich die Blätter dabei zur Mittelrippe hin längs zur Oberseite ein. Häufig sind einzelne Bereiche der Pflanzen stärker befallen, sodass sich eine Konzentrierung des Schadens zeigt. Befallene Blätter bleiben aber weiterhin grün.

Vorbeugen und bekämpfen

Absammeln befallener Blätter noch im Sommer (vor der Abwanderung der Tiere). Rückschnitt infizierter Zweigbereiche. Einsatz von Pflanzenschutzmitteln im zeitigen Frühjahr (Wanderphase der Tiere).

Ganz nah dran

Die Einzeltiere erreichen nur eine Größe von etwa 0,2 mm und sind mit bloßem Auge, ohne Lupe, auf den Blättern nicht zu erkennen.

Auf einen Blick

- massive Blattkräuselungen
- Konzentrierung der Schäden auf einzelne Zweigbereiche
- Überwinterung an der Pflanze in Rindenritzen

Hainbuche

Zikaden

Verschiedene Arten
Zikade

Steckbrief

1 Generation pro Jahr. Als Ei überwintern die Zikaden (Zwergzikaden) im pflanzlichen Gewebe. Ihre Larven treten dann im Frühjahr an den Blättern auf und etwa ab Juni sind die erwachsenen Zikaden zu finden. Diese sind 2–3 mm groß, länglich-schlank, artabhängig gelbgrün gefärbt, teils auch mit schwarzer Zeichnung, und springen bei einer Störung rasch vom Blatt. Alle Stadien saugen an der Pflanze, bevorzugt auf der Blattunterseite. Die Entwicklung der Zikaden erfolgt unvollständig, ein Puppenstadium wird nicht ausgebildet.

Symptome und Schadbild

Blätter besitzen blattoberseits, häufig verstärkt entlang der Hauptblattader, feine helle Einstichstellen. Das Schadbild ähnelt damit einem Befall durch Spinnmilben oder Thripse. Blattunterseits sind sowohl die Larven als auch später die geflügelten, erwachsenen Zikaden zu finden. Auffällig sind die weißlich gefärbten Häutungsreste der Larven, die auf der Blattunterseite für längere Zeit anhaften und eine gute Diagnosehilfe sind.

Vorbeugen und bekämpfen

Einsatz von Insektiziden im Frühjahr zum Befallsbeginn gegen die Larven.

Auf einen Blick

- eine Vielzahl kleiner, heller Nadelstiche auf der Blattoberseite
- weißliche Häutungsreste auf der Blattunterseite
- erwachsene Tiere springen bei einer Störung rasch weg

Kommt auch vor an

Die an Hainbuche auftretenden Zikadenarten kommen auch an anderen Laubgehölzen bei einer ähnlichen Symptomatik vor (u. a. Ulme, Eiche oder Birke).

Blattfleckenpilze

Verschiedene Arten
Pilz

Hartriegel

Steckbrief

Im Falllaub überwintern die pilzlichen Erreger mit Hilfe ihrer kleinen Fruchtkörper. Zum Frühjahr hin austretende Sporen werden mittels Wind und Wasserspritzer auf die jungen Blätter übertragen. Nach der Infektion und der anschließenden Symptomausprägung werden erneut Fruchtkörper auf den Blättern gebildet, die zu einer weiteren Ausbreitung des Pilzes führen. Ein dichter Stand und feuchte Witterung fördern Infektion und Ausbreitung der Blattfleckenpilze. Die Anfälligkeit der Pflanzen ist teils auch sortenabhängig.

Symptome und Schadbild

An den Blättern können unterschiedliche Pilzarten auftreten. Symptomatisch zeigen sich meist rundliche bis unregelmäßig geformte, rötliche bis braune Flecken, die teils größere Areale der Blattspreite bedecken können. Das Innere der Flecken verfärbt sich später teils grau, auch sind bei näherer Betrachtung (Lupe) kleine, dunkel gefärbte Kügelchen zu erkennen (Fruchtkörper). Bei einem stärkeren Befall können Hecken großflächig Symptome zeigen.

Vorbeugen und bekämpfen

Absammeln der befallenen Blätter im Herbst. Weniger anfällige Sorte bevorzugen. Einsatz von Fungiziden im Frühjahr.

Nicht verwechseln!

Rötliche Blattverfärbungen in ähnlicher Ausprägung können auch durch Bakterien hervorgerufen werden.

Auf einen Blick

- teils großflächig auftretende, rötliche Blattflecken
- Überwinterung der Pilze im Falllaub
- feuchte Witterung und dichter Stand fördern einen Befall

Hartriegel

Auf einen Blick

- etwa 1 cm große, wollige Gelege auf der Blattunterseite im Juni
- tritt nicht nur an Hartriegel, sondern auch an anderen Pflanzen auf
- Honigtaubildung und Rußtaubildung

Hortensienwollschildlaus

Eupulvinaria hydrangeae
Schildlaus

Steckbrief

1 Generation pro Jahr. Als älteres Larvenstadium überdauern die Schildläuse an den Trieben die kalte Jahreszeit. Im Frühjahr erfolgt die Entwicklung zum Weibchen, das eine Vielzahl von Eiern (bis zu 1000 Stück) in einen länglichen, dem Körper anhängenden Eisack ablegt (Gesamtlänge knapp 1 cm). Die schlüpfenden Larven sind 1 mm groß und besiedeln unerkannt weitere Blätter, um sich dort festzusetzen. Alle Stadien saugen am Phloemsaft und scheiden reichlich Honigtau aus. Diese Schildlaus tritt nicht nur an Hartriegel auf, sondern auch an einer Vielzahl von Laubgehölzen (seltener auch an Nadelgehölzen), z. B. Ahorn, Weißdorn oder Linde.

Symptome und Schadbild

Augenfällig sind die ungefähr im Juni auf der Blattunterseite oder an den Stängeln sitzenden, etwa 1 cm langen Weibchen mit ihrem weißen, flockigen Eisack. Die Blätter fühlen sich klebrig an, auch treten verstärkt Rußtaupilze auf den Blättern auf. Stärker befallene Pflanzen schwächeln, teilweise findet auch ein vorzeitiger Laubfall statt.

Vorbeugen und bekämpfen

Rechtzeitiges Absammeln der mit den Weibchen bestückten Blätter (Frühjahr). Kontrolle benachbarter Ziersträucher auf Befall. Einsatz von Pflanzenschutzmitteln gegen die jungen Larven.

Nicht verwechseln!

Eine im Aussehen und der Biologie ähnliche Art ist die Rebenschildaus (*Pulvinaria vitis*), die entgegen ihrem deutschen Namen auch an Ziersträuchern und Gehölzen vorkommen kann.

Maulbeerschildlaus

Pseudaulacsapis pentagona
Schildlaus

Hartriegel

Steckbrief

2 Generationen pro Jahr. An den Trieben überwintern die kältetoleranten erwachsenen Weibchen mit ihrem unauffälligen, gelb-weißen, ovalen, nur 2 mm großen Schild. Vom Weibchen werden bis zu 150 Eier abgelegt und die daraus geschlüpften Larven besiedeln Blätter und bevorzugt Triebe, um an ihnen zu saugen. Die Larven verteilen sich aktiv auf der Pflanze oder werden passiv weitergetragen (Wind, Pflanzentransport). Maulbeerschildläuse gehören zu den Deckelschildläusen, sie scheiden somit keinen Honigtau aus. Die Schilder der überwiegend auftretenden männlichen Larven sind weiß gefärbt, länglich und etwa 1 mm groß. Geflügelte Männchen treten bei 2 Generationen im Jahr etwa im Juli und September auf.

Symptome und Schadbild

Insbesondere die Rinde ist teils flächig bedeckt von den weißlichen Schildern der männlichen Larven. Es treten Kümmerwuchs und Blattvergilbungen auf, die bis zum Absterben stärker befallener Triebe und Äste führen können.

Vorbeugen und bekämpfen

Mechanisches Abbürsten der Beläge mit den Schildern. Rückschnitt stärker befallener Triebe. Einsatz von Insektiziden.

Kommt auch vor an

Neben Hartriegel sind für die Maulbeerschildlaus über 100 Wirtspflanzen beschrieben (Ziergehölze, Laubgehölze, Obstgehölze).

Auf einen Blick

- mit weißen Schildern bedeckte Triebe
- Überwinterung der Weibchen an den Trieben
- keine Ausscheidung von Honigtau

Haselnuss

Haselnussminiermotte

Phyllonorycter coryli
Schmetterling

Steckbrief

2 Generationen pro Jahr. Nach der Überwinterung als Puppe in einem Kokon in einer Blattmine treten ab Mai die ersten unscheinbaren Falter auf. Diese sind nur wenige Millimeter groß, von schlanker Statur und besitzen braun-weiß gemusterte, fransige Vorderflügel. Mit Hilfe von Luftströmungen werden die filigranen Falter leicht weiter übertragen. Die aus den auf die Blätter abgelegten Eiern geschlüpften Larven bohren sich in das Blatt hinein und leben hier als Minierer. Die gesamte Larvenentwicklung bis zur Verpuppung erfolgt innerhalb des Blattes. Ab August fliegen dann die Falter der zweiten Generation.

Symptome und Schadbild

Blattoberseits sind silbrig-weiße, teils größere, ovale bis kreisförmige Platzminen zu sehen. Insbesondere zum Spätsommer hin zeigen sich mehrere Minen auf einem Blatt. Nach Öffnung der Mine finden sich eine Larve und deren Kotansammlungen. Ältere Minen sind oft deutlich nach oben zusammengedrückt, teils auch über den Blattrand hinweg gefaltet.

Vorbeugen und bekämpfen

Absammeln der Blätter vor der Verpuppung zum Falter. Der Einsatz von Insektiziden erübrigt sich in den meisten Fällen.

Auf einen Blick

- silbrig-weiße Platzminen blattoberseits
- einzelne Larve innerhalb einer Mine
- Überwinterung im Falllaub

Ganz nah dran

Die Larven werden bis zu 5 mm groß, besitzen einen deutlich abgesetzten Kopf und sind in Abhängigkeit vom Entwicklungsstadium weiß-gelblich bis deutlich dunkel gefärbt.

Haselnuss

Knospengallmilbe

Phytoptus avellanae
Gallmilbe

Steckbrief

Mehrere Generationen pro Jahr. In hoher Individuenzahl überwintern die Gallmilben in den Knospen der Haselnuss. Zum Frühjahr verlassen die Tiere ihr Winterquartier und suchen für kurze Zeit die Blätter auf, um dann bereits im Frühsommer die neu angelegten Knospen für das kommende Jahr zu besiedeln und sich dort zu vermehren. Die Einzeltiere sind nur 0,2 mm groß, von schlanker, wurmförmiger Gestalt und besitzen zwei vordere Beinpaare. Alle Stadien saugen an der Pflanze.

Symptome und Schadbild

Befallene Knospen sind im Winter und zum Frühjahr hin deutlich kugelig angeschwollen, treiben kaum oder auch gar nicht mehr aus und trocknen später ein. Die Blätter zeigen keine Schadsymptome. Mit einer stärkeren Lupe lassen sich in den aufgeschnittenen Knospen die weißlichen „Würmer“ in ihrer Gesamtheit erkennen.

Vorbeugen und bekämpfen

Ausbrechen befallener Knospen und Rückschnitt stärker betroffener Zweigpartien im Winter. Einsatz von Pflanzenschutzmitteln während des Laubaustrieb.

Kommt auch vor an

Eine nahezu identische Symptomatik tritt auch an Johannisbeere auf, wird hier jedoch durch eine andere Gallmilbenart hervorgerufen.

Auf einen Blick

- kugelig angeschwollene Knospen, die nicht oder kaum austreiben
- die verursachenden Gallmilben sind nur 0,2 mm groß
- die Überwinterung erfolgt in den Knospen

Haselnuss

Wanzen

Verschiedene Arten
Wanze

Steckbrief

1 Generation pro Jahr. Den Winter überdauern die Wanzen (Weichwanzen) als in Triebe abgelegte Eier. Die Entwicklung der Larven beginnt im Frühjahr, durchläuft dabei 5 Stadien zur dann erwachsenen, geflügelten Wanze, die ab Juni an den Pflanzen auftritt. Die Tiere erreichen meist nur eine Länge von 5 mm, sind artabhängig hell oder dunkel gefärbt und besitzen einen typischen Wanzenhabitus. Alle Stadien saugen an der Pflanze, insbesondere an den Blättern. Honigtau wird nicht gebildet. Beim Saugvorgang wird toxischer Speichel abgegeben, der auch mit für die Symptomatik verantwortlich ist.

Symptome und Schadbild

Die Blattspreite ist teils großflächig, oft aber auch nur entlang der Hauptadern lokal eingerissen, sodass ein zerfetzter Gesamteindruck entsteht. Befallene Blätter bleiben weiter grün gefärbt. Im Frühjahr sind helle Wanzenlarven auf der Blattunterseite zu finden. Erwachsene Tiere sind nur selten zu sehen. Das beschriebene Schadsymptom ist auch von anderen Pflanzen bekannt (u. a. Forsythie, Fuchsie, *Datura*) und wird hier ebenfalls durch Weichwanzen (anderer Arten) hervorgerufen.

Vorbeugen und bekämpfen

Vorbeugender Einsatz von Insektiziden im Frühjahr.

Auf einen Blick

- teils großflächig fein aufgerissene Blattspreite
- Überwinterung der Tiere als Ei in den Trieben
- das Schadbild ist auch an anderen Pflanzen bekannt

Ganz nah dran

Die Tiere besitzen einen unmittelbar am Kopf ansetzenden Mundstachel, ein deutliches Dreieck auf dem Rücken und zur Spitze hin häutige Vorderflügel.

Immergrün

Phoma-Stängelfäule

Phoma exigua
Pilz

Steckbrief

Auf den befallenen Pflanzenteilen (Blätter, Triebe) überwintert der Pilz mit Hilfe seiner unscheinbaren Fruchtkörper. Im Frühjahr gebildete Sporen sorgen, verbreitet insbesondere durch Wasserspritzer, für neue Infektionen an Blättern und Trieben, die nachfolgend erkranken und ihrerseits erneut Fruchtkörper und Sporen ausbilden. Dichte Bestände und eine feuchte Witterung fördern die Krankheit deutlich, ebenso wie eher mäßige Temperaturen von unter 20 °C. Unter günstigen Bedingungen kann sich der Pilz in einer Fläche rasch ausdehnen. Gefährdet ist besonders *Vinca minor* (Kleinblättriges Immergrün).

Symptome und Schadbild

Sowohl Blätter als auch Triebe, besonders am Stängelgrund, welken und verfärben sich anschließend rasch schwarz. Befallene Blätter fallen vorzeitig ab, sodass die Pflanzen hier von unten verkahlen.

Vorbeugen und bekämpfen

Rückschnitt befallener Triebe oder Entfernen erkrankter Pflanzen. Keine Bewässerung über die Pflanze hinweg. Einsatz von Fungiziden im Frühjahr.

Ganz nah dran

Bei näherer Betrachtung (Lupe) finden sich auf den abgestorbenen Blättern und Triebabschnitten kleine, dunkle Fruchtkörper (0,1 mm) in teils größerer Zahl.

Auf einen Blick

- Blätter und Triebe verfärben sich dunkel
- häufig verkahlen die Triebe von unten
- eine feuchte Witterung fördert den Befall

Immergrün

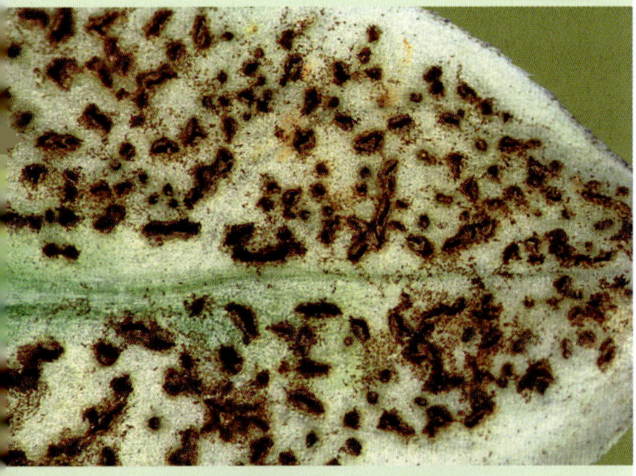

Rostpilz

Puccinia vincae
Pilz

Steckbrief

Die auf der Blattunterseite gebildeten Wintersporen (Teleutosporen) dienen dem Pilz zur Überwinterung. Zusätzlich werden vermutlich auch Pflanzenteile vom Pilz durchwachsen, die eine weitere Überdauerungsmöglichkeit darstellen. Im Frühjahr gebildete Sporen sorgen, vom Wind verbreitet, für neue Infektionen an den Blättern, die sich zyklusartig bis in den Herbst fortsetzen. Eine eher trocken-warme Witterung fördert das Auftreten des Pilzes.

Symptome und Schadbild

Befallene Blätter tragen oberseits kleine, gelbliche Flecken, blattunterseits zeigt sich ein meist flächiger, brauner, leicht ausstäubender Sporenbelag (Uredosporen). Zum Herbst hin bilden sich blattunterseits vermehrt die deutlich dunkel gefärbten Wintersporenlager. Insgesamt weisen infizierte Pflanzen einen eher aufrechten Wuchs auf, auch sind die Blätter kleiner und rollen sich etwas nach oben ein.

Vorbeugen und bekämpfen

Entfernen befallener Blätter im Herbst. Einsatz von Fungiziden im Frühjahr.

Auf einen Blick

- braune Sporenlager auf der Blattunterseite im Sommer
- Überwinterung an den infizierten Blättern (Wintersporen)
- trocken-warme Witterung fördert die Pilzentwicklung

Kommt auch vor an

Der hier am Immergrün auftretende Rostpilz ist ausschließlich auf *Vinca*-Arten beschränkt. Andere im näheren Umfeld durch Rostpilze geschädigte Pflanzen sind von anderen Rostpilzarten befallen.

Johanniskraut

Johanniskrautrost

Verschiedene Arten
Pilz

Steckbrief

Die Überwinterung des Pilzes ist innerhalb der Pflanze als überdauerndes Pilzmyzel möglich oder mit Hilfe von dunklen Wintersporen (Teleutosporen). Im Frühjahr gebildete Sporen werden mit dem Wind auf andere Pflanzen übertragen und sorgen hier für neue Infektionen und die Bildung neuer Sporenlager, die sich über die Vegetationszeit zyklusartig fortsetzen. Die Anfälligkeit gegenüber dem Pilz ist arten- und sortenabhängig unterschiedlich hoch.

Symptome und Schadbild

Blattoberseits bilden sich ab dem späten Frühjahr verteilt auftretende, gelbe Flecken, die im Jahresverlauf deutlich verbräunen. Auf der Blattunterseite kommt es zur Bildung der braunen Sommersporenlager (Uredosporen), die meist flächig auftreten. Zum Herbst hin finden sich blattunterseits zunehmend die dunklen Wintersporenlager. Ein stärkerer Befall hat einen Laubfall zur Folge.

Vorbeugen und bekämpfen

Entfernen stärker befallener Pflanzen. Weniger anfällige Sorten und Arten bevorzugen. Einsatz von Fungiziden im Frühjahr.

Kommt auch vor an

Die an Johanniskraut auftretenden Rostpilze sind beschränkt auf *Hypericum*-Arten, andere Pflanzen werden von ihnen nicht befallen.

Auf einen Blick

- **blattoberseits anfangs gelbe, später verbräunende Flecken**
- **blattunterseits Ausbildung brauner Sporenlager**
- **arten- und sortenabhängiger Befall**

Kastanie

Auf einen Blick

- Überwinterung des Pilzes im Falllaub
- Bräunliche, gelb umrandete Blattflecken
- Verbreitung der Pilzsporen über Wasserspritzer und Wind

Blattbräune

Guignardia aesculi
Pilz

Steckbrief

In den dunklen, nur 0,2 mm kleinen Fruchtkörpern überwintert der Pilz im herbstlichen Falllaub. Die im Frühjahr aus den Fruchtkörpern austretenden und mit Hilfe von Wind und Wasserspritzern verbreiteten Sporen führen zu den ersten Neuinfektionen der Kastanienblätter. Eine weitere Ausbreitung des Pilzes auf andere Blattetagen oder benachbarte Bäume erfolgt über die im Jahresverlauf wiederholt gebildeten Sporen.

Symptome und Schadbild

Erkrankte Blätter zeigen mit dem beginnenden Frühjahr unregelmäßig begrenzte, dunkle Flecken, die meist von einem deutlich gelb gefärbten Hof umgeben sind. Bei näherer Betrachtung (Lupe) sind die Fruchtkörper des Pilzes als dunkle Punkte erkennbar. Feuchte Witterung im Frühjahr fördert das Auftreten und die Verbreitung des in Deutschland seit den 1960er Jahren bekannten Pilzes. Bei einer stärkeren Infektion rollen sich die Blattränder nach oben ein, auch ist ein vorzeitiger Laubfall möglich.

Vorbeugen und bekämpfen

Absammeln und entfernen der befallenen Blätter im Herbst. Einsatz von Fungiziden im Frühjahr.

Nicht verwechseln!

Bräunliche Blattverfärbungen werden auch durch die Larven der Kastanienminiermotte verursacht, die jedoch im Gegenlicht leicht erkennbar sind.

Kastanie

Kastanienminiermotte

Cameraria ohridella
Schmetterling

Steckbrief

3–4 Generationen pro Jahr. Nach der Überwinterung als braun gefärbte, etwa 4 mm kleine Puppen im abgefallenen Herbstlaub schlüpfen witterungsabhängig ab April die ersten, nur knapp 3 mm kleinen, orangebraun gefärbten Falter. Aus den auf der Blattoberseite der Kastanie abgelegten 20–80 Eiern schlüpfen nach 1–2 Wochen die Larven. Sie dringen in das Blatt ein und vollziehen dort bis zum Ende ihrer mehrwöchigen Entwicklungszeit und Verpuppung in einem seidenförmigen Kokon einen Minierfraß. Die abgeflachten, seitlich deutlich eingekerbten Larven erreichen eine Größe von etwa 4 mm.

Symptome und Schadbild

Im zeitigen Frühjahr kommt es bevorzugt im unteren Kronenbereich und an der der Sonne zugewandten Stammseite zu einem ersten und konzentrierten Auftreten paarungswilliger Falter. Die im Blattinnern fressenden Larven lassen sich in ihren mit Kot angereicherten Miniergängen, insbesondere bei Gegenlicht, leicht erkennen. Befallene Blätter verbräunen und fallen vorzeitig ab. Meist verminderter Fruchtertrag.

Vorbeugen und bekämpfen

Konsequentes und großflächiges Entfernen des mit Puppen besetzten Herbstlaubes. Förderung von Nistmöglichkeiten für Vögel (Aufpicken der mit Larven besetzten Gänge durch Kohl- und Blaumeisen). Aufgestellte Pheromonfallen führen nur zu einer Teilreduzierung des Befalls.

Kommt auch vor an

Hochanfällig ist nur die weißblühende Rosskastanie (*Aesculus hippocastanum*), nahezu resistent hingegen die rotblühende Kastanie (*Aesculus x carnea*). Selten auch an Ahorn auftretend.

Auf einen Blick

- Auffällige Blattverbräunungen an der Rosskastanie
- Im Blatt minierende Larven sind bei Gegenlicht erkennbar
- Überwinterung als Puppe im Herbstlaub

Kiefer

Diplodia-Triebsterben

Diplodia pinea
Pilz

Steckbrief

Dieser wärmeliebende Pilz tritt seit Mitte der 90er-Jahre auch in Deutschland als bedeutende Erkrankung an Kiefern auf. An den Nadeln, Trieben oder auch älteren Zapfen werden kugelige, dunkle Fruchtkörper (Einzelgröße 0,2 mm) in teils höherer Zahl gebildet, deren Sporen im Frühjahr, verbreitet vom Wind, zu Neuinfektionen führen. Befallen wird vom Pilz bevorzugt junges Gewebe (Nadeln, Knospen, diesjährige Triebe), das geschädigt wird und später auch abstirbt. Trockenstress, Insektenbefall oder ein Hagelschlag erhöht die Anfälligkeit der Pflanzen deutlich. Eine feuchte Frühjahrswitterung, der sich Trockenphasen anschließen, fördert zusätzlich die Entwicklung des Pilzes.

Symptome und Schadbild

In Abhängigkeit vom Infektionszeitpunkt sind abgestorbene Knospen, gekrümmte und verdrehte einjährige Triebe, eine Verbräunung der zudem im Wuchs gestauchten Nadeln und ein Austritt von Harz an den befallenen Trieben zu beobachten. Bodennahe Astpartien sind meist stärker befallen. Nachweis von kugeligen Fruchtkörpern an den abgestorbenen Stellen.

Vorbeugen und bekämpfen

Erkrankte Triebabschnitte im Winter zurückschneiden. Trockenstress vermeiden. Ältere Zapfen entfernen. Vorbeugender Einsatz von Fungiziden (Frühjahr).

Auf einen Blick

- wärmeliebender Pilz
- verdrehte und gekrümmte einjährige Triebe
- Vorbeugen einer Erkrankung durch Vermeiden von Trockenstress

Kommt auch vor an

Der Pilz tritt bisher nur an Kiefern auf, wobei die Wald-Kiefer und die Schwarz-Kiefer besonders anfällig sind.

Dothistroma-Nadelbräune

Dothistroma septospora
Pilz

Steckbrief

In den Nadeln des Vorjahres in den Fruchtkörpern gebildete Sporen sorgen, verbreitet vom Wind, ab Juni für neue Infektionen an den jungen, einjährigen Nadeln. Innerhalb eines Jahres durchwächst der Pilz die Nadeln bis zur Bildung neuer Fruchtkörper und Sporen. Auf den abgestorbenen Nadeln kommt es im Frühjahr zur Bildung anderer Fruchtkörper und Sporen, die ebenfalls für eine Verbreitung des Pilzes sorgen. Als anfällig gelten neben der Schwarz-Kiefer auch die Wald- und die Krummholz-Kiefer. Dichte und feuchte Bestände sind besonders gefährdet.

Symptome und Schadbild

Infizierte Nadeln zeigen ab dem späten Frühjahr kleine, gelbliche Punkte, später dann deutlich rot gebänderte Streifen. Die geschädigten Nadeln verbräunen bis zum nächsten Frühjahr. Die braunen Nadeln bleiben teils noch Jahre am Baum hängen.

Vorbeugen und bekämpfen

Rückschnitt infizierter Triebabschnitte. Weniger anfällige Kiefern bevorzugen. Vorbeugender Einsatz von Fungiziden zum Frühjahr (Infektionszeitpunkt).

Nicht verwechseln!

Ohne eine Laboruntersuchung ist die sichere Unterscheidung zu anderen Nadel- oder Schüttepilzen nicht möglich.

Kiefer

Auf einen Blick

- rot gebänderte Streifen an den erkrankten Nadeln
- die Nadeln werden braun, bleiben aber noch lange am Baum
- Schwarz-Kiefern sind besonders anfällig

Kiefer

Auf einen Blick

- mit Kotkrümeln angereicherte Gespinste am Maiaustrieb
- im Inneren lebt und frisst eine Larve
- Überwinterung der Larven im Boden

Kieferngespinstblattwespe

Acantholyda hieroglyphica
Gespinstblattwespe

Steckbrief

1 Generation pro Jahr. Nach der Überwinterung als Larve im Boden und der Verpuppung im Frühjahr treten ab Mai die ersten geflügelten Tiere auf. Diese sind schwarz-gelb gefärbt und besitzen blassgelbe Flügel. Am jungen Maiaustrieb erfolgt die Eiablage. Die Larven leben und fressen in den gebildeten Gespinsten bis in den Juli hinein. Sie sind braun-grünlich gefärbt, bis 3 cm lang, haben einen dunklen Kopf und besitzen deutliche Fühler. Im Sommer wandern sie dann in den Boden zur späteren Überwinterung.

Symptome und Schadbild

Am jungen Maiaustrieb treten auffällig braun gefärbte, mit krümeligem Kot stark angereicherte Gespinste auf, in deren Innerem sich die Larve befindet und an den Nadeln frisst. Insgesamt ergibt sich ein auffälliges Schadbild, das eine Gesamtlänge von knapp 10 cm erreichen kann. Durch den Fraß der Larven kann der vollständige Maiaustrieb vernichtet werden.

Vorbeugen und bekämpfen

Entfernen der Gespinste mit den darin enthaltenen Larven.

Nicht verwechseln!

Bei einer nur flüchtigen Betrachtung ähneln die braunen Kotkrümel den männlichen Blüten der Kiefer.

Kiefernharzgallen-wickler

Petrova resinella
Schmetterling

Steckbrief

Zweijährige Entwicklungsdauer. Die in einer harzigen Galle am Baum überwinternden Larven verpuppen sich im Frühjahr, sodass etwa ab Mai die nachtaktiven, dunkel gefärbten Falter auftreten. Diese legen ihre Eier bevorzugt an die Enden von Seitentrieben ab. Die sich entwickelnde Larve bohrt sich nach einem anfänglichen Schabefraß später in den Trieb ein und überwintert in einem erbsengroßen, gallenartigen Konglomerat aus Kot, Harz und Gespinst. Im zweiten Jahr vergrößert sich die Galle, in der die Larve auch weiterhin lebt und tiefer in den Trieb eindringt. Im Frühjahr des dritten Jahres erfolgt die Verpuppung zum Falter. Geschwächte sowie junge Kiefern werden bevorzugt befallen.

Symptome und Schadbild

Je nach Entwicklungsjahr sind nur die eher unscheinbaren, erbsengroßen Gallen an den Enden der Seitentriebe zu sehen oder aber die auffälligen, mehrere Zentimeter großen Harzgallen. Im Inneren findet sich, erkennbar nach einem Anschnitt, jeweils eine dunkel gefärbte Larve. Die Nadeln der darüberliegenden Triebabschnitte vergilben teilweise, später knickt auch häufig das gesamte Triebende ab.

Vorbeugen und bekämpfen

Rückschnitt der befallenen Triebabschnitte vor dem Schlupf der Falter.

Ganz nah dran

Die Larven sind dunkel gefärbt und tragen dunkle Warzen am Körper.

Auf einen Blick

- verharzte Gallen an den Enden der Seitentriebe
- im Inneren der Gallen lebt eine dunkel gefärbte Larve
- zweijähriger Entwicklungszyklus

Kiefer

Kiefernnadelrost

Verschiedene *Coleosporium*-Arten
Pilz

Steckbrief

Die verschiedenen Rostpilzarten, die an der Kiefer den Nadelrost verursachen, benötigen für ihren vollständigen Lebenszyklus eine weitere, krautige Pflanzenart. Je nach Rostpilzart sind Glockenblume, Kreuzkraut oder auch Huflattich geeignet. In Form dunkler Teleutosporen überwintert der Pilz an den Blättern der krautigen Pflanzen. Von dort erfolgt im Frühjahr die Infektion der Kiefernnadeln. Die hier in der Folge gebildeten Aecidiosporen sorgen dann, übertragen vom Wind, für die weitere Verbreitung auf die krautigen Pflanzen.

Symptome und Schadbild

An den Kiefernnadeln zeigen sich im Frühjahr wenige Millimeter große, gelbliche Sporenlager. Befallene Nadeln bleiben noch vergleichsweise lange am Baum haften, ein früher Nadelfall tritt seltener auf. Gefährdet sind weniger die großen Bäume, als vielmehr Sämlinge oder Jungpflanzen.

Vorbeugen und bekämpfen

Entfernung benachbarter Unkräuter zur Vermeidung einer Infektion an der Kiefer im Frühjahr. Einsatz von Fungiziden im Frühjahr.

Auf einen Blick

- gelbliche Rostpusteln an den Nadeln der Kiefer
- Wirtswechsel zu verschiedenen krautigen Pflanzen
- ein frühzeitiges Abfallen der Nadeln tritt nur selten auf

Ganz nah dran

Die Größe einer einzelnen Spore an der Kiefer beträgt nur 30 µm, (1 µm = 1 / 1000 Millimeter). In jeder Rostpilzpustel befinden sich somit Tausende von Sporen.

Kiefernrinden-blasenrost

Cronartium flaccidum
Pilz

Steckbrief
Es handelt sich hierbei um einen wirtswechselnden Rostpilz, der für seinen Lebenszyklus zweinadelige Kiefern und bestimmte krautige Pflanzen benötigt. Er überdauert mehrjährig in den Trieben der Kiefer (z. B. Wald-Kiefer, Schwarz-Kiefer) und bildet zum Frühjahr an den Trieben Sporenlager aus. Die hier enthaltenen Sporen werden vom Wind übertragen und infizieren bestimmte krautige Pflanzen (z. B. Pfingstrose, Enzian). Auf diesen findet bis in den Spätsommer hinein ein eigener Vermehrungs- und Infektionszyklus statt. Über spezielle, vom Wind übertragene Sporen erfolgt zum Jahresende dann die Infektion zweinadeliger Kiefern. Die krautigen Pflanzen müssen im Gegensatz zu den Kiefern jedes Jahr neu infiziert werden.

Symptome und Schadbild
Erkrankte Kiefern zeigen an den Trieben oder auch am Stamm, teils unter starker Harzbildung, im Frühjahr eine warzenartig aufreißende Rinde mit vielen Sporenlagern.

Vorbeugen und bekämpfen
Erkrankte Kieferntriebe vor der Sporenfreisetzung abschneiden. Weniger anfällige, nicht zweinadelige Kiefern bevorzugen. Nähe zu erkrankten krautigen Pflanzen meiden oder diese zum Spätsommer mit Fungiziden behandeln (Reinfektion der Kiefern).

Ganz nah dran
Die auf der Rinde auftretenden Sporenlager besitzen eine weiße Hülle und setzen eine große Menge gelblicher Sporen frei.

Kiefer

Auf einen Blick
- befallen werden nur zweinadelige Kiefern
- erkrankte Kiefern bleiben mehrjährig infiziert
- der Pilz lebt im Wirtswechsel mit krautigen Pflanzen

Kiefer

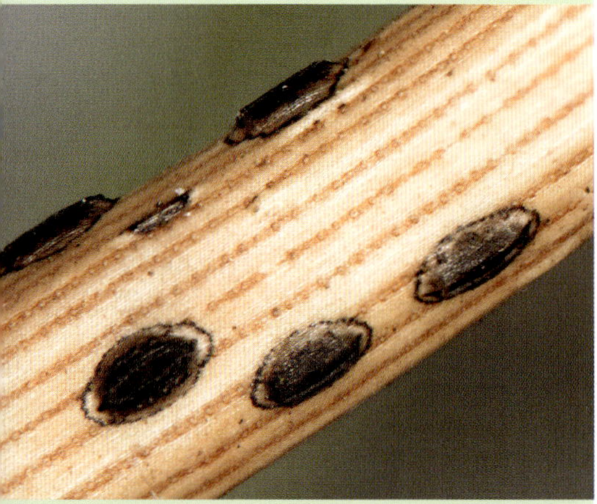

Kiefernschütte

Lophodermium seditiosum
Pilz

Steckbrief

Der Pilz überwintert innerhalb der im Sommer infizierten Nadeln an der Pflanze. Im Frühjahr verfärben sich die Nadeln braun und fallen ab. Auf diesen abgeworfenen Nadeln bilden sich Fruchtkörper und Sporen, die, übertragen vom Wind, zu neuen Nadelinfektionen am Baum führen. Ein dichter Stand der Bäume und eine feuchte Witterung fördern das Auftreten der Krankheit. Die Wald-Kiefer (*Pinus sylvestris*) ist besonders gefährdet.

Symptome und Schadbild

Ab dem Spätsommer entwickeln sich an den Nadeln kleine, gelbe Flecken, die in Zahl und Größe bis zum Frühjahr zunehmen und sich dann braun verfärben. Im Frühjahr kommt es bei einem stärkeren Befall zum Abwurf der verbräunten Nadeln (Schütte), sodass die Pflanzen von innen her verkahlen. Der Neuaustrieb bleibt symptomlos. An den unter der Pflanze am Boden liegenden Nadeln bilden sich im Sommer dunkle, längliche Fruchtkörper aus (Lupe).

Vorbeugen und bekämpfen

Absammeln der abgefallenen Nadeln bis zum Ende des Frühjahrs (vor der Fruchtkörperbildung). Einsatz weniger anfälliger Kiefernarten. Dichte Bestände und feuchte Lagen meiden. Vorbeugender Einsatz von Fungiziden im Sommer zum Infektionszeitpunkt.

Auf einen Blick

- Abwurf verbräunter Nadeln im Frühjahr
- betroffen ist der innere Bereich der Pflanze
- die Wald-Kiefer ist besonders gefährdet

Nicht verwechseln!

Auch andere Schaderreger sowie abiotische Ursachen können für einen Nadelfall (Schütte) bei Kiefern verantwortlich sein.

Scleroderris-Triebsterben

Gremmeniella abietina
Pilz

Kiefer

Steckbrief

Die an den abgestorbenen Nadeln und Trieben gebildeten Fruchtkörper sorgen im Frühjahr über die gebildeten Sporen für neue Infektionen benachbarter Pflanzen. Infiziert werden sowohl Knospen als auch Triebe. Der Pilz durchwächst nachfolgend das befallene Gewebe. Unter den Kiefernarten ist insbesondere die Schwarz-Kiefer anfällig, auch sind dichte und feuchte Bestände besonders gefährdet.

Symptome und Schadbild

Frisch infizierte Nadeln verbräunen von der Basis zur Spitze hin, bis sie vollständig abgestorben sind und anschließend auch abfallen. Es kommt zu einem verkahlen der befallenen Triebe. Bei stärkerer Vergrößerung sind an den abgestorbenen Trieben die dunklen Fruchtkörper erkennbar. Infizierte Knospen zeigen neben einer verstärkten Harzbildung bereits im Winter (erkennbar nach einem Anschnitt) verbräunte Stellen im Gewebe.

Vorbeugen und bekämpfen

Rückschnitt infizierter Triebabschnitte. Weniger anfällige Kiefernarten bevorzugen. Dicht stehende Bestände vermeiden.

Kommt auch vor an

Neben der Kiefer kann der Pilz auch an Fichten auftreten und dort ebenfalls ein Triebsterben verursachen.

Auf einen Blick

- anfängliches Verbräunen der Nadeln von der Basis zur Spitze hin
- nachfolgendes Verkahlen der Triebe und Triebsterben
- die Schwarz-Kiefer ist besonders anfällig

Kiefer

Weymouthskiefern-blasenrost

Cronartium ribicola
Pilz

Steckbrief

Dieser Pilz benötigt für seinen vollständigen Zyklus neben der hochanfälligen Weymouth-Kiefer (*Pinus strobus*) auch bestimmte Beerenobststräucher (hochanfällig: Schwarze Johannisbeere, Stachelbeere). Im Winter befindet sich der Rostpilz innerhalb der Kieferntriebe. Nach einer mehrjährigen Entwicklungszeit bildet der Pilz Fruchtkörper und Sporen außerhalb der Rinde, die mit Hilfe des Windes auf Johannis- und Stachelbeere übertragen werden und zu Blattinfektionen führen. Hier an den Blättern im Spätsommer gebildete Sporen sorgen wieder für eine Infektion an den Kiefern.

Symptome und Schadbild

Am Stamm oder an den Trieben der Kiefern zeigen sich im Frühjahr spindelförmige Anschwellungen, die nach kurzer Zeit blasenförmige Fruchtkörper in teils hoher Zahl mit deutlich orange gefärbten Sporen freisetzen. Infizierte Triebe und Stämme können je nach Befallsgrad rasch absterben. Die Blätter am Beerenobst entwickeln oberseits gelbliche Flecken, während sich unterseits deutlich braun gefärbte Rostpusteln ausbilden.

Vorbeugen und bekämpfen

Räumliche Nähe zu Johannis- und Stachelbeere meiden. Rückschnitt infizierter Triebe. Weniger anfällige Kiefernarten verwenden. Vorbeugender Einsatz von Fungiziden im Spätsommer (Infektionszeitpunkt).

Auf einen Blick

- orange gefärbte Sporenlager an den Trieben der Kiefer im Frühjahr
- der Pilz überdauert viele Jahre in der Kiefer
- Wirtswechsel mit Johannis- und Stachelbeere

Kommt auch vor an

Neben der namensgebenden Weymouth-Kiefer können auch andere fünfnadelige Kiefern befallen werden.

Kirschlorbeer

Bakteriose

Pseudomonas syringae
Bakterien

Steckbrief

Die Überwinterung erfolgt meist direkt an der Pflanze oder aber an abgefallenen Pflanzenteilen am Boden. Über Wasserspritzer gelangen die Bakterien im Frühjahr auf die Blätter, die nachfolgend infiziert werden. Förderlich für eine Infektion sind feuchte Bedingungen (enger Stand, Bewässerung von oben), auch sind Pflanzen im Container anfälliger als eingepflanzt im gewachsenen Boden. Eine erhöhte Düngung (Salzstress) erhöht ebenfalls die Anfälligkeit der Pflanzen. Die Empfindlichkeit der Sorten ist sehr unterschiedlich (anfällig ist beispielsweise: 'Otto Luyken').

Symptome und Schadbild

Blätter besonders der unteren Blattetagen besitzen kreisrunde, rotbraun gefärbte und von einem hellen Hof umgebene, bis zu 4 mm große Befallsstellen, die später herausfallen (Schrotschusseffekt). Teils zeigen auch Triebe Schäden, wobei darüberliegende Bereiche absterben können.

Vorbeugen und bekämpfen

Weniger anfällige Sorten bevorzugen. Entfernen befallener Blätter. Feuchte Lagen meiden. Bewässerung über die Wurzeln. Einsatz von kupferhaltigen Pflanzenschutzmitteln im Frühjahr zur vorbeugenden Behandlung.

Nicht verwechseln!

Ein ähnliches Schadbild kann auch durch Pilze hervorgerufen werden. Charakteristisch für die Bakteriose ist der helle, die Flecken umgebende Hof (Gegenlicht).

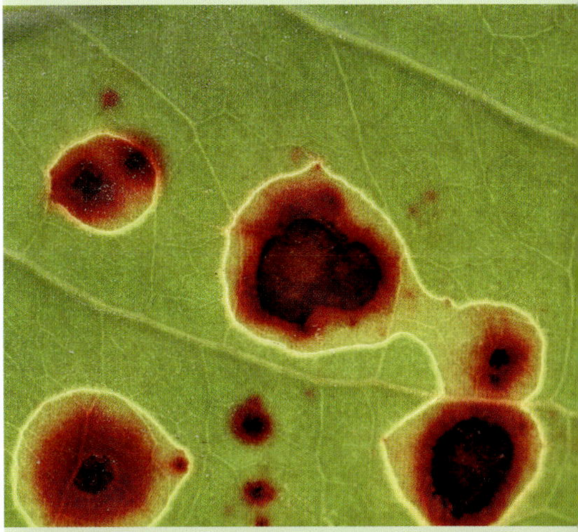

Auf einen Blick

- kreisförmige Befallsstellen der Blätter, die später herausfallen
- Befallsstellen mit hellem Hof (Gegenlicht)
- unterschiedliche Anfälligkeit der Kirschlorbeersorten

Kirschlorbeer

Echter Mehltau

Podosphaera tridactyla
Pilz

Steckbrief

Weniger mit Hilfe seiner kugeligen Fruchtkörper (dunkel, Einzelgröße 0,1 mm) als vermutlich eher in Form eines Myzels überwintert der Pilz an den Blättern des Kirschlorbeer. Im Frühjahr gebildete Sporen sorgen für eine Infektion der jungen Blätter, ältere Blätter im weiteren Jahresverlauf werden dagegen nicht befallen. Eine Verbreitung erfolgt mit Hilfe des Windes über die blattunterseits am Myzel gebildeten Sporen, die hier kettenartig abgegeben werden.

Symptome und Schadbild

Im Frühjahr zeigen sich deformierte Blätter mit deutlichen, blasenförmigen Auftreibungen oder auch einer einseitigen Krümmung des Blattrandes. Betroffen sind nur junge Blätter. Das Schadbild ähnelt optisch einem Wanzenbefall. Blattunterseits ist nur bei stärkerer Vergrößerung ein weißliches Myzel erkennbar, an dem auch Trägerstrukturen und Sporen zu sehen sind. Das Schadausmaß ist meist auf einzelne Blätter und Zweigpartien beschränkt.

Vorbeugen und bekämpfen

Einsatz von Fungiziden im Frühjahr. Verzicht auf anfällige Sorten. Entfernung stark befallener Blätter im Frühjahr. Kein Rückschnitt im Sommer (Förderung der Bildung junger, anfälliger Blätter).

Auf einen Blick

- Blätter zeigen Deformationen oder Blattrandkrümmungen
- Pilzbelag auf der Blattunterseite nur bei stärkerer Vergrößerung erkennbar
- bevorzugte Infektion junger Blätter

Kommt auch vor an

Dieser Mehltaupilz tritt spezifisch an Kirschlorbeer auf, als anfällig gelten u. a. die Sorten ‘Schipkaensis Macrophylla’, ‘Rotundifolia’ und ‘Etna’.

Miniermotte

Lyonetia clerkella
Schmetterling

Steckbrief

3 Generationen pro Jahr. An geschützten Stellen an der Pflanze oder im näheren Umfeld überwintern die Falter (3 mm groß, weiße Vorderflügel mit dunklem Fleck an der Spitze). Ab April werden vom Weibchen bis zu 60 Eier auf die Unterseite der Blätter abgelegt. Die Larven (bis zu 7 mm groß, grünlich gefärbt) minieren im Blatt. Die Verpuppung erfolgt blattunterseits in einem hellen Kokon, der vergleichbar einer Hängematte mit verschiedenen Fäden befestigt ist.

Symptome und Schadbild

Die Miniergänge im Blatt beginnen meist an der Hauptader und verlaufen schlangenförmig. Durch kreisförmige Gänge ausgesparte Blattteile fallen vollständig heraus (Lochbildung). Im Inneren der Gänge sind grünliche Larven anzutreffen, entsprechend der Larvenentwicklung werden die Gänge später etwas breiter. Auf der Blattunterseite finden sich Puppenkokons. Bei starkem Befall ist auch ein vorzeitiger Laubfall möglich.

Vorbeugen und bekämpfen

Absammeln der befallenen Blätter vor dem Ausschlupf der Falter. Mechanische Zerstörung der Larven in ihren Gängen. Einsatz von Insektiziden gegen die jungen Larven.

Kommt auch vor an

Neben Kirschlorbeer treten die Larven auch an anderen Ziersträuchern und Obstgehölzen auf (u. a. Kirsche, Eberesche, Felsenbirne, Birke).

Kirschlorbeer

Auf einen Blick

- schlangenförmige Miniergänge im Blatt
- drei Generationen pro Jahr
- Überwinterung als Falter

Kirschlorbeer

Auf einen Blick

- Blätter mit löchrigem Gewebe, das später herausfällt
- ältere Blätter werden kaum befallen
- Bakterien können ähnliche Symptome hervorrufen

Schrotschusskrankheit

Stigmina carpophila
Pilz

Steckbrief

Der Pilz überwintert insbesondere an den Trieben und Zweigen, teils auch im abgefallenen Laub. Im Frühjahr gebildete Sporen werden durch Wasserspritzer und Wind auf junge Blätter übertragen, die nachfolgend vom Pilz infiziert werden. Ältere Blätter werden kaum befallen (Altersresistenz). Eine feuchte Witterung zum Zeitpunkt der Infektion fördert den Befall deutlich, dichte Bestände sind somit besonders anfällig.

Symptome und Schadbild

Infizierte Blätter besitzen teils großflächig auf den Blättern auftretende, rote bis bräunliche runde Flecken, die sich rasch vom umgebenden Gewebe lösen und später als Ganzes herausfallen. Zurück bleibt ein auffälliges, löchriges Blattgewebe (Schrotschusseffekt). Ein verfrühter Laubfall findet nicht statt. Ähnliche Schadsymptome können auch durch eine Bakterienerkrankung hervorgerufen werden.

Vorbeugen und bekämpfen

Entfernung erkrankter Blätter. Feuchte Lagen und schattige Standorte meiden. Einsatz von Fungiziden im zeitigen Frühjahr.

Kommt auch vor an

Neben Kirschlorbeer tritt dieser Pilz auch an anderen *Prunus*-Arten (Kirsche, Pflaume) auf und ist hier ebenfalls als „Schrotschusskrankheit" bekannt.

Lavendel

Bakteriose

Xanthomonas campestris
Bakterien

Steckbrief

Die Überdauerung erfolgt im abgestorbenen Pflanzengewebe oder auch für längere Zeit im Boden. Zum Frühjahr werden die Bakterien durch Wasserspritzer auf die Pflanzen übertragen und infizieren diese bevorzugt über Wunden und Spaltöffnungen der Blätter. Eine feucht-warme Witterung fördert das Auftreten dieser Bakterienerkrankung.

Symptome und Schadbild

Erkrankte Blätter besitzen anfangs braune bis graue Flecken, die sich bevorzugt am Blattrand befinden und auch zusammenfließen. Später verbräunen die Blätter vollständig, trocknen ein und sind meist deutlich gekrümmt. Bei einem starken Befall können die Pflanzen auch ganz absterben. Erste Symptome treten meist erst ab Juni auf.

Vorbeugen und bekämpfen

Vermeidung feuchter Bedingungen (kein dichter Stand, Pflanzen nicht am Abend gießen, sofern möglich Bewässerung nur über die Wurzel und nicht über die Pflanze). Deutlich erkrankte Pflanzen frühzeitig entfernen. Bei eigener Vermehrung auf die Entnahme gesunder Stecklinge achten. Desinfektion der Schnittwerkzeuge (70%iger Alkohol). Vorbeugender Einsatz kupferhaltiger Pflanzenschutzmittel.

Ganz nah dran

Bakterien sind aufgrund ihrer Einzelgröße von 1/1000 Millimeter mit bloßem Auge nicht erkennbar, teilweise quellen sie in der Masse als Schleimtropfen aus dem Gewebe heraus.

Auf einen Blick

- Verbräunung der Blätter vom Blattrand her
- Förderung durch eine feucht-warme Witterung
- Schadsymptome meist erst ab Juni

Lavendel

Blattfleckenpilze

Verschiedene Arten
Pilz

Steckbrief

Die Überdauerung erfolgt pilzabhängig entweder mit Hilfe kleiner, kugeliger Fruchtkörper an den abgefallenen Blättern (*Septoria*) oder aber durch die Bildung dunkler, unscheinbarer Dauerkörper und den Verbleib als Pilzmyzel an toter, organischer Substanz (*Botrytis*). Auch eine Saatgutübertragbarkeit ist möglich. Unter feuchten Bedingungen werden Sporen freigesetzt, die bevorzugt über Wasserspritzer (*Septoria*) oder auch Wind (*Botrytis*) übertragen werden und die Blätter infizieren. Ein enger Stand der Pflanzen und warm-feuchte Bedingungen fördern den Befall.

Symptome und Schadbild

Pilzabhängig treten unterschiedliche Symptome auf. Bei *Botrytis* verbräunt das Blattgewebe und es entwickelt sich rasch ein mausgrauer Pilzbelag (Grauschimmel). Der *Septoria*-Pilz bildet eckig-braune Blattflecken aus, die anfangs nur wenige Millimeter klein sind, aber rasch zu größeren Flecken zusammenfließen. Hier sind dunkle Kügelchen (Fruchtkörper) erkennbar.

Vorbeugen und bekämpfen

Für eine gute Belüftung und sonnige Bedingungen sorgen. Pflanzen so gießen, dass sie rasch abtrocknen können (keine Bewässerung am Abend). Bei eigener Vermehrung nur Entnahme gesunder, kräftiger Stecklinge. Einsatz von Fungiziden.

Auf einen Blick

- **bräunliche Blattflecken mit teils mausgrauem Pilzrasen**
- **Förderung der Pilze durch warm-feuchte Bedingungen**
- **Verbreitung je nach Pilz durch Wasserspritzer oder Wind**

Ganz nah dran

Bei beiden Pilzen werden bevorzugt die Blätter im inneren, unteren Bereich der Pflanze befallen.

Lavendel

Wurzelfäule

Pythium- und *Phytophthora*-Arten
Pilz

Steckbrief

In mikroskopisch kleinen Dauersporen (Oosporen), die der Pilz im abgestorbenen Pflanzenmaterial bildet, überdauert er den Winter und darüber hinaus teils mehrere Jahre im Boden. Unter günstigen Umweltbedingungen (feuchte Standorte, kühle bis mäßige Temperaturen) keimen diese Dauersporen mit beweglichen Sporen aus, die sich im Bodenwasser gezielt fortbewegen und die Wurzeln infizieren. Je nach Erreger wird die Wurzelspitze (*Pythium*) oder der Wurzelhals (*Phytophthora*) infiziert. Beide Erreger sind nicht auf Lavendel spezialisiert, sondern können auch andere Stauden und Kräuter infizieren.

Symptome und Schadbild

Junge Blätter zeigen eine Welke und werden blass in der Farbe. Blätter und Triebe verbräunen von der Spitze her. Je nach Befallsgrad stirbt die ganze Pflanze ab. Wurzel und/oder Wurzelhals zeigen Verbräunungen im Inneren (Rinde mit dem Fingernagel abschaben).

Vorbeugen und bekämpfen

Entfernen erkrankter Pflanzen und deren Wurzeln. Vermeidung von Staunässe oder länger anhaltender Bodenfeuchte. Einsatz von Fungiziden (Gießbehandlung).

Ganz nah dran

Da die Erreger nur innerhalb der Pflanze wachsen, sind außerhalb keine pilzlichen Anzeichen (Sporenbelag, Fruchtkörper) erkennbar.

Auf einen Blick

- Braunfärbung und Absterben von Wurzel/Wurzelhals
- Erreger können auch andere Pflanzen schädigen
- Überdauerung in mikroskopisch kleinen Dauersporen

Lebensbaum

Auf einen Blick

- verbräunte Triebspitzen im Frühjahr
- Fraßgänge der Larven unter der Rinde
- Schädigung bis zum Absterben der Pflanze

Borkenkäfer

Verschiedene *Phloeosinus*-Arten
Käfer

Steckbrief

1 Generation pro Jahr. Nach der Überwinterung als Larve im Stamm treten ab Mai die ersten Käfer auf, sie sind 2 mm lang und dunkel gefärbt. Die Weibchen bohren sich für ihren Reifungsfraß wenige Zentimeter in die kurzen Triebe von *Thuja* und anderen Zypressengewächsen ein. Innerhalb des Stammes erfolgt dann die Ablage der Eier. Die beinlosen, hellen Larven mit dem dunklen Kopf entwickeln sich in der Rinde und im Splintholz und zeigen ein arttypisches Fraßbildmuster (mehrere Zentimeter lange, doppelarmige Längsgänge mit nach beiden Seiten abgehenden, zahlreichen Larvengängen). Geschwächte Pflanzen werden bevorzugt befallen.

Symptome und Schadbild

Die Schäden des Reifungsfraßes zeigen sich durch die an der Pflanze verteilt auftretenden, abgestorbenen, braun gefärbten Triebspitzen (mit dem Käfer teils im Inneren). Hier ist auch ein deutlicher Harzaustritt feststellbar. Die Folgen der Larvenfraßschäden im Stammbereich zeigen sich unspezifisch in einer Nadelverfärbung bis zum Absterben der Pflanze.

Vorbeugen und bekämpfen

Entfernen kranker Pflanzen vor dem Austritt der Käfer. Standortoptimierung (Bewässerung, Düngung). Verbräunte Triebspitzen im Frühjahr zurückschneiden. Vorbeugender Einsatz von Insektiziden gegen die Käfer.

Kommt auch vor an

Neben *Thuja*-Arten (Lebensbaum) können auch andere Zypressengewächse befallen werden.

Miniermotte

Verschiedene *Argyresthia*-Arten
Schmetterling

Steckbrief

1 Generation pro Jahr. Nach der Überwinterung als Larve an der Pflanze (artabhängig in den Schuppenblättern oder in einem Kokon außen an der Rinde) und der Verpuppung im Frühjahr treten ab Mai die ersten unscheinbaren, weiß gefärbten Falter auf. Sie legen ihre Eier auf die Spitze der Schuppenblätter, in welche die geschlüpften Larven als Minierer dann eindringen. Die Larven durchlaufen mehrere Stadien, in welchen sie aber weiterhin als Minierer in den Blattschuppen leben.

Symptome und Schadbild

Die Triebspitzen verbräunen im Jahresverlauf zunehmend. Im Gegenlicht sind Miniergänge, die im Inneren lebenden Larven und Kotreste erkennbar, teils auch kleine Ausbohrlöcher. Die Länge der Einzelminen beträgt artabhängig 1–2 cm am Wacholder (eine Larve frisst hier mehrere Minen) und bis zu 5 cm am Lebensbaum (eine Larve frisst nur eine Mine).

Vorbeugen und bekämpfen

Rückschnitt befallener Triebspitzen bis zum Herbst. Förderung von Nützlingen (Vögel). Einsatz von Insektiziden gegen die eiablegenden Falter und die jungen Larven in den Blattschuppen.

Kommt auch vor an

Artabhängig werden nicht nur die Blattschuppen von *Thuja* (Lebensbaum), sondern auch von *Juniperus* (Wacholder) und *Chamaecyparis* (Scheinzypresse) befallen.

Lebensbaum

Auf einen Blick

- Verbräunung von der Spitze der Schuppenblätter her
- im Inneren der Schuppenblätter sind minierende Larven zu finden
- Befall tritt an verschiedenen Zypressengewächsen auf

Lebensbaum

Auf einen Blick

- Verbräunung der Schuppenblätter
- bei näherer Betrachtung Fruchtkörper mit hautartigem Überzug
- jüngere Pflanzen sind anfälliger

Schuppenbräune

Didymascella thujina
Pilz

Steckbrief

In den befallenen Blattschuppen (an der Pflanze oder teils schon abgefallen und am Boden liegend) überwintert der Pilz. Die innerhalb der Schuppen gebildeten Fruchtkörper (1–2 mm lang, kissenartig, braun gefärbt) können nahezu ganzjährig Sporen abgegeben und neue Schuppenblätter infizieren. Die Infektionen erfolgen jedoch vorwiegend im Frühjahr, gefördert durch eine feuchte Witterung. Jüngere Pflanzen sind deutlich anfälliger als alte.

Symptome und Schadbild

Bevorzugt die Schuppenblätter der unteren Äste und Zweige werden braun, wobei sich zu Beginn nur einzelne Schuppen verfärben und die Verbräunungen erst später zusammenfließen. Auf den Schuppen sind bei näherer Betrachtung ovale, flache, im Gewebe eingelassene Fruchtkörper erkennbar, die von einem hautartigen Überzug bedeckt sind. Dieser reißt später auf und hinterlässt eine deutliche Vertiefung. Stärker befallene Triebe verkahlen schließlich durch den Abwurf der verbräunten Schuppenblätter.

Vorbeugen und bekämpfen

Rückschnitt und Entfernen stärker befallener Triebe. Vermeidung feuchter Bedingungen (weiter Stand, Bewässerung über die Wurzeln). Einsatz von Fungiziden.

Kommt auch vor an

Befallen werden nur *Thuja*-Arten (Lebensbaum), andere Zypressengewächse sind nicht gefährdet.

Lebensbaum

Triebsterben

Verschiedene Arten
Pilz

Steckbrief

Verschiedene Pilze können an den Schuppenblättern und Trieben von Zypressengewächsen für Schäden sorgen (*Kabatina, Pestalotia, Phomopsis*). Die Überdauerung der Pilze erfolgt im Regelfall an den Trieben an der Pflanze, teils aber auch an den abgestorbenen Schuppenblättern. Förderlich für einen Befall sind feuchte Bedingungen, ein enger Stand und auch eine mangelhafte Nährstoffversorgung der Pflanzen (Schwächeerreger). Die Anfälligkeiten sind teils arten- und sortenabhängig.

Symptome und Schadbild

Anfangs sind nur wenige, sich braun verfärbende Schuppen sichtbar, dann dehnt sich der Befall häufig rasch aus, sodass die einjährigen Triebe an der Spitze über eine Länge von mehreren Zentimetern absterben. Bei näherer Betrachtung finden sich an den Trieben dunkel gefärbte Sporenlager. Häufig sind auch deutliche Triebeinschnürungen erkennbar. Ganze Pflanzen (Sämlinge und sehr junge Pflanzen einmal ausgenommen), werden nur selten bis zum Absterben geschädigt.

Vorbeugen und bekämpfen

Optimierung der Standortfaktoren (Wasser- und Nährstoffversorgung). Rückschnitt infizierter Triebe. Kein zu enger Stand. Einsatz von Fungiziden.

Ganz nah dran

Eine sichere Trennung der unterschiedlichen pilzlichen Erreger ist nur im Mikroskop bei Betrachtung der Fruchtkörper und Sporen möglich.

Auf einen Blick

- ein Befall beginnt meist an den einjährigen Trieben
- feuchte Bedingungen und ein enger Stand fördern den Befall
- verschiedene Pilzarten kommen als Ursache in Frage

Liguster

Blattfleckenpilze

Verschiedene Arten
Pilz

Steckbrief

In den im abgefallenen Laub zuvor gebildeten kleinen Fruchtkörpern überdauert der Pilz den Winter. Zum Frühjahr hin werden die aus den Fruchtkörpern austretenden Sporen mit Hilfe von Wasserspritzern und Wind auf Pflanzen im näheren Umfeld übertragen. Gefördert wird ein Befalll durch einen engen Stand und eine feucht-warme Witterung. Im Jahresverlauf und zum Herbst hin werden pilzabhängig entsprechende Fruchtkörper gebildet.

Symptome und Schadbild

Insbesondere an den bodennah wachsenden Blättern zeigen sich Blattflecken, die pilzartabhängig unterschiedlich aussehen. Meist bilden sich mehrere Millimeter große, rundliche Flecken mit dunkler Grundfarbe, deren Zentrum sich im späteren Verlauf hell färben und/oder die von einem dunkleren Rand optisch umsäumt sind. Einzelflecken können später auch zu größeren Flecken zusammenfließen. Bei näherer Betrachtung sind auf den Blattflecken kleine Kügelchen (Fruchtkörper) oder ein schwacher Pilzrasen zu erkennen. Liegt ein stärkerer Befall vor, kommt es zu einem verfrühten Laubfall.

Vorbeugen und bekämpfen

Entfernung des abgefallenen Laubes. Lockeren Stand und luftigen Standort wählen. Bewässerung nur über die Wurzeln, nicht über die Pflanze. Einsatz von Fungiziden.

Auf einen Blick

- dunkle Blattflecken, die teils zusammenfließen
- Überwinterung der Pilze im Falllaub
- Förderung durch engen Stand und feuchte Witterung

Ganz nah dran

Eine sichere Trennung der einzelnen Pilzarten (*Septoria, Cercospora, Thedgonia*) ist nur durch eine mikroskopische Untersuchung im Labor möglich.

Ligusterblattlaus

Myzus ligustri
Blattlaus

Liguster

Steckbrief

Mehrere Generationen pro Jahr. Den Winter überdauert die Blattlaus als Ei an den Trieben. Im Frühjahr schlüpfen dann die Weibchen und vermehren sich lebendgebärend, ohne Männchen. Durch die Bildung von geflügelten Tieren können auch andere Pflanzen befallen werden, wobei Pflanzen an trockenen Standorten stärker gefährdet sind. Die Läuse sind 1–2 mm lang, gelblich gefärbt und besitzen zwei lange Hinterleibsröhren. Im Herbst werden Geschlechtstiere (Männchen und Weibchen) gebildet, deren begattete Weibchen Eier zur Überwinterung ablegen.

Symptome und Schadbild

Durch eine frühe Besiedlung rollen sich die Blätter längs zur Hauptachse nach unten sehr eng ein und krümmen sich anschließend als Ganzes teils kreisförmig nach unten. In den entrollten Blättern sind einzelne, gelb gefärbte Blattläuse zu sehen. Befallene Blätter bleiben zum Teil lange Zeit grün, zeigen jedoch auch gelbliche bis rötliche Blattverfärbungen. Verfrühter Laubfall ist möglich.

Vorbeugen und bekämpfen

Entfernen der befallenen Blätter (Rückschnitt). Frühzeitiger Einsatz von Insektiziden gegen die Läuse oder bereits gegen die an den Trieben überwinternden Eier.

Kommt auch vor an

Als Wirtspflanzen sind nur verschiedene Ligusterarten geeignet, andere Sträucher werden nicht befallen.

Auf einen Blick

- längs der Hauptader eng eingerollte Blätter
- Blattläuse im Inneren der Blattrollen
- Überwinterung als Ei an den Trieben

Liguster

Auf einen Blick

- nacktschneckenähnliche Larven fressen an den Blättern
- Überwinterung als Puppe im Boden
- schwarze Kotflecken auf den Blättern

Ligusterblattwespe

Macrophya punctumalbum
Blattwespe

Steckbrief

1 Generation pro Jahr. Nach der Überwinterung als Puppe im Boden treten etwa ab Mai die ersten geflügelten Blattwespen auf; es überwiegen hier im Regelfall die Weibchen. Diese sind dunkel gefärbt, etwa 8 mm groß, ähneln äußerlich einer schlanken Stubenfliege und besitzen helle Flecken auf der Brust. Die Eier werden blattoberseits ins Gewebe eingelassen, aus denen ab Juni die nacktschneckenähnlichen Larven schlüpfen (grün-gelb gefärbt, dunkler Kopf, bis 1,5 cm lang). Bereits im August wandern die Larven zur Verpuppung in den Boden.

Symptome und Schadbild

Auf den Blättern finden sich auffällig schwarz glänzende Kotflecken der erwachsenen Tiere sowie im Sommer nacktschneckenartige Larven (Afterraupen). Die Blätter werden anfangs noch durch einen Schabefraß geschädigt, später tritt auch Lochfraß auf. Bei einem starken Auftreten können die Blätter nahezu skelettiert werden.

Vorbeugen und bekämpfen

Entfernen der Larven vor der Abwanderung im Spätsommer. Einsatz von Insektiziden gegen die jungen Larven.

Kommt auch vor an

Neben Liguster können die Larven der Blattwespen auch an den Blättern von Esche und Flieder schädigend auftreten.

Ligusterschwärmer

Sphinx ligustri
Schmetterling

Steckbrief

1 Generation pro Jahr. Nach der Überwinterung als Puppe im Boden treten ab Juni die dämmerungsaktiven Falter auf. Diese im Gesamtbild rosafarbenen, recht großen Falter (Spannweite bis zu 10 cm) legen ihre grünlich gefärbten Eier blattunterseits oder auch am Stängel ab. Die Raupen fressen bevorzugt in der Nacht und erreichen eine Länge von 10 cm. Sie sind grün gefärbt, tragen seitlich 7 rötlich-weiße Schrägstreifen und besitzen einen deutlichen Dorn am Hinterleib. Ab dem Spätsommer verlassen sie ihre Wirtspflanzen und wandern zur Verpuppung in den Boden.

Symptome und Schadbild

Es entstehen vergleichsweise geringe Fraßschäden an den Ligusterblättern. Trotz ihrer Größe von bis zu 10 cm sind die nachtaktiven Raupen tagsüber schwer nachweisbar, da sie farblich gut getarnt sind und oft mit dem Rücken nach unten an der Pflanze sitzen. Werden die Raupen gestört nehmen sie eine S-förmige Schreckstellung durch Anheben des Kopfes ein. Unter dem Strauch finden sich bis zu 4 mm große Kotballen der Raupen.

Vorbeugen und bekämpfen

Absammeln der Raupen per Hand. Fraßschäden sind normalerweise zu vernachlässigen, ein Einsatz von Insektiziden ist meist nicht erforderlich.

Kommt auch vor an

Neben dem namensgebenden Liguster können auch andere Sträucher als Wirtspflanzen genutzt werden (u. a. Forsythie, Flieder, Schneeball, Esche).

Liguster

Auf einen Blick

- große, grünlich gefärbte Raupen mit einem Dorn am Hinterleib
- nur geringe Fraßschäden an den Blättern
- rosafarbene, große Falter

Lilie

Auf einen Blick

- auffällig rot-schwarz gefärbte Käfer
- orangefarbene, von Kot bedeckte Larven
- größere Schäden bis zum Kahlfraß sind möglich

Lilienhähnchen

Lilioceris lilii
Käfer

Steckbrief

2–3 Generationen pro Jahr. An geschützten Stellen überwintert der 6–8 mm große Käfer mit den auffällig rot gefärbten Flügeldecken und dem ebenfalls roten Halsschild. Ab April besiedelt er die Lilien und legt nach der Paarung etwa 1 mm große, rötlich bis braun gefärbte Eier in kleinen Gelegen auf die Blätter ab. Die Larven erreichen eine spätere Länge von 6–8 mm, sind orangefarben, meist jedoch von einem dunklen Kot überzogen (ähnelt damit Vogelkot). Nach einem 14-tägigen Fraß der Larven wandern diese in den Boden zur Verpuppung. Etwa 3 Wochen später schlüpft der Käfer der nächsten Generation.

Symptome und Schadbild

Im Frühjahr treten erste Fraßschäden durch die überwinternden Käfer auf (Blattrand, Lochfraß). Die Larven können die Pflanzen bis zum Kalhlfraß schädigen. Auf den befallenen Blättern sind jahreszeitenabhängig die Eier, Larven oder auch der Käfer nachweisbar. Die Käfer geben, in die Hand genommen, zirpende Geräusche ab (Hähnchen).

Vorbeugen und bekämpfen

Absammeln der einzelnen Entwicklungsstadien, insbesondere der gefräßigen Larven. Regelmäßige Kontrolle der Pflanzen auf einen Befall. Frühzeitiger Einsatz von Insektiziden.

Kommt auch vor an

Neben den verschiedenen Lilienarten werden auch andere Pflanzen befallen, beispielsweise Kaiserkrone, Schachblume oder Maiglöckchen.

Wurzelpilze

Verschiedene *Pythium*- und
Phytophthora-Arten
Pilz

Steckbrief

Durch die Bildung mikroskopisch kleiner Dauersporen, die in den Wurzeln gebildet werden, bleibt der Pilz auch nach dem Absterben der Pflanze für mehrere Jahre im Boden lebensfähig. Unter feuchten, eher mäßig warmen Bedingungen bildet der Pilz im Bodenwasser bewegliche Sporen aus, die den Wurzelhals und/oder die Wurzelspitze infizieren können. Das weitere Wachstum erfolgt innerhalb der Pflanze. Nach dem Tod der Pflanze oder der Wurzeln bildet der Pilz seine Dauersporen aus.

Symptome und Schadbild

Durch die Beeinträchtigung der Wurzel treten oberirdisch eher unspezifische Schadsymptome auf. Ältere Blätter zeigen Welkeerscheinungen, verfärben sich rötlich und verbräunen später. Häufig kommt es zum Absterben der gesamten Pflanze. Ausgegrabene Pflanzen weisen bräunliche, teils tote Wurzeln oder einen verbräunten Wurzelhals auf. Ein Pilzmyzel ist äußerlich weder auf den Blättern noch auf den unterirdischen Organen erkennbar.

Vorbeugen und bekämpfen

Zum Pflanzen stets gesunde, nicht verletzte Zwiebeln verwenden. Vermeidung von staunassen Bedingungen (für Dränage sorgen). Einsatz von Fungiziden.

Nicht verwechseln!

An der Zwiebel selbst greifen eine Vielzahl weiterer Pilz an (*Fusarium*, *Sclerotium*, *Colletotrichum*), die oberirdisch dann zu ähnlichen Symptomen führen können.

Lilie

Auf einen Blick

- Absterben der Wurzel oder des Wurzelhalses
- Förderung durch staunasse Bedingungen
- Pilze können mehrere Jahre im Boden überdauern

Mahonie

Mahonienrost

Cumminsiella mirabilissima
Pilz

Steckbrief

Die Überdauerung des Pilzes erfolgt mit Hilfe der dunklen, kältetoleranten Wintersporen (Teleutosporen), die der Pilz ab dem Spätsommer blattunterseits entwickelt. Die hieraus zum Frühjahr gebildete nächste Sporenform infiziert, übertragen vom Wind, benachbarte Mahonien. Anschließend entstehen zusätzliche Sporenformen, wobei die Sommersporen (Uredosporen) zyklusartig im Sommer gebildet werden und, ebenfalls vom Wind verbreitet, für eine weitere Ausbreitung sorgen.

Symptome und Schadbild

Befallene Blätter zeigen blattoberseits ein feines, rötliches Punktemuster, oft durch Blattadern begrenzt, das im Gegenlicht betrachtet besonders auffällig ist. Blattunterseits zeigen sich im Frühjahr eher gelbliche Sporenlager, die jedoch den Sommer über stets braunrot gefärbt sind. Im Herbst treten blattunterseits deutlich dunkel gefärbte Wintersporen auf.

Vorbeugen und bekämpfen

Laubentfernung im Herbst. Entfernung der zum Jahresbeginn zuerst befallenen Blätter (also noch vor der Sporenbildung). Einsatz von Fungiziden.

Auf einen Blick

- Blätter mit einem rötlichen Punktemuster blattoberseits
- blattunterseits im Sommer braun ausstäubende Sporenlager
- Verbreitung der Sporen großflächig mit dem Wind

Nicht verwechseln!

Neben dem beschriebenen Mahonienrost kann, beschränkt allerdings nur auf eine kurze Zeit im Frühjahr, ein anderer Rostpilz (Getreideschwarzrost) an der Mahonie auftreten.

Mahonie

Echter Mehltau

Erysiphe berberidis var. *berberidis*
Pilz

Steckbrief

Neben der Überwinterung unmittelbar an der Pflanze in den Knospen als Pilzgeflecht bildet der Pilz zusätzlich am Laub zum Herbst hin kleine, kugelige Dauerkörper aus (Einzelgröße 0,1 mm). Im Frühjahr treten aus den Fruchtkörpern kleine Sporen aus, die mit Hilfe des Windes weiter getragen werden und für erste Infektionen an den Pflanzen sorgen. Über das Jahr hinweg bildet der Pilz zusätzlich vegetative Sporen aus, die zyklusartig für eine großflächige Verbreitung sorgen. Eine trocken-warme Witterung („Schönwetterpilz") sowie eine überhöhte Stickstoffdüngung fördern den Befall.

Symptome und Schadbild

Befallene Blätter besitzen einen weißen, mehligen Belag auf der Blattoberseite, wobei die Blätter lokal an den Infektionsstellen meist deutlich rötlich verfärbt sind. Teils kann auch die gesamte Blattfläche befallen sein. Eher selten werden auch Triebe und Früchte geschädigt. Die Abgabe der Sporen erfolgt nicht wie sonst üblich für Echte Mehltaupilze in Ketten sondern einzeln (Lupe!).

Vorbeugen und bekämpfen

Entfernung des mit Fruchtkörpern bestückten Laubes im Herbst. Rückschnitt stärker infizierter Blätter im Frühjahr. Einsatz von Fungiziden.

Kommt auch vor an

Neben Mahonien können zusätzlich auch Berberitzen von dieser Mehltauart befallen werden.

Auf einen Blick

- weißer, mehliger Belag auf der Blattoberseite
- Blätter sind meist rötlich verfärbt
- Förderung durch trocken-warme Witterung

Malve

Auf einen Blick

- Siebartig durchlöcherte Malvenblätter
- Kleine, jedoch auffällig schwarz-rot gefärbte Käfer
- Larvenfraß in den Stängeln der Malvengewächse

Malvenflohkäfer

Podagrica fuscicornis
Käfer

Steckbrief

1 Generation pro Jahr. Die im Frühjahr etwa ab Mai bis in den Juli hinein aus dem Boden kriechenden Käfer besiedeln zunächst die Blätter und legen ihre Eier später in die unteren Stängelabschnitte von Malvengewächsen ab. Die sich im Mark der Stängel entwickelnden Larven sind gelblich bis braunblau gefärbt und leicht behaart. Erst im Frühjahr verlassen die sechsbeinigen Larven die Stängel, um sich im Boden in einer weiß gefärbten Puppe zum erwachsenen Käfer zu entwickeln. Diese erreichen eine Größe von 3–5 mm und sind bis auf die blauschwarz metallischen Flügeldecken rötlich gefärbt.

Symptome und Schadbild

Die in Deutschland weit verbreiteten Käfer verursachen insbesondere an den Laubblättern, teils auch an den Blütenblättern, einen oft großflächigen siebartigen Lochfraß mit einer Einzelgröße von 2–3 mm. Bei einem stärkeren Befall werden die Blätter durch den Fraß nahezu skelettiert. In den Blattachseln sitzen die kaum sprungaktiven und wenig scheuen Käfer. In den bodennahen Stängelabschnitten können nach einem Anschnitt die dort minierenden Larven nachgewiesen werden.

Vorbeugen und bekämpfen

Mechanisches Absammeln oder Abbürsten der Käfer. Einsatz von Insektiziden gegen die Käfer im Frühjahr. Rückschnitt befallener Triebe und der darin enthaltenen Käferlarven.

Nicht verwechseln!

Ein feiner Lochfraß an den Blättern kann auch durch einen einheitlich dunkel gefärbten, 2–3 mm kleinen Rüsselkäfer („Spitzmäuschen“) verursacht werden.

Malve

Malvenrost

Puccinia malvacearum
Pilz

Steckbrief

Die Überwinterung des Malvenrostes erfolgt dank seiner kältetoleranten Sporen am Laub und vermutlich auch als Pilzgeflecht in der Pflanze. Nicht abschließend geklärt ist die Frage einer Saatgutübertragbarkeit. Die Ausbreitung der Krankheit und anschließende Infektion erfolgt über die blattunterseits in den warzenartigen Pusteln gebildeten und über Wind und Wasserspitzer verbreiteten Sporen. Betroffen sind nur Malvengewächse, wobei die Stockrose (*Alcea*) besonders anfällig ist.

Symptome und Schadbild

Der ursprünglich aus Chile stammende Pilz verursacht blattoberseits zerstreut auftretende kleine, gelbe Punkte, die häufig etwas vertieft sind. Erste Symptome sind bereits an den frisch austreibenden jungen Blättern nachweisbar. Auf der Blattunterseite bilden sich rundliche, warzenartig erhabene und braune, später grau bereifte, 1–2 mm große Pusteln aus, die rasch die ganze Blattfläche bedecken und auch an Blattstielen und Stängeln auftreten können. Bei einer starken Infektion kommt es zur Welke, einer verminderten Blüte und auch zu einem vorzeitigen Absterben bevorzugt älterer, später auch jüngerer, Blätter.

Vorbeugen und bekämpfen

Das Entfernen befallener Blätter im Herbst reduziert das Auftreten im Frühjahr, verhindert es aber nicht vollständig. Nutzung wenig anfälliger Malvenpflanzen, zu denen insbesondere die Sorten von Stockrosenhybriden gehören. Frühzeitiger Einsatz von Fungiziden.

Nicht verwechseln!

Das Schadbild des Malvenrostes ist eindeutig, eine Verwechslung mit einem anderen pilzlichen Schaderreger ist nicht möglich.

Auf einen Blick

- Gelbliche, leicht vertiefte Punkte auf der Blattoberseite
- Braun-grau gefärbte Warzen (1–2 mm) blattunterseits
- Überwinterung bevorzugt als Spore an der Pflanze

Pfingstrose

Auf einen Blick

- rötliche Blattflecken, verstärkt am Blattrand
- Überdauerung der Bakterien im erkrankten Laub
- jüngste Blätter sind meist stärker betroffen

Bakteriose

Xanthomonas campestris
Bakterien

Steckbrief

Die Überdauerung der Bakterien erfolgt im befallenen Pflanzengewebe, eingeschränkt auch im Boden. Günstige Vermehrungsbedingungen finden die Bakterien bei warmer und feuchter Witterung vor. Über Wasserspritzer werden sie auf andere Pflanzen übertragen und infizieren die Blätter über Verletzungen oder über die Spaltöffnungen.

Symptome und Schadbild

Infizierte Blätter zeigen braun-rötliche Blattflecken mit einem sie umgebenden, gelblichen Hof. Das Zentrum der Flecken wird häufig heller und fällt auch heraus, sodass kleinere Löcher entstehen. Häufig treten diese Symptome verstärkt am Blattrand auf. Aufgrund der abgestorbenen Bereiche und des sonst weiterwachsenden Gewebes ergeben sich Blattdeformationen, wobei manche Blätter auch abgewinkelt weiterwachsen. Die Schadsymptome sind an den jungen Blättern meist deutlich stärker ausgebildet.

Vorbeugen und bekämpfen

Stark befallene Pflanzen frühzeitig entfernen. Absammeln und Entfernen des erkrankten Laubes im Herbst. Keine Bewässerung über die Pflanze hinweg am Abend. Keine zu dichte Pflanzung. Vorbeugende Spritzungen mit kupferhaltigen Pflanzenschutzmitteln.

Nicht verwechseln!

Die Symptome können denjenigen von pilzlichen Blattfleckenerregern ähneln. Eine sichere Diagnose ist nur über ein Labor möglich.

Blattfleckenpilze

Verschiedene Arten
Pilz

Pfingstrose

Steckbrief

Am abgestorbenen Pflanzenmaterial oder auch am Saatgut kann der Pilz überdauern. Die im Frühjahr in den Fruchtkörpern gebildeten Sporen werden insbesondere über Wasserspritzer und Pflegearbeiten an der Pflanze (Werkzeuge) übertragen. Feuchte Bedingungen und mäßig warme Temperaturen fördern die Infektion und Ausbreitung des Pilzes.

Symptome und Schadbild

Pilzartabhängig werden unterschiedliche Symptome hervorgerufen. So bedingt *Cladosporium paeoniae* rötlich-violette Flecken, die teils zu größeren Flecken zusammenfließen. Blattunterseits bildet sich an den Befallsstellen ein flacher, samtartiger Sporenbelag aus. Der Pilz *Septoria paeoniae* hingegen bildet größere, bräunliche Flecken mit einem purpurnen Rand aus. Das Zentrum der Flecken bricht teilweise aus. Auch Stiele können geschädigt werden. Bei näherer Betrachtung der Blätter und Stiele finden sich hier kleine, kugelige Fruchtkörper (Einzelgröße 0,5 mm).

Vorbeugen und bekämpfen

Absammeln und Entfernen der befallenen Blätter im Herbst. Keine Bewässerung über die Pflanze hinweg am Abend. Kein zu dichter Stand. Befallsfreies Saatgut verwenden. Weniger anfällige Sorten bevorzugen. Einsatz von Fungiziden.

Nicht verwechseln!

Blattflecken können auch durch Bakterien hervorgerufen werden, die teils auch ähnliche Symptome zeigen.

Auf einen Blick

- je nach Pilzart unterschiedliche Blattflecken
- Überdauerung im Herbstlaub oder Saatgut
- engen Stand und Bewässerung am Abend vermeiden

Pfingstrose

Auf einen Blick

- braunrote Flecken auf der Blattoberseite der Pfingstrose
- Wirtswechsel mit zweinadeligen Kiefern
- Kiefern bleiben mehrjährig infektiös

Filzrost

Cronartium flaccidum
Pilz

Steckbrief

Dieser Rostpilz benötigt für seinen Entwicklungszyklus zwei unterschiedliche Pflanzen (Wirtswechsel): zweinadelige Kiefern (z. B. Schwarz-Kiefer, Wald-Kiefer) und Pfingstrosen (alternativ auch einige andere Pflanzen, z. B. Enzian, Kapuzinerkresse). Im Frühjahr entstehen an den Trieben der Kiefern blasige, weißlich umhüllte Sporenbehälter (Blasenrost), deren freigesetzte, gelbliche Sporen mit dem Wind auf Pfingstrosen übertragen werden. Nach der Infektion werden den Sommer über zyklusartig neue, braun gefärbte Sporen gebildet (Uredosporen). Zum Spätsommer hin entwickeln sich dunkle Wintersporen (Teleutosporen), deren nachfolgend gebildete Sporen dann im Herbst die Kiefer infizieren. Die Kiefern bleiben im Gegensatz zur Pfingstrose mehrjährig infiziert.

Symptome und Schadbild

Auf der Blattoberseite der Pfingstrosen finden sich braunrote, oft eher längliche Blattflecken, die blattunterseits hellbraune Sporenlager in hoher Zahl aufweisen. Im Herbst werden dunkle Sporen gebildet, die dem Blatt ein filziges Aussehen geben (Filzrost).

Vorbeugen und bekämpfen

Verwendung weniger anfälliger Sorten. Räumliche Trennung zu infizierten, zweinadeligen Kiefern. Einsatz von Fungiziden.

Nicht verwechseln!

An Kiefern treten auch andere Rostpilze auf, die beispielsweise einen Wirtswechsel mit Johannisbeere durchlaufen (Weymouthskiefernblasenrost).

Echter Mehltau

Golovinomyces magnicellulatus var. *magnicellulatus*
Pilz

Phlox

Steckbrief

Mit Hilfe seiner auf den Blättern zum Herbst gebildeten Fruchtkörper (Einzelgröße 0,1 mm) überwintert der Pilz. Im Frühjahr treten aus den Fruchtkörpern Sporen aus, die mittels Wind verbreitet werden. Die auf der Pflanze jeweils neu gebildeten Sporen sorgen ihrerseits wieder für eine rasche Ausbreitung des Pilzes. Gefördert werden Infektionen und Ausbreitung durch trocken-warme Tagestemperaturen („Schönwetterpilz") in Verbindung mit kühleren Taunächten. Anhaltend feuchte Bedingungen tagsüber hemmen die Pilzentwicklung deutlich.

Symptome und Schadbild

Blätter, teils auch die Blüten, besitzen einen weißlichen Belag, der hauptsächlich auf der Blattoberseite, bei einem stärkeren Befall aber auch blattunterseits auftreten kann. Bei einem ausgeprägten Befall, wie er häufiger im Spätsommer vorkommt, zeigt sich die gesamte Blattspreite weiß bemehlt, wobei hier bei näherer Betrachtung in Ketten abgegebene Sporen zu sehen sind. Als Folge des Befalls werden die Blätter braun und sterben ab. Im Herbst entstehen auf den Blättern die dunklen, kugeligen Fruchtkörper in teils hoher Zahl.

Vorbeugen und bekämpfen

Absammeln und Entfernen befallener Blätter im Herbst. Wahl weniger empfindlicher Arten und Sorten. Einsatz von Fungiziden.

Nicht verwechseln!

Das Schadbild ist eindeutig, es gibt keine Verwechslungsmöglichkeiten mit anderen Schadursachen.

Auf einen Blick

- weißlicher, mehliger Belag auf der Blattoberseite
- trocken-warme Witterung am Tag fördert den Pilz
- Überwinterung in Fruchtkörpern am Blatt

Phlox

Auf einen Blick

- runde, rotbraune Blattflecken in teils höherer Zahl
- Förderung des Pilzes durch feuchte Bedingungen
- Überdauerung im Herbstlaub oder im Saatgut

Septoria-Blattflecken

Septoria phlogis
Pilz

Steckbrief

Die Überwinterung erfolgt im Pflanzengewebe als vom Pilz gebildete, kugelige, unscheinbare Fruchtkörper. Die aus diesen im Frühjahr austretenden Sporen werden mittels Wasserspritzer auf die Blätter übertragen und sorgen hier für erste Infektionen. Über weiter vom Pilz zyklusartig gebildete Sporen und anschließende neue Infektionen findet eine weitere Ausbreitung im Bestand statt. Eine feuchte Witterung und mäßig-warme Temperaturen fördern den Pilz in seiner Entwicklung und Ausbreitung. Der Pilz kann auch mit dem Saatgut übertragen werden. Die Anfälligkeit ist Sortenabhängig ausgeprägt.

Symptome und Schadbild

Bevorzugt die Blätter der unteren Blattetagen weisen rot-bräunliche Flecken bis zu einer Größe von 5 mm auf, die zu Beginn noch ein helles Zentrum besitzen. Die einzelnen Blattflecken können im Laufe der Zeit zusammenfließen, sodass die gesamte Blattspreite verbräunt, eintrocknet und frühzeitig abfällt. Aufgrund des Befalls wird auch die Bildung der Blüte deutlich beeinträchtigt.

Vorbeugen und bekämpfen

Absammeln und Entfernen der befallenen Blätter. Bewässerung bevorzugt über die Wurzel und nicht über die Pflanze hinweg. Weniger anfällige Sorten pflanzen. Nur gesundes Saatgut verwenden. Einsatz von Fungiziden.

Ganz nah dran

Innerhalb der Blattflecken werden die bei näherer Betrachtung erkennbaren, etwa 0,5 mm großen Fruchtkörper in größerer Zahl gebildet.

Stängelnematoden

Ditylenchus dipsaci
Nematoden

Phlox

Steckbrief

Mehrere Generationen pro Jahr. Ungünstige Bedingungen können die Nematoden für längere Zeit in einer Art Ruhestadium (Anabiose) überstehen. Die Überdauerung des Winters erfolgt im befallenen Pflanzengewebe. Im Frühjahr können die kleinen Älchen (1 mm Länge, 20 µm Durchmesser) über einen außen auf der Pflanze liegenden Wasserfilm aktiv den Stängel hochwandern und nachfolgend in die Pflanze eindringen. Innerhalb der Pflanze findet die weitere Entwicklung der Tiere (Eiablage) und die Bildung weiterer Generationen statt. Die Tiere saugen mit ihrem Mundstachel die Pflanzenzellen aus. Sie können durch Wasserspritzer oder auch aktiv auf andere Pflanzen übergehen. Pflanzen auf schweren Böden sind stärker gefährdet.

Symptome und Schadbild

Die Stängel befallener Pflanzen sind stärker verzweigt und tragen schmale, teils vergilbende und deformierte Blätter. Blüten werden kaum ausgebildet. Ältere Triebe zeigen häufiger Längsrisse.

Vorbeugen und bekämpfen

Kein zu enger Stand. Keine Bewässerung über die Pflanze hinweg oder am Abend. Zukauf gesunder Pflanzen (Meristemkultur). Entfernen befallener Pflanzen im Herbst (nicht auf den Kompost geben).

Kommt auch vor an

Stängelälchen besitzen einen größeren Wirtspflanzenkreis und können auch andere Zierpflanzen und Stauden befallen (u. a. Gladiole, Primel, Ringelblume, Zinnie).

Auf einen Blick

- deformierte Stängel und Blätter
- Nematoden leben unerkannt im Inneren der Pflanze
- Eindringen in die Pflanze über einen äußeren Wasserfilm

Phlox

Wurzelpilze

Verschiedene Arten
Pilz

Steckbrief

Je nach Pilzart erfolgt die Überdauerung in befallenen Wurzeln oder mit Hilfe von (mikroskopischen) Dauerkörpern, teils ist auch eine Saatgutübertragbarkeit möglich. Die Infektion findet in Abhängigkeit von der Pilzart über die Wurzel (*Thielaviopsis*) oder auch den Wurzelhals (*Rhizoctonia*) statt. Feuchte Bodenbedingungen wirken sich förderlich auf die Pilzentwicklung aus, ebenso wie ein hoher Salzgehalt im Boden (*Thielaviopsis*). Das vom Pilz besiedelte Wurzelgewebe stirbt später ab.

Symptome und Schadbild

Wurzeln und/oder der Wurzelhals zeigen braune Verfärbungen und Absterbeerscheinungen. Aufgrund dieser Schädigungen treten oberirdisch unspezifische Symptome in Form von Blattvergilbungen, einer Welke bis zum Absterben einzelner Triebe und dann der gesamten Pflanze auf. Pilzartabhängig ist am Wurzelhals auch ein Pilzrasen erkennbar (z. B. bei *Rhizoctonia*).

Vorbeugen und bekämpfen

Entfernen befallener Pflanzen (nicht auf den Kompost). Vermeidung hoher Salzgehalte. Pflanzen nicht zu feucht kultivieren. Weiter Pflanzanstand. Einsatz von Fungiziden.

Auf einen Blick

- das Wurzelgewebe stirbt durch den Pilzbefall ab
- oberirdisch zeigen sich Blattvergilbungen und Absterbeerscheinungen
- kranke Pflanzen nicht auf den Kompost geben

Kommt auch vor an

Neben Flammenblumen können von den genannten Wurzelpilzen auch viele andere Zierpflanzen infiziert werden.

Blatt- und Triebsterben

Blumeriella kerriae
Pilz

Ranunkel

Steckbrief

Der in Deutschland erst seit wenigen Jahren bekannte und zugleich vermehrt auftretende Pilz überwintert sowohl am Ranunkelstrauch innerhalb der erkrankten Triebe als auch im Falllaub mit Hilfe kleiner Fruchtkörper. Die dort im Frühjahr freigesetzten Sporen werden über Wind und Spritzwasser weiter verbreitet und sorgen an der Pflanze für erste Infektionen. Dies wiederholt sich zyklusartig über die Vegetationsperiode hinweg und fördert auf diese Weise eine rasche Ausbreitung des Pilzes.

Symptome und Schadbild

Sowohl die Blätter als auch die Triebe des Ranunkelstrauches (*Kerria*) können von dem Pilz infiziert werden und bilden dort charakteristische Symptome aus. Befallene Blätter weisen 1–4 mm kleine, braunrot gefärbte Flecken auf, die sich oft am Blattrand konzentrieren und häufig von einem gelblichen Hof umgeben sind. Dabei beginnt ein Befall häufig in den unteren Blattetagen. Im fortgeschrittenen Stadium kommt es zum Absterben und vorzeitigen Laubfall. Die in den Blattflecken gebildeten Fruchtkörper und Sporen besitzen eine schleimige Konsistenz. An den erkrankten Trieben bilden sich längsovale, braun gefärbte, später aufreißende, wenige Millimeter große Schadstellen, in deren Innern kleine, dunkle Punkte (Fruchtkörper) erkennbar sind.

Vorbeugen und bekämpfen

Starker Rückschnitt erkrankter Triebe, absammeln und entfernen erkrankter Blätter. Einsatz von Fungiziden.

Ganz nah dran

Die während der Vegetationsperiode vom Pilz gebildeten farblosen Sporen sind länglich geformt, mehrzellig und erreichen nur eine Größe von 0,1–0,2 mm.

Auf einen Blick

- **Braunrote Blattflecken mit oft schleimigen Sporenlagern**
- **Ovale, aufgerissene Flecken an den Trieben**
- **Bedeutender pilzlicher Schaderreger am Ranunkelstrauch**

Ranunkel

Auf einen Blick

- **Braunrot gefärbte, meist rundliche Flecken an den Trieben**
- **Förderung durch feuchte Frühjahrswitterung und Wunden**
- **Der Pilz befällt nur die Triebe**

Phomopsis-Triebsterben

Phomopsis japonica
Pilz

Steckbrief

Der Pilz überwintert innerhalb der im zurückliegenden Jahr infizierten Triebe und entlässt im späten Frühjahr über Fruchtkörper mikroskopisch kleine Sporen, die zu neuen Infektionen und Schadsymptomen an den Trieben führen. Bevorzugt unter feuchten Bedingungen kann sich dieser Zyklus im Jahr mehrfach wiederholen, wobei Verletzungen an den Trieben zu den bevorzugten Eintrittsorten zählen.

Symptome und Schadbild

An den Trieben entwickeln sich meist erst ab Juni/Juli rundlich-ovale braune Flecken, die eine dunkle Randzone und ein später helles Zentrum mit wenigen dunklen Punkten (Fruchtkörper) besitzen. Nahe stehende Flecken können auch zu optisch größeren Einheiten verschmelzen. Bei einer stängelumfassenden Infektion kommt es zum Verbräunen und Absterben der darüberliegenden Zweigabschnitte. Die Blätter werden nicht infiziert, können jedoch aufgrund der geschädigten Triebe und einer damit einhergehenden eingeschränkten Nährstoffversorgung unspezifische Schadsymptome (Blattvergilbungen) aufweisen. Der Pilz bleibt mit seinen Flecken auch am alten Holz nachweisbar.

Vorbeugen und bekämpfen

Rückschnitt befallener Triebe und Zweige. Lockeren Pflanzenaufbau fördern, um ein rasches Abtrocknen zu ermöglichen. Einsatz von Fungiziden ab dem späten Frühjahr.

Kommt auch vor an

Der in den USA und Europa verbreitete Erreger tritt bisher ausschließlich am Ranunkelstrauch (*Kerria*) als Schadpilz auf. Andere Ziersträucher sind nicht gefährdet.

Blattfleckenpilze

Verschiedene Arten
Pilz

Rhododendron

Steckbrief

In den auf den Blattflecken gebildeten Fruchtkörpern und Pilzlagern (Einzelgröße 0,1 – 0,2 mm) überwintern die verschiedenen Blattfleckenpilze. Im Frühjahr quellen die Fruchtkörper auf und entlassen Sporen, die über Wind und Wasserspritzer auf benachbarte Pflanzen übertragen werden und diese infizieren. Die hier nach der Symptomausbildung gebildeten Fruchtkörper und Sporen sorgen ihrerseits für eine weitere Verbreitung innerhalb der Vegetationszeit. Feuchtschattige Lagen fördern einen Befall.

Symptome und Schadbild

Die Symptome, nicht jedoch die Biologie der Pilze, unterscheiden sich je nach Pilzart teilweise recht deutlich. So bildet *Glomerella cingulata* zu Beginn kleine, rotbraune Flecken, die von einem deutlich gelben Hof umgeben sind, später aber als Ganzes verbräunen. Dunkle Blattflecken mit einem rötlichen Rand werden meist durch *Cercospora rhododendri* hervorgerufen. Eher hellgrau gefärbte Blattflecken sind für *Pestalotia*-Arten charakteristisch. Je nach Befallsgrad ist ein Laubfall möglich.

Vorbeugen und bekämpfen

Meiden von schattigen Lagen. Entfernen der befallenen Blätter vor der Sporenabgabe. Einsatz von Fungiziden.

Nicht verwechseln!

Große, braune Blattflecken können auch durch eine intensive Sonneneinstrahlung („Sonnenbrand“) hervorgerufen werden.

Auf einen Blick

- Überwinterung der Pilze im Falllaub
- Verbreitung der Sporen über Wasserspritzer und Wind
- pilzartabhängige Symptome

Rhododendron

Echter Mehltau

Verschiedene Arten
Pilz

Steckbrief

Artabhängig erfolgt die Überwinterung entweder in den Knospen als Myzel oder mittels kleiner Fruchtkörper (Einzelgröße 0,1 mm), die im Herbst in hoher Zahl auf der Blattunterseite gebildet werden. Die im Frühjahr austretenden Sporen werden insbesondere mit dem Wind auf andere Pflanzen und Blätter übertragen und sorgen für neue Infektionen. Dieser Infektionszyklus setzt sich mehrfach innerhalb der Vegetationszeit fort. Laubwerfende Rhododendren (Azaleen) sind deutlich anfälliger als immergrüne Pflanzen.

Symptome und Schadbild

Blattoberseits kommt es, insbesondere bei immergrünen Rhododendren, zur Bildung leicht gelblicher Flecken, die teils von einem rötlichen Rand umgeben sind. Später bildet sich der mehltautypische, weiße bis grauweiße, mehlige Belag sowohl auf der Blattober- als auch Blattunterseite aus. Ein starker Befall, der meist nur bei Azaleen auftritt, hat einen frühen Laubfall zur Folge. Zum Herbst hin findet sich blattunterseits eine Vielzahl dunkler, zu Beginn noch gelber Fruchtkörper.

Vorbeugen und bekämpfen

Weniger anfällige Arten verwenden. Absammeln des infizierten Laubes im Herbst (Azaleen). Frühzeitiger Einsatz von Fungiziden.

Auf einen Blick

- tritt bevorzugt bei sommergrünen Arten auf
- früher Laubfall bei starkem Befall
- weißer, mehliger Belag auf der Blattoberseite

Ganz nah dran

Eine Unterscheidung der einzelnen Mehltauarten an Rhododendron ist nur mit Hilfe eines Mikroskops möglich, die Biologie und somit Bekämpfung der Arten ist jedoch vergleichbar.

Ohrläppchenkrankheit

Exobasidium japonicum
Pilz

Steckbrief

Nach der Überwinterung in den Knospen der Pflanze bildet der Pilz Sporen, die im zeitigen Frühjahr von Wind und Insekten auf junge Blätter getragen werden und diese infizieren. Förderlich für eine Infektion sind eine feuchte Witterung und hohe Tag-Nacht-Schwankungen in den Temperaturen. Die weitere Entwicklung des Pilzes erfolgt unerkannt innerhalb der Pflanze. Auf den im Laufe der Zeit gebildeten, deutlich deformierten Blättern entstehen neue Sporen, die für eine Verbreitung im Bestand sorgen. Die Anfälligkeit gegenüber dem Pilz ist arten- und sortenabhängig unterschiedlich.

Symptome und Schadbild

Bevorzugt die Blätter an den Triebspitzen zeigen deutlich fleischige Anschwellungen und gallenförmige Deformationen (Namensgebung). Teilweise ist die gesamte Blattspreite betroffen. Äußerlich verändert sich die Farbe der Gallen von einem ursprünglichen Grün ins Rötliche und dann Weißliche, Letzteres bedingt durch den sich bildenden Sporenbelag.

Vorbeugen und bekämpfen

Nutzung weniger anfälliger Arten und Sorten. Absammeln der deformierten Blätter (vor der Sporenbildung). Einsatz von Fungiziden.

Kommt auch vor an

Neben Rhododendron werden insbesondere sommergrüne Azaleen von dem Pilz befallen.

Rhododendron

Auf einen Blick

- Bildung von fleischigen, gallenförmigen Deformationen an den Blättern
- Überdauerung an der Pflanze in den Knospen
- feuchte Witterung im Frühjahr fördert einen Befall

Rhododendron

Rhododendronnetzwanze

Verschiedene *Stephanitis*-Arten
Wanze

Steckbrief

1 Generation pro Jahr. Die Überwinterung erfolgt als Ei im Blatt, abgelegt entlang der Hauptader auf der Blattunterseite und bedeckt von einem dunklen Kotüberzug. Ab Mai schlüpfen die ersten, 1 mm großen Larven. Sie sind flugunfähig und haben ein auffällig stacheliges Aussehen. Nach 4 Larvenstadien sind ab Juli erste Wanzen anzutreffen. Sie sind 4 mm groß, von flacher Statur, besitzen ein filigranes Aussehen und netzartige Flügel. Alle Stadien saugen an den Pflanzen. Ab August legen die Weibchen ihre Eier bevorzugt an die Blätter der Triebspitzen ab.

Symptome und Schadbild

Blattoberseits, häufig anfangs verstärkt entlang der Blattadern, finden sich gelbe Blattsprenkel. Auf der Unterseite sind jahreszeitenabhängig kleine, stachelige Larven zu sehen oder die netzartig geflügelten, aber flugträgen Netzwanzen. Weiterhin sind blattunterseits Häutungsreste und schwarze Kottropfen erkennbar. Stark befallene Blätter rollen sich nach unten ein und fallen vorzeitig ab.

Vorbeugen und bekämpfen

Entfernung der mit Eiern bestückten Blätter bis zum Frühjahr. Weniger anfällige Sorten pflanzen. Einsatz von Insektiziden, bevorzugt gegen die jungen Larven.

Auf einen Blick

- feine Sprenkelung der Blätter
- Larven mit stacheligem Aussehen
- erwachsene Tiere mit netzartigen Flügeln

Nicht verwechseln!

Das Schadbild der Blattoberseite ähnelt einem Zikadenbefall. Schwarze Kottropfen blattunterseits treten aber nur bei den Netzwanzen auf.

Rhododendron-Weiße-Fliege

Dialeurodes chittendeni
Mottenschildlaus

Steckbrief

1 Generation pro Jahr. Auf der Blattunterseite überwintern die etwa 1 mm großen, grünlichgelben, ovalen Larven. Ab April erfolgt die Umwandlung in schildlausartige Puparien, aus denen nach kurzer Zeit die erwachsenen Tiere schlüpfen. Diese sind ebenfalls 1 mm groß, von fliegenähnlicher Statur und besitzen weiße Flügel („Mottenschildläuse"). Nach der Eiablage im Sommer schlüpfen die später auch überwinternden Larven. Alle Stadien saugen an der Pflanze.

Symptome und Schadbild

Im Frühjahr treten blattunterseits, teils auch sehr dicht sitzend, weißlich gefärbte „Fliegen" auf. Sie sind recht flugträge und lassen sich nach einer Störung rasch wieder auf der Pflanze nieder. Blattoberseits zeigen sich aufgrund des Saugens gelbliche Blattverfärbungen. Die Blätter sind aufgrund der Honigtauabgabe klebrig, zudem sind sie oft von dunklen Rußtaupilzen besiedelt. Im Winter finden sich bei näherer Betrachtung die halbdurchsichtigen Larven auf der Blattunterseite.

Vorbeugen und bekämpfen

Abfangen der erwachsenen Tiere mit Gelbtafeln. Einsatz von Insektiziden, bevorzugt gegen die Larven im Frühjahr.

Nicht verwechseln!

Neben dieser Art kann auch eine andere (mit vielen Generationen im Gewächshaus auftretende) Weiße-Fliegen-Art auf Pflanzen im Freiland während des Sommers übergehen.

Auf einen Blick

- weißlich gefärbte „Fliegen" auf der Blattunterseite
- schwache Sprenkelung der Blattoberseite
- Überwinterung der Larven blattunterseits

Rhododendron

Auf einen Blick

- weghüpfende Zikaden im Sommer
- nur schwache Sprenkelung der Blätter
- Zikaden sind Wegbereiter für das Knospensterben

Rhododendronzikade

Graphocephala coccinea
Zikade

Steckbrief

1 Generation pro Jahr. Nach der Überwinterung als Ei in den Knospen der Rhododendronbüsche schlüpfen etwa ab April die hellgelb gefärbten, flugunfähigen Larven. Nach mehreren Häutungen treten ab Juni die ersten erwachsenen Zikaden auf. Alle Entwicklungsstadien saugen an den Pflanzen. Ab August legen die Weibchen ihre Eier in kleine Schlitze der Knospen ab. Diese Verwundungen nutzt ein Pilz (*Seifertia azaleae*), um in die Knospe einzudringen, die bis zum Frühjahr eintrocknet, abstirbt (Knospensterben) und von einem Pilzrasen bedeckt wird.

Symptome und Schadbild

Eine gelbliche, schwache Sprenkelung der Blätter (insbesondere der Triebspitzen) wird durch blattunterseits vorkommende, häufig schräg über das Blatt laufende Larven hervorgerufen. Sie hinterlassen weiße Häutungsreste blattunterseits. Bei sonnigem Wetter ab Juli treten rasch weghüpfende Zikaden auf. Eingetrocknete Knospen besitzen zum Frühjahr hin einen dichten, dunklen, stachelartigen Pilzrasen.

Vorbeugen und bekämpfen

Ausbrechen der vom Pilz befallenen Knospen. Aufhängen von Gelbtafeln ab Juli (Pflanzen schütteln zum Aufscheuchen der Zikaden). Einsatz von entsprechenden Insektiziden gegen die Larven und /oder erwachsenen Tiere.

Ganz nah dran

Die erwachsenen, sprungfähigen Zikaden sind knapp 1 cm groß, grün gefärbt und besitzen einige auffällige, rote Seitenstreifen.

Robinie

Blattfleckenpilze

Phloeospora robiniae
Pilz

Steckbrief

Sowohl in infizierten Trieben an der Pflanze als auch im abgefallenen Laub in den dort zuvor gebildeten Fruchtkörpern (Einzelgröße 0,2 mm) erfolgt die Überwinterung des Pilzes. Die im Frühjahr entstehenden Sporen werden über Wasserspritzer und Wind weiter übertragen und sorgen für neue Infektionen an Blättern, Trieben und Blattstielen. Dieser Verbreitungszyklus kann sich mehrfach im Jahr wiederholen. Die Anfälligkeit gegenüber dem Pilz ist deutlich sortenabhängig. Eine feuchte Witterung im Frühjahr fördert einen Befall erheblich.

Symptome und Schadbild

An den Fiederblättern zeigen sich bevorzugt an der Spitze und am Blattrand hellbraune Flecken bis zu einer Größe von 1 cm. Befallene Blätter sind zusätzlich leicht deformiert und reißen partiell auch ein. Neben den befallenen Blättern können auch Triebe und Blattstiele braune Verfärbungen aufweisen. Die Pilzfruchtkörper sind nur mit Hilfe einer Lupe an Trieben und der Blattunterseite erkennbar.

Vorbeugen und bekämpfen

Entfernen befallener Blätter im Herbst. Rückschnitt infizierter Triebe. Weniger anfällige Sorten bevorzugen (anfällig sind Kugel-Robinie und Korkenzieher-Robinie). Einsatz von Fungiziden im Frühjahr.

Nicht verwechseln!

Blattflecken an der Robinie können auch durch andere Pilzarten (z. B. *Phyllosticta advena*) hervorgerufen werden, diese treten aber oft erst später im Jahr auf und sind dunkelviolett gefärbt.

Auf einen Blick

- helle Blattflecken mit zusätzlich leichten Deformationen
- feuchte Witterung fördert einen Befall
- Überwinterung im Falllaub und in Trieben am Baum

Robinie

Robiniengallmücke

Obolodiplosis robiniae
Gallmücke

Steckbrief

2–3 Generationen pro Jahr. Nach der Überwinterung als Larve im Boden und der Verpuppung im Frühjahr treten ab Mai die ersten, nur wenige Millimeter großen Gallmücken auf. Die Ablage der Eier erfolgt an den Blattrand junger Blätter, der sich gallenartig eindreht und in dem die weitere Larvenentwicklung vollzogen wird. Während der Vegetationszeit findet die Verpuppung im Blatt am Baum statt.

Symptome und Schadbild

Teile vom Blattrand der einzelnen Fiederblätter sind eng nach unten eingerollt und verdickt. Von der Blattunterseite betrachtet bleibt die Galle weiter grün gefärbt, blattoberseits ist eine meist deutlich rote Verfärbung erkennbar. Die Blattränder wirken bei entfernter Betrachtung buchtenförmig eingeschnitten. An einem Fiederblatt können sich mehrere solcher Blattrandgallen befinden. In jeder Galle lassen sich nach Öffnung bis zu 6 Larven nachweisen. Ein verfrühter Laubfall zeigt sich nur bei einem stärkeren Befall.

Vorbeugen und bekämpfen

Absammeln befallener Blätter vor der Abwanderung der Larven. Ein Insektizideinsatz gegen die Larven oder erwachsenen Tiere erübrigt sich in den meisten Fällen.

Auf einen Blick

- lokal eng eingerollte, gallenartige Blattränder
- in den Gallen befinden sich mehrere Larven
- Überwinterung als Larve im Boden

Ganz nah dran

Die aus der Galle herausgelösten, beinlosen Larven sind zunächst weiß, später deutlich orange gefärbt und erreichen eine Länge von 1–4 mm.

Robinienminiermotte

Phyllonorycter robinella
Schmetterling

Steckbrief

2–3 Generationen pro Jahr. Die Tiere überwintern als Larve oder Puppe im Blatt, klimaabhängig teils auch als kleiner, unscheinbarer Falter (Spannweite 5 mm). Innerhalb des Blattes findet auch die Entwicklung der gelblichen, 3–5 mm großen Larven statt, die dort als Minierer leben. Auch die spätere Verpuppung vollzieht sich im Blatt. Die Verbreitung der Falter erfolgt überwiegend passiv durch Luftströmungen.

Symptome und Schadbild

Befallene Blätter besitzen blattoberseits flächig begrenzt auftretende Sprenkelungen. Auf der Blattunterseite zeigt sich entsprechend eine große, weiß gefärbte Platzmine, in deren Innerem nach Öffnung bis zu 3 Larven oder Puppen zu sehen sind. Auf einem Fiederblatt können auch mehrere dieser Minen auftreten. Nur in Ausnahmefällen befinden sich die Minen auch blattoberseits. Bei einem verstärkten Befall kommt es zu einem verfrühten Laubfall.

Vorbeugen und bekämpfen

Entfernen befallener Blätter vor der Verpuppung zum Falter. Einsatz von Insektiziden.

Nicht verwechseln!

Neben dieser Art tritt an Robinien eine weitere Miniermottenart auf (*Parectopa robiniella*), die jedoch bei sonst ähnlicher Biologie deutlich fingerförmige Minen ausbildet.

Robinie

Auf einen Blick

- deutlich weiß gefärbte Minen blattunterseits
- Sprenkelungen auf der Blattoberseite
- Überwinterung der Miniermotten (als Larve, Puppe oder auch Falter) im Blatt

Rose

Auf einen Blick

- weißer, mehliger Pilzbelag auf Blättern und Knospen
- Förderung durch trocken-warme Witterung
- Überwinterung des Pilzes in den Knospen an der Pflanze

Echter Mehltau

Podosphaera pannosa
Pilz

Steckbrief

Der Pilz überwintert bevorzugt als Myzel innerhalb der Knospen der Triebspitzen, eher selten auch mit Hilfe dunkler Fruchtkörper (Einzelgröße 0,1 mm), die sich blattunterseits im Falllaub befinden. Die zum Frühjahr gebildeten Sporen werden hauptsächlich durch den Wind auf andere Pflanzen übertragen. Förderlich für die Krankheitsentwicklung sind trocken-warme Tagestemperaturen („Schönwetterpilz") im Wechsel mit Taunächten. Die Sporenbildung und Infektion neuer Pflanzenteile wiederholt sich mehrfach innerhalb der Vegetationsperiode.

Symptome und Schadbild

Befallene Pflanzenteile sind von einem weißen, mehligen Pilzbelag überzogen. Neben Blättern können auch Triebe und Knospen Schadsymptome zeigen. Bei einem stärkeren Befall verfärben sich die Blätter teils rötlich, verkümmern und fallen anschließend ab.

Vorbeugen und bekämpfen

Wahl resistenter Sorten. Rückschnitt infizierter Triebe und der ersten, stark befallenen Blätter. Keine überhöhte Stickstoffdüngung (fördert die Pilzentwicklung). Frühzeitiger und wiederholter Einsatz von Fungiziden.

Ganz nah dran

Bei seitlicher Betrachtung des Mehltaubelages lassen sich mit Hilfe einer Lupe die in Ketten abgegebenen Sporen als sicheres Diagnosemerkmal erkennen.

Falscher Mehltau

Peronospora sparsa
Pilz

Rose

Steckbrief

Die Überwinterung des Pilzes erfolgt mittels der im Blatt gebildeten, mikroskopisch kleinen Dauersporen, teils auch in den Trieben und als Myzel an der Pflanze. Im Frühjahr entwickeln sich Sporen, die mit Hilfe von Wasserspritzern und Wind auf benachbarte Pflanzen übertragen werden und dort die Blätter und auch Triebe infizieren. Warm-feuchte Bedingungen und ein enger Stand fördern die Krankheitsentwicklung. Der Zyklus der Sporenbildung und Infektion wiederholt sich mehrfach während der Vegetationszeit.

Symptome und Schadbild

Infizierte Blätter zeigen meist von Blattadern scharf abgegrenzte, rötlich-braune Flecken, während die verbleibende Blattfläche weiter grün bleibt. Infizierte Triebe weisen ebenfalls rötlich-braune Verfärbungen auf. Bei stärkerem Befall findet ein vorzeitiger Laubfall statt. Unter feuchten Bedingungen tritt blattunterseits und an den Trieben ein schwacher, hell gefärbter Sporenbelag auf.

Vorbeugen und bekämpfen

Entfernen befallener Blätter im Herbst, Rückschnitt infizierter Triebe. Weniger anfällige Sorten bevorzugen. Einsatz von Fungiziden.

Ganz nah dran

Der blattunterseits auftretende Sporenrasen zeigt sich bei Lupenbetrachtung als bäumchenartig verzweigte Pilzstruktur mit einzelnen Sporen an den Enden.

Auf einen Blick

- **rotbraune, durch Blattadern begrenzte Blattflecken**
- **Förderung durch feuchte Bedingungen**
- **Überwinterung des Pilzes im Falllaub**

Rose

Rindenbrand

Coniothyrium wernsdorffiae
Pilz

Steckbrief

In den infizierten, weiter an der Pflanze befindlichen Triebabschnitten überwintert der Pilz mit Hilfe seiner kleinen Fruchtkörper (Einzelgröße 0,2 mm). Im Frühjahr gebildete Sporen werden hauptsächlich über Wasserspritzer im Rosenbeet verteilt und infizieren neue Triebe; Blätter werden nicht befallen. Infektionen erfolgen bevorzugt an geschwächten oder bereits vorgeschädigten Trieben (Frostschäden, Schnittwunden, Schädlingsbefall, überhöhte Düngergaben).

Symptome und Schadbild

Schadsymptome entwickeln sich meist ausgehend von Augen oder unterhalb von Schnittstellen. Über eine Länge von später mehreren Zentimetern verfärbt sich die Rinde rötlichbraun. Das Innere wird im Laufe der Zeit deutlich heller, sodass nur ein rötlicher Rand übrig bleibt. Bei einem triebumfassenden Befall stirbt der darüberliegende Bereich ab. Im Herbst finden sich auf den Befallsstellen viele dunkle Fruchtkörper, die sich auf dem hellen Untergrund deutlich abheben. Zum ausgehenden Winter hin sind die Triebe in diesen Bereichen oft schwarz gefärbt.

Vorbeugen und bekämpfen

Rückschnitt infizierter Triebe. Keine überhöhte Stickstoffdüngung. Vorbeugender Einsatz von Fungiziden.

Auf einen Blick

- rotbraune Verfärbungen der Rinde
- Förderung durch eine feuchte Witterung
- Überwinterung der Pilze an der Pflanze

Nicht verwechseln!

Schäden an der Rinde können durch viele Pilze hervorgerufen werden. Eine sichere Diagnose ist nur mikroskopisch über die gebildeten Sporen möglich.

Ringfleckenkrankheit

Sphaceloma rosarum
Pilz

Steckbrief

Mit Hilfe seiner Fruchtkörper überdauert der Pilz im abgefallenen Laub den Winter. Im Frühjahr gebildete Sporen werden über Wind und Wasserspritzer auf andere Rosen übertragen und infizieren hier die Blätter, seltener auch die Knospen und Triebe. Auf dem erkrankten Gewebe wiederholt gebildete, schwach gelbliche Fruchtkörper (Einzelgröße 0,2 mm) und Sporen sorgen für eine weitere Verbreitung des Pilzes über das Jahr hinweg. Eine feuchte Witterung sowie ein enger Pflanzabstand und windgeschützte Lagen fördern den Befall. Die Anfälligkeit ist sortenabhängig unterschiedlich hoch.

Symptome und Schadbild

Es beginnt mit rötlich-braunen kreisförmigen Flecken, die verteilt auf der Blattoberseite auftreten. Auch Knospen können derartige Symptome zeigen. Später verfärbt sich das Zentrum der Flecken großflächig deutlich hellgrau bis weißlich, zudem sind hier bei einer Lupenbetrachtung kleine Fruchtkörper erkennbar. Infizierte Triebabschnitte weisen braune Verfärbungen auf.

Vorbeugen und bekämpfen

Absammeln des infizierten Falllaubes im Herbst. Engen Pflanzabstand vermeiden. Keine Bewässerung über die Pflanzen hinweg. Weniger empfindliche Sorten verwenden. Einsatz von Fungiziden.

Nicht verwechseln!

Im frühen Befallsstadium ähneln die Symptome der Ringfleckenkrankheit etwas denen einer untypischen Infektion mit Sternrußtau.

Rose

Auf einen Blick

- rotbraune Blattflecken mit später weißlichem Zentrum
- eine feuchte Witterung fördert den Befall
- Überwinterung des Pilzes im Falllaub

Rose

Auf einen Blick

- Blattläuse an Trieben und Knospen
- Überwinterung als Ei an den Trieben
- Bildung von Honigtau und Rußtaupilzen

Rosenblattlaus

Macrosiphum rosae
Blattlaus

Steckbrief

Mehrere Generationen pro Jahr. Als schwarz glänzende Eier, die in größerer Ansammlung an den Trieben, oft in der Nähe der Stacheln, abgelegt wurden, überwintern die Blattläuse. Die zum Frühjahr schlüpfenden Tiere vermehren sich bis zum Herbst durch Lebendgeburt und ohne Männchen. Die Entwicklungszeit beträgt meist nur 1–2 Wochen. Einzeltiere sind 3 mm groß, rot bis grünlich gefärbt und besitzen neben langen Fühlern auffällig lange, schwarze Hinterleibsröhren (Siphonen). Im Jahresverlauf sorgen geflügelte Tiere für eine weitere Ausbreitung auf andere Rosen, auch werden im Sommer zusätzlich verschiedene krautige Pflanzen besiedelt. Die im Herbst entstehenden Geschlechtstiere legen ihre Eier an der Rose ab.

Symptome und Schadbild

Vermehrt an jungen Trieben und Knospen treten in Kolonien die Blattläuse auf, sie können an Rosen ganzjährig vorkommen. Durch den Saftentzug wird die Pflanze nachfolgend geschwächt und es findet eine Ausscheidung von klebrigem Honigtau mit teilweiser Besiedlung durch Rußtaupilze statt.

Vorbeugen und bekämpfen

Förderung von Nützlingen. Abspülen mit einem Wasserstrahl. Einsatz von Insektiziden.

Nicht verwechseln!

An Rosen treten neben dieser Blattlausart auch andere Arten auf, die eine ähnliche Biologie und Schadwirkung haben.

Rosenblattrollwespe

Blennocampa pusilla
Blattwespe

Steckbrief

1 Generation pro Jahr. Den Winter überstehen die Larven flach im Boden, um sich im Frühjahr zu verpuppen. Etwa ab Mai treten dann die ersten erwachsenen Blattwespen auf. Diese sind nur 4 mm groß, dunkel gefärbt und tragen schwarz geaderte Flügel. Die Eier werden an die Blattränder abgelegt, die sich daraufhin längs nach unten einrollen, wobei die weitere Larvenentwicklung dann innerhalb dieser Blattrolle erfolgt. Bereits zeitig im Sommer verlassen die Larven (Afterraupen) die Blätter und wandern in den Boden ab.

Symptome und Schadbild

Ab Mai treten längs zur Hauptader und eng zur Blattunterseite röhrenartig eingerollte Blätter auf, in deren Innerem sich häufig eine fressende Larve befindet. Der Schabefraß der Larven ist gering, sodass die Blätter meist noch lange grün bleiben. Bei einem stärkeren Befall vergilben die Blätter und fallen vorzeitig ab. Ein ähnliches Schadbild wird durch die Larven des Braunen Heckenwicklers (*Archips rosana*) hervorgerufen, der jedoch unter Gespinstbildung ganze Blätter einrollt.

Vorbeugen und bekämpfen

Entfernen der befallenen Blätter bevor die Larven abwandern. Einsatz von Insektiziden im Frühjahr.

Ganz nah dran

Die Larven in den Blattrollen werden bis zu 1 cm groß, sind zunächst weißlich, später eher grünlich gefärbt und besitzen eine dunkle Kopfkapsel.

Rose

Auf einen Blick

- röhrenartig eingerollte Fiederblätter
- im Inneren findet sich meist eine helle Larve
- Überwinterung als Larve im Boden

Rosenblattwespe

Caliroa aethiops
Blattwespe

Steckbrief

1 Generation pro Jahr. Nach der Überwinterung der Larven im Boden und ihrer Verpuppung im Frühjahr treten die ersten Blattwespen ab Mai an den Rosenbüschen auf, es gibt nur weibliche Tiere. Die Blattwespen sind dunkel gefärbt, etwa 5 mm groß und besitzen dunkel geaderte Flügel. Die aus den blattoberseits abgelegten Eiern schlüpfenden Larven (Afterraupen) bleiben während ihrer weiteren Entwicklung auf den Blättern und fressen dort. Im Spätsommer verlassen sie die Rosen und wandern in den Boden ab.

Symptome und Schadbild

Blätter sind durch einen Schabefraß der Larven auf der Blattoberseite nur einseitig geschädigt, sodass ein „Fensterfraß“ die Folge ist. Die geschädigten Stellen verfärben sich alsbald bräunlich, teils reißen die Stellen auch auf (Bildung von Löchern). Die Schadstellen können sowohl vereinzelt und lokal als auch zusammenhängend und dann großflächig auftreten. Blattoberseits sind kleine Larven zu sehen.

Vorbeugen und bekämpfen

Entfernen stärker befallener Blätter. Mechanische Zerstörung der Larven. Einsatz von Insektiziden bevorzugt gegen die jungen Larven.

Auf einen Blick

- blattoberseits auftretender Schabefraß
- Larven leben auf der Blattoberseite
- Überwinterung als Larve im Boden

Ganz nah dran

Die Larven besitzen ein nacktschneckenähnliches Äußeres, werden 1 cm groß und sind grünlich bis schwach gelblich gefärbt.

Rosenblütenstecher

Anthonomus rubi
Käfer

Steckbrief

1 Generation pro Jahr. Die dunklen, 3 mm großen und mit einem deutlichen „Rüssel" ausgestatteten Käfer überwintern in der Bodenstreu. Zum Frühjahr besiedeln sie die Rosenbüsche und knabbern anfangs noch etwas an den geöffneten Blüten. Die Weibchen legen in noch geschlossene Knospen jeweils ein Ei ab und nagen den Stiel darunter an. Die weitere Larvenentwicklung bis zur Verpuppung zum Käfer erfolgt innerhalb der weiterhin geschlossenen Knospe. Die beinlosen Larven sind hell gefärbt, etwa 3 mm groß und liegen gebogen im Inneren der Knospen. Etwa ab Juni treten die frisch geschlüpften Käfer auf, die noch einige Zeit an den Blättern verweilen, dann jedoch rasch in den Boden abwandern.

Symptome und Schadbild

Lochförmige Fraßschäden an geöffneten Blütenblättern. Ungeöffnete Blütenknospen hängen abgeknickt am Stiel oder sind auch als Ganzes abgefallen. Im Inneren der vertrockneten Blüte ist in Abhängigkeit von der Jahreszeit eine Larve, Puppe oder ein die Knospe verlassender Käfer zu sehen.

Vorbeugen und bekämpfen

Entfernen der befallenen Blütenknospen vor dem Schlupf der Käfer im Frühsommer. Einsatz von Insektiziden im Frühjahr gegen die Eier ablegenden Käfer.

Kommt auch vor an

Die Käfer treten mit einem vergleichbaren Schadbild auch am Beerenobst („Erdbeerblütenstecher") oder Fingerkraut (*Potentilla*) auf.

Rose

Auf einen Blick

- eingetrocknete und geschlossene, am Stiel abgeknickte Blütenknospen
- im Inneren der Knospen lebt eine helle Larve
- Überwinterung als Käfer

Rose

Auf einen Blick

- haarige, mehrere Zentimeter große Gallen an den Trieben
- viele, einzeln in Kammern lebende Larven im Galleninneren
- Überwinterung in der Galle

Rosengallwespe

Diplolepis rosae
Gallwespe

Steckbrief

1 Generation pro Jahr. Nach der Überwinterung in der verholzten Galle an der Pflanze schlüpfen etwa ab Mai die ersten, mit 4 mm nur unscheinbaren Gallwespen. Männliche Tiere existieren kaum, sodass die Vermehrung ungeschlechtlich ist (parthenogenetisch). Die Ablage der Eier erfolgt in die Knospen, die als Folge anschwellen, sich vergrößern und ausweiten. Im Inneren der so entstandenen Gallen entwickeln sich dann die bis zu 50 weißlichen Larven in einzelnen Kammern.

Symptome und Schadbild

An den Trieben sind bis zu 10 cm große Gallen zu finden (Schlafäpfel, Bedeguare), die außen eine deutlich haarig-filzige Struktur aufweisen und meist auffällig gelb-rötlich gefärbt sind. Darüberliegende Triebabschnitte können eintrocknen und absterben. Nach einem Längsschnitt der Galle sind im Inneren viele einzeln mit Larven besetzte Kammern zu sehen. Verlassene Gallen werden braun und verwittern, bleiben aber oft noch längere Zeit an den Trieben sichtbar.

Vorbeugen und bekämpfen

Rückschnitt der Gallen vor der Verpuppung der Gallwespe im Frühjahr.

Kommt auch vor an

Bekannt ist das Schadbild nur bei Rosen, wobei grundsätzlich fast nur Wildrosen, weniger Zierrosen betroffen sind.

Rosenprachtkäfer

Agrilus cuprescens
Käfer

Steckbrief

1 Generation pro Jahr. Die Larven überwintern innerhalb der Triebe und verpuppen sich dort. Im Frühjahr schlüpft der knapp 7 mm große, metallisch grünblau gefärbte Käfer, der nach einem kurzen Blattfraß seine Eier auf die Triebe ablegt. Die schlüpfenden Larven bohren sich anschließend in die Triebe ein und fressen einen spiraligen, triebaufwärts verlaufenden Gang. Die weitere Larvenentwicklung bis zur Verpuppung erfolgt innerhalb der Triebe als Minierer. Jede Larve bohrt sich dabei ihr eigenes Gangsystem. Die beinlosen, hell gefärbten Larven erreichen eine Länge von 1 cm und besitzen am Körperende zwei zangenartige Spitzen. Sowohl Wild- als auch Zierrosen werden befallen. Der Käfer tritt bevorzugt in wärmebegünstigten Gebieten auf.

Symptome und Schadbild

Von außen sind an der Rinde spiralige Gangverläufe bis zu einer Länge von 10 cm erkennbar, im Inneren der Gänge befindet sich eine helle Larve. Symptome sind reduzierter Austrieb, Abbrechen von Trieben und Vertrocknen von Knospen. Die Fraßschäden der Käfer an den Blättern sind nur gering.

Vorbeugen und bekämpfen

Rückschnitt der mit Larven und Puppen befallenen Triebe vor dem Schlupf der Käfer.

Kommt auch vor an

Die Larven treten mit einem ähnlichen Schadbild auch an Himbeere und Brombeere auf („Himbeerprachtkäfer“).

Rose

Auf einen Blick

- spiralige Gänge außen an der Rinde erkennbar
- im Triebinneren minierende Larve
- Überwinterung als Larve im Trieb

Rose

Auf einen Blick

- an den bodennahen Trieben saugende Blattläuse
- Kolonien sind teils von Erdwällen umbaut
- intensiver Ameisenbesuch

Rosenrindenlaus

Maculolachnus submacula
Blattlaus

Steckbrief

Mehrere Generationen pro Jahr. An den bodennahen Trieben erfolgt die Überwinterung als schwarz glänzende, etwa 1 mm große Eier in einem Gelege. Nach dem Schlupf im Frühjahr besiedeln die ungeflügelten Blattläuse die Triebabschnitte am Übergang zur Wurzel. Die Tiere sind 3 mm groß und meist bräunlich gefärbt. Die Kolonien werden oft von Ameisen besucht oder häufig sogar von ihnen mit einem Schutzwall aus Erde überbaut. Im Sommer gebildete, geflügelte Stadien sorgen für eine räumliche Ausweitung auf andere Rosen. Alle Stadien saugen an den Trieben (Rindenläuse), vermehren sich während der Vegetation mittels Lebendgeburt und geben Honigtau ab. Zum Spätsommer hin erfolgt die Ablage der überwinternden Eier.

Symptome und Schadbild

Auf der Rinde im bodennahen Bereich kolonieartig sitzende Blattläuse. Häufiger Ameisenbesuch. Teils großflächige Überbauung der Kolonien mit Erde durch die Ameisen. Wachstumsreduktionen, bis die Pflanzen schließlich absterben.

Vorbeugen und bekämpfen

Entfernung der Eigelege im Winter (Triebrückschnitt, zerdrücken). Abbürsten der erdverbauten Schutzwälle. Einsatz von Insektiziden.

Kommt auch vor an

Obgleich grundsätzlich nur an Rose auftretend, gibt es vereinzelt zusätzliche Nachweise für die Besiedlung von *Potentilla*-Arten (Fingerkraut).

Rosenrost

Verschiedene *Phragmidium*-Arten
Pilz

Steckbrief

Mit Hilfe seiner dunklen Wintersporen (Teleutosporen), die blattunterseits gebildet worden sind, überwintert der Pilz im Falllaub. Teilweise kann diese Überwinterung auch als Myzel in den Trieben erfolgen. Im Frühjahr entstehende Sporen sorgen, vom Wind verbreitet, für erste Infektionen. Mäßige bis warme Temperaturen verbunden mit einer mehrstündigen Blattnässe fördern die Krankheitsentwicklung. Die zum Sommer hin gebildeten Sporen (Uredosporen) sorgen für wiederholte Infektionszyklen an den Rosen. Die Anfälligkeit ist sortenabhängig unterschiedlich hoch.

Symptome und Schadbild

Blattoberseits zeigt sich oft eine Vielzahl kleiner, gelblicher Flecken. Auf der Unterseite der Blätter finden sich an entsprechender Stelle orangefarbene Sporenlager, die leicht ausstäuben. Neben Blättern können auch Blattstiele und Knospen vergleichbare Schadsymptome zeigen. Ab dem Spätsommer bilden sich zusätzlich blattunterseits dunkle Sporenansammlungen. Ein stärkerer Befall hat ein Vergilben der Blätter und einen frühzeitigen Laubfall zur Folge.

Vorbeugen und bekämpfen

Wahl weniger empfindlicher Sorten. Absammeln von infiziertem Falllaub. Rückschnitt infizierter Triebe. Einsatz von Fungiziden.

Ganz nah dran

Die Unterscheidung der insgesamt vier an Rose auftretenden *Phragmidium*-Arten ist nur unter dem Mikroskop möglich. Schadsymptome und Bekämpfung sind aber vergleichbar.

Auf einen Blick

- gelbliche Flecken blattoberseits
- orangefarbene und dunkle Sporenlager blattunterseits
- Überwinterung bevorzugt als Spore im Falllaub

Rosentriebbohrer

Verschiedene Arten
Blattwespe

Steckbrief

1 Generation pro Jahr. Nach der Überwinterung als Larve im Boden und der Verpuppung im Frühjahr treten ab April die erwachsenen Blattwespen auf. Je nach Art legen sie ihre Eier in junge Triebspitzen (Abwärtsbohrender Rosentriebbohrer, *Ardis brunniventris*) oder aber an die Basis von Blattstielen ab (Aufwärtsbohrender Rosentriebbohrer, *Blennocampa elongatula*). Die Entwicklung der hell gefärbten, etwa 1 cm großen Larven (Afterraupen) erfolgt als Minierer innerhalb des Rosentriebes. Im Herbst verlassen die Larven die Triebe und wandern in den Boden.

Symptome und Schadbild

Die Symptome sind artabhängig unterschiedlich: Zum einen treten schwarz gefärbte Triebspitzen auf, die welken, eintrocknen, später auch absterben und eine im Inneren abwärts fressende Larve in einem eher kurzen, bis zu 5 cm langen Gang enthalten. Zum anderen ist ein bis zu 10 cm langer Gang im weiterlebenden, aber brüchigen Trieb erkennbar, mit einer aufwärts fressenden Larve im Inneren und einem krümeligen Kotauswurf, der teils auf benachbarten Blättern zu sehen ist.

Vorbeugen und bekämpfen

Rückschnitt der Triebe vor der Abwanderung der Larven im Spätsommer oder Hebst. Einsatz von Insektiziden im Frühjahr.

Auf einen Blick

- brüchige Triebe oder schwarze, abgestorbene Triebspitzen
- im Triebinneren frisst eine helle Larve
- Überwinterung als Larve im Boden

Ganz nah dran

Die im Frühjahr auftretenden Blattwespen sind dunkel gefärbt, schlank und und werden etwa 8 mm groß. Sie besitzen dunkel geaderte Flügel und gelbe Beine.

Rosenzikade

Typhlocyba rosae
Zikade

Steckbrief

2 Generationen pro Jahr. Rosenzikaden überwintern als Eier, die ab Oktober in die Triebe der Rosen abgelegt wurden. Die flugunfähigen, gelblich gefärbten Larven besiedeln Blätter und Knospen und saugen an ihnen, ähnlich wie auch die sprungfähigen Zikaden. Während die Larven nur auf Rosen auftreten, wechseln die erwachsenen Tiere später auch häufig zu anderen Pflanzen (Obstgehölzen, anderen Rosengewächsen). Etwa ab Mai und dann wieder im August treten erwachsene Zikaden auf. Pflanzen an sonnigen Standorten werden bevorzugt befallen.

Symptome und Schadbild

Anfangs noch begrenzt auf die Bereiche neben der Hauptader, später dann auch flächig, findet sich blattoberseits eine helle, feine Blattsprenkelung. Laubfall tritt nur selten auf. Blattunterseits vorkommende, erwachsene Zikaden springen bei einer Störung rasch weg, Larven laufen schräg über das Blatt auf die andere Seite. Häufig sind weißliche Häutungsreste auf der Blattunterseite erkennbar.

Vorbeugen und bekämpfen

Rückschnitt der Triebe (Entfernung der Eier). Gefährdete Standorte meiden (Südseite von Hauswänden). Einsatz von Insektiziden.

Nicht verwechseln!

Eine helle Sprenkelung der Rosenblätter kann auch durch Spinnmilben hervorgerufen werden.

Rose

Auf einen Blick

- feine Blattsprenkelung entlang der Hauptader
- weißliche Häutungsreste auf der Blattunterseite
- Überwinterung als Ei in den Trieben

Rose

Auf einen Blick

- helle Blattsprenkelungen und Gespinste
- Spinnmilben sitzen blattunterseits
- Überwinterung der Tiere in der Bodenstreu

Gemeine Spinnmilbe

Tetranychus urticae
Spinnmilbe

Steckbrief

6–9 Generationen pro Jahr. Die nur im Winter rot gefärbten (sonst braungelben), etwa 0,5 mm großen Weibchen überdauern meist zu mehreren in der Bodenstreu, im Falllaub oder teils auch hinter Rindenschuppen. Im zeitigen Frühjahr beginnt die aktive Besiedlung der Pflanzen. Die Vermehrung erfolgt über Eier und 3 nachfolgende Entwicklungsstadien, die bis auf das erste Stadium alle 8 Beine besitzen (Spinnentiere). Die männlichen Tiere sind im Vergleich zu den Weibchen schlanker und kleiner. Alle Stadien saugen an der Pflanze und produzieren feine Gespinste. Eine trocken-warme Witterung fördert die Entwicklung der Tiere deutlich.

Symptome und Schadbild

Die Blätter besitzen, meist beginnend von der Hauptader aus, eine weißlich-gelbe Sprenkelung, die sich rasch ausdehnt. Blattunterseits finden sich die Tiere und ihre Entwicklungsstadien. Bei einem stärkeren Befall werden die Blätter einzeln oder zusammen eingesponnen. Blätter vertrocknen und fallen vorzeitig ab.

Vorbeugen und bekämpfen

Entfernen von Pflanzenresten und Falllaub. Abpflücken stärker befallener Blätter. Gefährdete Standorte (Südseite von Hauswänden) meiden. Besprühen der Pflanzen mit Wasser zur Feuchtigkeitsanhebung. Einsatz von Akariziden.

Kommt auch vor an

Die an Rose auftretende Gemeine Spinnmilbe ist auch als „Bohnenspinnmilbe“ bekannt und kann an einer Vielzahl von Gemüse- und Zierpflanzen auftreten.

Sternrußtau

Diplocarpon rosae
Pilz

Rose

Steckbrief

Als Myzel innerhalb der Knospen und besonders als Fruchtkörper (Einzelgröße 0,1 mm) im infizierten Falllaub erfolgt die Überwinterung des Pilzes. Im Frühjahr gebildete Sporen werden mit Wind und Wasserspritzern auf Blätter und Triebe übertragen. Sie infizieren die Rosen bevorzugt unter feuchten Bedingungen bei eher mäßigen Temperaturen. Die auf den Blättern und Trieben neu gebildeten Sporen sorgen für weitere Infektionen.

Symptome und Schadbild

Früh infizierte Blätter sind grün gefärbt, besitzen jedoch im typischen Fall deutlich sternförmige, sonst glattrandige, schwarz gefärbte und mehrere Zentimeter große Blattflecken. Betroffen sind insbesondere die Blätter unterer Blattetagen. Die Blätter vergilben frühzeitig und fallen dann auch ab. Neben den Blattflecken können auch Triebverfärbungen auftreten. Ein stärkerer Befall hat eine verminderte Frosthärte der Pflanze zur Folge.

Vorbeugen und bekämpfen

Wahl weniger anfälliger Sorten. Laubentfernung zum Herbst und Rückschnitt infizierter Triebe. Keine Bewässerung über die Pflanze hinweg. Kein zu enger Pflanzabstand. Frühzeitiger und wiederholter Einsatz von Fungiziden.

Nicht verwechseln!

Unterbleibt das sternförmige Muster auf den Blättern, ähnelt das Schadbild etwas dem der Ringfleckenkrankheit.

Auf einen Blick

- schwarze, sternförmige Blattflecken
- früher Laubfall bei stärkerem Befall
- Überwinterung im Falllaub und in den Trieben

Schneeball

Auf einen Blick

- verteilt auf dem Blatt auftretende, braun gefärbte Flecken
- häufiger am Gewöhnlichen Schneeball vorkommend
- Überwinterung der Pilze im Falllaub

Phyllosticta-Blattfleckenpilz

Phyllosticta opuli
Pilz

Steckbrief

Die Überdauerung des Pilzes erfolgt mittels kleiner Fruchtkörper, die im Blatt gebildet werden. Im Frühjahr treten aus diesen Fruchtkörpern Sporen aus, die mit Wind und Wasserspritzern im näheren Umfeld verteilt werden und zu neuen Infektionen führen. Eine schattig-kühle Lage und ein dichter Stand fördern das Auftreten des Pilzes.

Symptome und Schadbild

An den Blättern, ausgeprägter meist an den unteren Blattetagen, zeigen sich verteilt auftretende Blattflecken. Die Flecken besitzen ein helles, später auch herausbrechendes Zentrum mit einem deutlich purpurnen Rand. Bei stärkerer Lupenvergrößerung sind innerhalb der Flecken 0,1 mm große Fruchtkörper erkennbar. Schadsymptome treten insbesondere am Gewöhnlichen Schneeball (*Viburnum opulus*) auf.

Vorbeugen und bekämpfen

Absammeln des infizierten Laubes im Herbst. Einsatz von Fungiziden im Frühjahr ab Befallsbeginn. Schattige Lagen zugunsten von halbschattigen Lagen meiden.

Nicht verwechseln!

An Schneeball können verschiedene Pilzarten auftreten, die eine unterschiedliche Symptomatik, jedoch eine vergleichbare Biologie aufweisen.

Schneeball

Schneeballblattkäfer

Pyrrhalta viburni
Käfer

Steckbrief

1 Generation pro Jahr. In den bevorzugt an der Triebspitze perlschnurartig abgelegten Eiern erfolgt die Überwinterung. Die im Frühjahr schlüpfenden Larven fressen während ihrer weiteren Entwicklungszeit an den Blättern und wandern im Juni zur Verpuppung in den Boden. Ab Juli treten dann die braun gefärbten, etwa 0,5 cm großen Käfer auf. Zur Eiablage fressen die Weibchen kleine Vertiefungen in die Triebspitzen, die sie jeweils mit einem Ei bestücken und wieder bedecken. Bevorzugt befallen wird der Gewöhnliche Schneeball (*Viburnum opulus*).

Symptome und Schadbild

Es treten Fraßschäden an den Blättern durch blattunterseits sitzende Larven im Frühjahr oder auch durch die Käfer im Sommer auf. Die Blätter werden zum Jahresbeginn nur von der Blattunterseite abgeschabt. Später zeigt sich jedoch ein Lochfraß, der teils die ganze Blattspreite betrifft. Im Winter lassen sich an den Triebspitzen die Eigelege mit bloßem Auge nachweisen.

Vorbeugen und bekämpfen

Rückschnitt der mit Eiern bestückten Triebspitzen. Entfernen einzelner stark befallener Blätter mit Larven. Einsatz von Insektiziden gegen die Laven oder Käfer.

Ganz nah dran

Die Larven erreichen eine Länge von 1 cm, sind anfangs noch gelblich gefärbt, werden jedoch zunehmend von dunklen Warzen bedeckt.

Auf einen Blick

- Fraßschäden durch Larven und Käfer
- insbesondere am Gewöhnlichen Schneeball vorkommend
- Überwinterung als Ei an den Trieben

Spindelstrauch

Auf einen Blick

- eng nach oben eingerollte Blattränder
- frühe Abwanderung bereits im Sommer
- Überwinterung an der Pflanze in Knospenschuppen

Blattrandgallmilbe

Eriophyes convolvens
Gallmilbe

Steckbrief

Mehrere Generationen pro Jahr. Hinter Rindenritzen oder unter Knospenschuppen überwintern die walzenförmigen, hell gefärbten Gallmilben unbemerkt. Im Gegensatz zu anderen Milbenarten besitzen Gallmilben statt 8 Beinen nur 4 Beine. Bereits im zeitigen Frühjahr verlassen sie ihr Winterquartier, besiedeln den jungen Austrieb und saugen an den Blättern. In den daraufhin entstehenden Gallen leben und vermehren sie sich, um aber bereits im August die Blätter wieder zu verlassen und ihre neuen Winterlager aufzusuchen.

Symptome und Schadbild

Die Blattränder rollen sich eng nach oben ein, wobei die Gallmilben innerhalb dieser Gallen leben. Stärker befallene Blätter zeigen deutliche Deformationen. Die Blätter bleiben weiter grün gefärbt, sodass das Schadbild aus der Distanz betrachtet weniger auffällt. Häufig sind einzelne Astpartien stärker befallen als andere. Wachstumsbeeinträchtigungen treten an den Pflanzen weniger auf.

Vorbeugen und bekämpfen

Rückschnitt stärker befallener Blätter vor der Abwanderung der Tiere im Sommer.

Ganz nah dran

Mit einer Größe von nur 0,2 mm sind die Gallmilben mit bloßem Auge praktisch nicht zu erkennen.

Filzgallmilbe

Cecidophyes psilonotus
Gallmilbe

Steckbrief

Mehrere Generationen pro Jahr. Den Winter verbringen die mit bloßem Auge nicht erfassbaren Gallmilben (Einzelgröße 0,2 mm) hinter Knospenschuppen oder Rindenritzen an der Pflanze. Bereits im zeitigen Frühjahr verlassen sie ihr Winterquartier, besiedeln den jungen Austrieb und saugen an den Blättern auf der Unterseite. In dem aufgrund einer Pflanzenreaktion entstehenden, filzigen Belag verstecken und vermehren sich die farblosen, länglichen Tiere. Bereits im Sommer verlassen sie die Blätter und suchen ihre Winterlager auf.

Symptome und Schadbild

Blattunterseits zeigt sich ein teils großflächiger, filziger, heller bis silbrig-weißer Belag, der bei näherer Betrachtung aus einer Vielzahl dünner, dicht zusammen stehender Haare besteht. In diesem Filz sind bei stärkerer Vergrößerung die walzenförmigen, vierbeinigen Gallmilben zu sehen. Teils treten Blattdeformationen auf, auch rollen sich Blätter bei einem stärkeren Befall nach oben ein. Blattoberseits sind keine deutlichen Schadsymptome zu beobachten.

Vorbeugen und bekämpfen

Absammeln befallener Blätter vor der Abwanderung der Tiere im Sommer. Einsatz von Pflanzenschutzmitteln während des Laubaustriebs im Frühjahr.

Nicht verwechseln!

Bei einer nur flüchtigen Betrachtung ähnelt die filzige Struktur dem weißen, mehligen Belag vom Echtem Mehltau.

Spindelstrauch

Auf einen Blick

- Überwinterung der Tiere an der Pflanze
- filzige Strukturen auf der Blattunterseite
- keine Schädlinge mit bloßem Auge erkennbar

Spindelstrauch

Auf einen Blick

- im Frühjahr Raupen in auffälligen Gespinsten
- Fraßschäden der Raupen bis zum Kahlfraß
- Verpuppung zum Falter an der Pflanze

Gespinstmotten

Verschiedene *Yponomeuta*-Arten
Schmetterling

Steckbrief

1 Generation pro Jahr. Unter einer schützenden Sekretschicht überwintern die frisch aus dem Ei geschlüpften jungen Larven. Bereits im zeitigen Frühjahr beginnen die Larven mit ihren Fraßschäden und bilden bald Gespinste, in denen sie sich aufhalten. Die Larven werden 2 cm lang, sind hell gefärbt und besitzen eine dunkle Punktreihe. Die Verpuppung erfolgt etwa ab Juni an der Pflanze in einem hellen Kokon, sodass im Juli die Falter auftreten. Diese legen alsbald ihre bis zu 80 Eier als Gelege an die Triebe.

Symptome und Schadbild

Im zeitigen Frühjahr treten erste (Minier-)Fraßschäden an den Knospen und Blättern, meist verteilt auf den Pflanzen, auf. Ab April ist eine deutliche Gespinstbildung zu beobachten, die sich teils auf den ganzen Busch ausdehnen und auch angrenzende Flächen einnehmen kann, Raupen und Kotreste sind ebenfalls zu finden. Kahlfraß tritt zwar auf, die Pflanzen treiben jedoch im gleichen Jahr wieder vollständig aus. Puppenkokon und Falter finden sich ab Juni an den Pflanzen.

Vorbeugen und bekämpfen

Rückschnitt der ersten Befallsnester mit den jungen Raupen. Entfernen der Puppenkokons im Sommer. Einsatz von Insektiziden.

Ganz nah dran

Die flugträgen Falter besitzen weiße Vorderflügel mit schwarzen Punkten und erreichen eine Spannweite von 2 cm.

Spindelstrauch

Echter Mehltau

Verschiedene Arten
Pilz

Steckbrief

Artabhängig als Pilzgeflecht in den Knospen oder häufig in blattunterseits entwickelten Fruchtkörpern (Einzelgröße 0,1 mm) im Falllaub überwintert der Pilz. Mit Hilfe der im Frühjahr neu gebildeten Sporen, übertragen vom Wind, erfolgt die Ausbreitung auf andere Pflanzen. Nach der Infektion und anschließenden Pilzentwicklung findet zyklusartig die erneute Produktion und Abgabe von Sporen statt. Zum Herbst hin werden meist kleine, kugelige, dunkel gefärbte Fruchtkörper (Kleistothecien) gebildet. Eine trocken-warme Witterung am Tag („Schönwetterpilz"), kombiniert mit Taunächten fördert die Pilzentwicklung.

Symptome und Schadbild

Je nach auftretender Pilzart als auch *Euonymus*-Art treten ausschließlich blattoberseits oder ausschließlich blattunterseits oder auch beidseitig mehlig-weiße Blattflecken auf, die auch die gesamte Blattspreite bedecken können. Ein starker Befall hat einen verfrühten Laubfall zur Folge. Innerhalb des Pilzbelages finden sich im Herbst dunkle Fruchtkörper, teils in hoher Zahl.

Vorbeugen und bekämpfen

Absammeln des Herbstlaubes. Rückschnitt infizierter Triebspitzen oder erster befallener Blätter im Frühjahr. Einsatz von Fungiziden.

Nicht verwechseln!

Tritt der Mehltaubelag nur auf der Blattunterseite auf, ähnelt das Schadbild dem der Filzgallmilbe.

Auf einen Blick

- mehlig-weißer Belag an den Blättern
- bei starkem Befall früher Laubfall
- Förderung durch trocken-warme Witterung

Spindelstrauch

Spindelstrauch-Deckelschildlaus

Unaspis euonymi
Schildlaus

Steckbrief

2 Generationen pro Jahr. Nach der Überwinterung des Weibchens an der Pflanze legt dieses im Frühjahr bis zu 50 Eier unter ihr braun gefärbtes Schild ab. Die schlüpfenden, gelblich gefärbten Larven breiten sich auf der Pflanze anschließend aus. Die späteren Männchen besitzen nahezu weiße, schmale, 1–2 mm große Schilder, während die ovalen Schilder der Weibchen braun gefärbt und mit 2–3 mm etwas größer sind. Alle Stadien saugen an der Pflanze. Besiedelt werden Blätter und Triebe, wobei diese teilweise flächig von den Schildern bedeckt sind.

Symptome und Schadbild

Es kommen überwiegend weißliche, strichartige Schilder sowie ovale, braune Schilder in teils sehr hoher Zahl an Ästen, Trieben und Blättern vor (oft bevorzugt blattunterseits). Besaugte Blätter zeigen gelbe, feine Blattflecken. Ein starker Befall führt zum Absterben der Pflanzen. Keine Honigtaubildung.

Vorbeugen und bekämpfen

Mechanische Entfernung der Schilder (Bürste). Förderung von Nützlingen. Frühzeitiger Einsatz von Insektiziden bevorzugt gegen die Larven vor der Schildbildung.

Auf einen Blick

- Überwinterung der Tiere an der Pflanze
- weißliche und braune Schilder an Blättern und Trieben
- keine Honigtaubildung

Kommt auch vor an

Während die Schildlaus bei uns bisher nur an *Euonymus*-Arten auftritt, sind aus dem Ausland auch weitere Wirtspflanzen bekannt (u. a. Buchs, Stechpalme, Efeu, Liguster).

Ilexminierfliege

Phytomyza ilicis
Minierfliege

Steckbrief

1 Generation pro Jahr. Als Larve geschützt innerhalb einer Blattmine überwintern die Tiere an der Pflanze. Aus der braun gefärbten, noch innerhalb der Mine gebildeten Puppe schlüpfen ab Mai die 3 mm großen, dunkel gefärbten stubenfliegenähnlichen Minierfliegen. Diese stechen das Blattgewebe zur Nahrungsaufnahme an (Saftaustritt) und legen alsbald ihre Eier auf die Blattunterseite entlang der Hauptader ab. Die ausschlüpfende Larve bohrt sich in das Blatt ein, lebt als Minierer und bleibt dort bis zu Verpuppung im nächsten Frühjahr.

Symptome und Schadbild

Feiner, dünner Miniergang im Blatt (oft entlang der Hauptader) im Sommer, der sich bis zum Herbst hin deutlich zur blasig aufgetriebenen Platzmine erweitert, darin befindet sich die helle Larve mit Kotkrümeln oder eine braune Puppe. Auf dem Blatt verteilt auftretende feine, helle Einstichstellen.

Vorbeugen und bekämpfen

Absammeln der befallenen Blätter vor der Verpuppung im Frühjahr. Einsatz von Insektiziden im Frühjahr.

Ganz nah dran

Die nach dem Öffnen der Platzmine freigelegte Larve ist hell gefärbt, fußlos (Made) und etwa 3 mm groß.

Stechpalme

Auf einen Blick

- deutliche Platzminen auf der Blattoberseite
- Überwinterung als Larve in der Mine
- helle Einstichstellen auf dem Blatt

Tanne

Tannennadelrost

Pucciniastrum epilobii
Pilz

Steckbrief

Ursache für diese Erkrankung ist ein wirtswechselnder Rostpilz, der für seinen vollständigen Entwicklungszyklus neben der Tanne auch Weidenröschen (*Epilobium*-Arten) benötigt. Am Weidenröschen entwickeln sich im Herbst Sporen (Teleutosporen), die den Winter überdauern. Im Frühjahr werden neue Sporen gebildet, die vom Wind auf Tannennadeln übertragen werden und sie infizieren. Die weitere Pilzentwicklung erfolgt innerhalb der Nadeln. Im Frühsommer an den Nadeln gebildete Sporen werden vom Wind auf Weidenröschen übertragen, auf denen die weitere Entwicklung und Ausbreitung stattfindet. Neben Weidenröschen sind alternativ auch Fuchsien als Wirtspflanze geeignet.

Symptome und Schadbild

Im Laufe des Frühjahrs bildet sich auf der Nadelunterseite, teils in 2 Reihen, eine Vielzahl dicht stehender, weißlicher, etwa 1 mm hoher, röhrenartiger Hüllen, die gelb gefärbte Sporen freisetzen. Die geschädigten Nadeln vergilben, färben sich braun und fallen später auch ab.

Vorbeugen und bekämpfen

Entfernung infizierter Weidenröschen im weiteren Umfeld. Einsatz von Fungiziden.

Auf einen Blick

- kurze, weißliche Sporenlager auf der Nadelunterseite
- Verbräunung der Nadel mit späterem Nadelfall
- Wirtswechsel mit Weidenröschen

Nicht verwechseln!

An der Tanne tritt ein weiterer Rostpilz mit einem identischen Schadbild auf, der aber einen Wirtswechsel mit Preiselbeeren vollzieht.

Tannentrieblaus

Adelges nordmannianae
Blattlaus

Steckbrief

Mehrere Generationen pro Jahr. An den Trieben der Tanne überwintert die Larve, wobei die Nordmanns-Tanne bevorzugt befallen wird. Die erwachsenen Läuse legen im Frühjahr ihre Eier an die frisch austreibenden Nadeln („Maitrieb"), an denen dann über mehrere Generationen hinweg die sich entwickelnden Blattläuse saugen. Die Tiere sind dunkel gefärbt, nur 1–3 mm groß und tragen einen hellen Wachsrand. Tannen an warmen und trockenen Standorten sind besonders gefährdet. Im Sommer treten teils geflügelte Stadien auf, die – sofern vorhanden – auf die Kaukasus-Fichte (*Picea orientalis*) überwechseln, dort Gallen an den Trieben hervorrufen und zum Herbst wieder zur Tanne zurückfliegen.

Symptome und Schadbild

Die Nadeln des Maiaustriebes sind deutlich nach innen gekrümmt. An der Nadelbasis sitzen dunkle, hell umrandete Blattläuse und die Nadeln vergilben. Triebschäden werden durch die über den Winter dort saugenden Tiere hervorgerufen.

Vorbeugen und bekämpfen

Pflanzung weniger anfälliger Tannenarten. Rückschnitt stark befallener Triebe. Einsatz von Insektiziden, bevorzugt im Herbst gegen die überwinternden Larven.

Nicht verwechseln!

Nicht nach innen, sondern nach außen sich krümmende Nadeln werden durch die verwandte Weißtannentrieblaus hervorgerufen.

Tanne

Auf einen Blick

- Überwinterung als Larve an den Trieben
- stark nach innen gebogene Nadeln des Maiaustriebes
- möglicher Wirtswechsel zur Kaukasus-Fichte

Wacholder

Birnengitterrost

Gymnosporangium sabinae
Pilz

Steckbrief

Die langjährige Überdauerung und somit auch die Überwinterung des Pilzes erfolgt innerhalb der infizierten Wacholdertriebe. Im Frühjahr hier in Sporenlagern gebildete Sporen werden mit Hilfe des Windes auf Birnenblätter übertragen, die daraufhin infiziert werden. Die weitere Pilzentwicklung erfolgt über die Bildung zweier weiterer Sporenformen ausschließlich an der Birne. Zum Herbst werden die blattunterseits gebildeten Sporen mit dem Wind wieder auf neue Wacholderpflanzen übertragen, dem sich eine Infektion der Nadeln anschließt. Nachfolgend wächst der Pilz in die Triebe ein.

Symptome und Schadbild

An den Wacholdertrieben bilden sich im Frühjahr über einen nur kurzen Zeitraum braune, gallertartige Sporenlager, die zapfenförmig um ein kurzes Triebstück angeordnet sind. Befallene Triebe sind sonst an ihrer spindelförmigen Verdickung zu erkennen. Mehrjährig erkrankte Wacholdertriebe können braun werden und absterben. Birnenblätter weisen orangefarbene Flecken blattoberseits und dunkle Warzen blattunterseits auf.

Vorbeugen und bekämpfen

Birne und anfällige Wacholderarten räumlich trennen. Resistente Wacholderarten bevorzugen. Rückschnitt infizierter Triebe. Einsatz von Fungiziden an der Birne.

Auf einen Blick

- **gallertartige, bräunliche Sporenlager an den Trieben des Wacholders**
- **der Pilz vollzieht einen Wirtswechsel zur Birne**
- **Wacholder bleiben langjährig infiziert**

Ganz nah dran

Der Name Birnengitterrost leitet sich von den an der Birne blattunterseits auftretenden, längs gerissenen, gitterförmigen Fruchtkörpern ab.

Wacholder

Wacholderprachtkäfer

Palmar festiva
Käfer

Steckbrief

Ein- bis zweijährige Entwicklungszeit. Als Larven überwintern die Käfer innerhalb der Triebe und Äste. Anfangs leben die Larven noch unter der Rinde, später dringen sie ins Holz vor und bilden dort im Frühjahr eine Puppenwiege, aus der die Käfer dann im Mai schlüpfen. Nach der Ablage der Eier auf die Triebe bohren sich die beinlosen Larven in die Triebe ein, in denen dann auch die weitere Entwicklung stattfindet (Minierer). Die Larven sind hell gefärbt, werden bis zu 2 cm groß und besitzen einen deutlich vergrößerten Brustabschnitt. Die Käfer sind metallisch-grün gefärbt, erreichen eine Länge von 1 cm und tragen eine Reihe blauschwarzer Flecken. Geschwächte Pflanzen werden bevorzugt befallen.

Symptome und Schadbild

Unspezifische Absterbeerscheinungen an Ästen oder ganzen Pflanzen. Nadelverfärbungen und Harzfluss. Quer-ovale Ausbohrlöcher der Käfer in den befallenen Trieben. Geschädigte Triebe mit Miniergängen und hellen Larven darin. Grün gefärbte, dunkel gefleckte Käfer im Frühjahr. Heller oder auch dunkler Bohrmehlauswurf.

Vorbeugen und bekämpfen

Rückschnitt befallener Äste vor dem Ausschlupf der Käfer. Die Käfer sind teils als geschützte Arten eingestuft. Optimierung der Wasser- und Nährstoffversorgung.

Kommt auch vor an

Neben Wacholderarten können auch Lebensbäume (*Thuja*) oder Scheinzypressen befallen werden.

Auf einen Blick

- Absterben von Ästen, Zweigen oder ganzen Pflanzen
- helle, bis 2 cm große Larve miniert in den Trieben
- quer-ovale Ausbohrlöcher

Weide

Auf einen Blick

- mehrjährige Larvenentwicklungszeit
- Blattrandfraß durch die Käfer
- Vorkommen meist in der Nähe von Ameisenhaufen

Ameisenblattkäfer

Verschiedene *Clytra*-Arten
Käfer

Steckbrief

Zwei- bis vierjährige Entwicklungszeit. Die gesamte Larvenentwicklung und somit auch die Überwinterung erfolgt innerhalb von einem Ameisennest. Zum Frühjahr schlüpfen die Käfer, verlassen die Nester und fressen dann ganzjährig an den Blättern (Blattrandfraß). Die Käfer sind von schlanker Gestalt, etwa 1 cm groß, auffällig rot gefärbt und tragen artabhängig große, dunkle Flecken auf den Flügeldecken, die auch teils als Band erscheinen. Die von den Weibchen produzierten Eier werden mit einer Kothülle umgeben und in der Nähe von einem Ameisennest abgeworfen. Von den Ameisen wird dieses „Paket" in ihr Nest eingetragen, in dem die weitere Entwicklung der Larven erfolgt.

Symptome und Schadbild

Ab dem Frühjahr kommen auf Blättern, die am Rand angefressen sind, rot-schwarz gefärbte Käfer vor. Betroffene Pflanzen stehen häufig im weiteren Umfeld von Ameisenhaufen.

Vorbeugen und bekämpfen

Absammeln der Käfer. Einsatz von Insektiziden im Frühjahr, sofern erforderlich.

Kommt auch vor an

Neben Weide können von einzelnen *Clytra*-Arten auch andere Gehölze als Wirtspflanze genutzt werden (Birke, Weißdorn, Esche, Steinobst).

Marssonina-Blattfleckenkrankheit

Marssonina salicicola
Pilz

Steckbrief

Insbesondere an den im Vorjahr infizierten Trieben, aber auch im Falllaub überdauert der Pilz den Winter. Zum Frühjahr gebildete Sporen werden durch Wasserspritzer und Wind auf andere Blätter und Pflanzen übertragen. Eine feuchte Frühjahrswitterung fördert den Befall. Die weitere Pilzentwicklung erfolgt an den infizierten Blättern und Trieben, an denen in flachen Fruchtkörpern gebildete Sporen zyklusartig für eine weitere Ausbreitung sorgen. Betroffen sind insbesondere schmalblättrige Weidenarten.

Symptome und Schadbild

Insbesondere an den ein- bis zweijährigen Trieben zeigen sich ovale, bis zu 3 cm große, braun-schwarze Verfärbungen mit einem schorfigen Charakter. Auf den Blättern bildet sich meist eine Vielzahl 0,5 – 3 mm großer, dunkler Flecken. Stärker befallene Blätter trocknen ein und fallen vorzeitig ab, Triebe können ebenfalls ganz absterben. Bei einem stärkeren Befall der Triebspitze kommt es zum Symptom der „Spitzendürre".

Vorbeugen und bekämpfen

Rückschnitt infizierter Triebe und Entfernen stärker befallener Blätter sowie des Falllaubes. Bevorzugt vorbeugender Einsatz von Fungiziden im Frühjahr.

Nicht verwechseln!

Neben dieser Pilzart treten an Weide weitere Arten auf, die ebenfalls Triebe und Blätter bei einer ähnlichen Symptomatik und Bekämpfung infizieren.

Weide

Auf einen Blick

- Überdauerung bevorzugt in infizierten Trieben
- Triebverfärbungen und Blattfleckenbildung
- Förderung durch feuchte Frühjahrswitterung

Weide

Auf einen Blick

- schwarze, teerartige Blattflecken
- bevorzugt an Sal-Weide auftretend
- Überdauerung im Falllaub

Teerfleckenkrankheit

Rhytisma salicinum
Pilz

Steckbrief

Der Pilz überwintert innerhalb der namensgebenden Flecken in Form eines dichten Pilzgeflechtes (Stroma). Die hier im Frühjahr in besonderen Fruchtkörpern (Apothecien) gebildeten Sporen werden mit dem Wind auf junge Weidenblätter übertragen und infizieren diese. Die weitere Entwicklung des Pilzes erfolgt innerhalb der entstehenden Flecken, eine zyklusartige Verbreitung, wie sonst bei Blattfleckenpilzen üblich, findet hier offenbar nicht statt. Grundsätzlich kann jede Weidenart befallen werden, Sal-Weide (*Salix caprea*) wird aber offenbar bevorzugt.

Symptome und Schadbild

Nach einer anfänglich nur schwachen lokalen Verfärbung blattoberseits werden die befallenen Stellen rasch schwarz mit einem gelben Rand (1–2 cm Durchmesser). Die Flecken sind deutlich nach oben gewölbt. Auf einem Blatt können sich mehrere solcher Flecken befinden, die teils auch größere Areale einnehmen.

Vorbeugen und bekämpfen

Absammeln des infiziertes Herbstlaubes. Einsatz von Fungiziden im Frühjahr.

Nicht verwechseln!

Mit nahezu identischen Symptomen tritt an Ahorn eine andere, dort spezifische Pilzart auf.

Weidenblattkäfer

Lochmaea capreae
Käfer

Steckbrief

1 Generation pro Jahr. Die Überwinterung erfolgt im Boden als Käfer, welcher ab Mai an den Pflanzen auftritt. Der Käfer erreicht eine Länge von 6 mm und besitzt einen dunklen Kopf, wobei Halsschild und Flügeldecken hellbraun gefärbt sind. Nach einem kurzen Fraß an den Blättern kommt es zur Paarung und anschließenden Eiablage in den Boden als kleines Gelege. Die im Sommer schlüpfenden Larven besiedeln daraufhin die Pflanzen und fressen ebenso wie die ab August schlüpfenden Käfer an den Blättern. Die Larven werden 6 mm groß, tragen einen dunklen Kopf bei einem sonst grünlich gefärbten Körper, der mit dunklen Warzen versehen ist. Die spätere Verpuppung zum Käfer findet dann im Boden statt. Pflanzen an trocken-sonnigen Standorten werden bevorzugt befallen.

Symptome und Schadbild

Im Frühjahr und Herbst Fraßschäden durch die braun gefärbten Käfer an den Blättern (Lochfraß) und Knospen. Im Sommer Fraß der Larven, oft zu mehreren auf der Blattunterseite, anfangs noch als Schabefraß, später bis zum Skelettierfraß.

Vorbeugen und bekämpfen

Absammeln der mit Larven besetzten Blätter. Einsatz von Insektiziden bevorzugt gegen die Larven im Sommer.

Kommt auch vor an

Neben Weide können auch Pappeln, Birken, Erlen und Hainbuchen befallen werden.

Auf einen Blick

- Überwinterung der Käfer im Boden
- Larvenfraß auf der Blattunterseite
- hellbraun gefärbte Käfer

Weide

Auf einen Blick

- bevorzugt an schmalblättrigen Weiden auftretend
- bohnenförmige Gallen an den Blättern
- helle Larve innerhalb der Gallen

Weidengallenblattwespe

Euura proxima
Blattwespe

Steckbrief

2 Generationen pro Jahr. In den am Boden liegenden Blattgallen, teils auch in einem Kokon im Boden, überwintert die Larve. Ab Mai schlüpfen die ersten dunkel gefärbten, 3 mm großen und unscheinbaren Blattwespen, die ihre Eier nach einem Anstich des Gewebes in die Blätter ablegen. In den sich bildenden Blattgallen entwickelt sich jeweils eine gelblich gefärbte, bis zu 1 cm große Larve bis zu ihrer Verpuppung. Im Juli schlüpft die Blattwespe der zweiten Generation, die einen vergleichbaren Zyklus durchläuft. Bevorzugt werden schmalblättrige Weidenarten befallen.

Symptome und Schadbild

Auf den Blättern bilden sich bohnenförmige, später deutlich rot gefärbte Gallen, die auf beiden Seiten deutlich hervortreten. Die sonstige Blattfläche bleibt weiter grün gefärbt. Die Gallen sind hart und dickwandig, wobei auf einem Blatt auch mehrere Gallen auftreten können. Im Inneren der Galle findet sich eine hell gefärbte Larve. Die Gallen besitzen teils eine rundliche, deutlich erkennbare Öffnung zur Kotabgabe der Larve.

Vorbeugen und bekämpfen

Absammeln der befallenen Blätter vor dem Schlupf der Blattwespen.

Kommt auch vor an

Die beschriebene Art tritt ausschließlich an Weide (*Salix*) auf, hier jedoch bevorzugt an *S. alba* und *S. fragilis*.

Weidengallmilbe

Aculus tetanothrix
Gallmilbe

Steckbrief

Mehrere Generationen pro Jahr. Als erwachsene, nur etwa 0,2 mm große Gallmilben überwintern die Tiere geschützt hinter Knospenschuppen. Zum Frühjahr verlassen die nur vierbeinigen, walzenförmigen Tiere ihr Winterquartier, besiedeln den jungen Austrieb und saugen an den Blättern. In den als Folge der Saugtätigkeit entstehenden Gallen leben und vermehren sich die Tiere. Bereits ab dem Sommer verlassen sie ihre Gallen und suchen wieder ihre Winterquartiere auf.

Symptome und Schadbild

Blattoberseits zeigt sich eine Vielzahl etwa 3 mm großer, behaarter Blattgallen, welche teils recht auffällig in Rot- und Gelbtönen gefärbt sind. Bei einem stärkeren Befall können die Blätter deutlich verunstaltet sein. Im Inneren sind die Gallen hohl (anschneiden) und bei stärkerer Vergrößerung sind die kleinen Gallmilben in hoher Zahl anzutreffen (Lupe).

Vorbeugen und bekämpfen

Absammeln der mit Gallen besetzten Blätter vor der Abwanderung im Sommer. Einsatz von Pflanzenschutzmitteln während des Laubaustriebs der Pflanzen.

Nicht verwechseln!

Andere Gallmilbenarten an Weiden rufen beispielsweise die „Wirrzöpfe“ hervor, bei denen die grünen Blätter stark verkleinert und dicht gedrängt an den Trieben sitzen.

Weide

Auf einen Blick

- Überwinterung der Tiere an der Pflanze
- Blätter mit kleinen, behaarten Gallen
- Verursacher sind mit bloßem Auge nicht zu sehen

Weide

Weidenholzgallmücke

Dasineura saliciperda
Gallmücke

Steckbrief

1 Generation pro Jahr. Die Überwinterung erfolgt als Larve innerhalb der befallenen Triebe und Äste. Etwa im Mai schlüpfen die erwachsenen, unscheinbaren und nur wenige Millimeter großen Gallmücken, die ihre Eier in dichter Reihe auf die Äste der Weide ablegen. Die Larven bohren sich anschließend senkrecht in den Holzbereich ein, in dem die weitere Larvenentwicklung bis zur Verpuppung im Frühjahr stattfindet. Die flugträgen Weibchen legen im nächsten Jahr ihre Eier meist unmittelbar in die Nähe der alten Befallsstellen ab.

Symptome und Schadbild

Bei näherem Hinsehen wirkt die Rinde über eine Länge von bis zu 50 cm deutlich löchrig zerfetzt. Befallen wird Holz bis zu einer Dicke von 15 cm. Nach einem Anschnitt sind die kurzen (leeren) Larvenkammern, dicht an dicht stehend, im Holz zu sehen. Darüberliegende Bereiche zeigen Welke- und Absterbeerscheinungen. Es besteht eine erhöhte Bruchgefahr befallener Äste durch Wind und Schnee.

Vorbeugen und bekämpfen

Rückschnitt der geschädigten Triebe. Insektizideinsatz zum Frühjahr sofern erforderlich.

Auf einen Blick

- tritt nur an Weide auf
- Äste zeigen ein löchriges, zerfetztes Aussehen
- erhöhte Bruchgefahr

Ganz nah dran

Die im Inneren der kleinen Kammern sitzenden Larven sind nur 3 mm groß und gelborange gefärbt.

Weidenrost

Melampsora salicina
Pilz

Steckbrief

Im Regelfall überwintert der Pilz als mikroskopisch kleine Wintersporen (Teleutosporen), die sich im Herbst in hoher Zahl am Blatt entwickelt haben. Die im Frühjahr gebildeten Sporen werden mit dem Wind auf andere Arten übertragen (Wirtswechsel). Je nach Pilzart kommen hier unterschiedliche ein- und zweikeimblättrige Pflanzen und auch Nadelgehölze infrage (u. a. Tanne, Pfaffenhütchen, Veilchen). Dort entstehende Sporen werden im Frühsommer wieder auf die Weide übertragen, auf der zyklusartig, teils alle 2 Wochen, bis zum Herbst die weitere Ausbreitung und Entwicklung mittels Sommersporen (Uredosporen) erfolgt. Einzelne Arten sind auch fähig, sich ohne einen Wirtswechsel allein auf der Weide ganzjährig zu entwickeln.

Symptome und Schadbild

Blattunterseits bilden sich leuchtend orangegelbe, dunkle Sporenlager in teils hoher Zahl. Auf der Oberseite der Blätter sind meist nur kleinere Flecken erkennbar. Stärker befallene Blätter trocknen ein, vergilben und fallen ab.

Vorbeugen und bekämpfen

Sofern bekannt Entfernung der wirtswechselnden Pflanze. Einsatz von Fungiziden.

Kommt auch vor an

Bei diesem Pilz handelt es sich um eine Sammelart, deren weitere Artendifferenzierung nur mikroskopisch möglich ist. Biologie und Symptomatik der verschiedenen Arten sind in den Grundzügen ähnlich, sie unterscheiden sich aber in der Pflanze für den Wirtswechsel.

Weide

Auf einen Blick

- gelbe Sporenlager auf der Blattunterseite
- Wirtswechsel im Frühjahr zu anderer Pflanze
- Überwinterung meist im Falllaub

Weide

Auf einen Blick

- größere Schaumbildungen an den Trieben
- eine Larve lebt im Schauminneren
- sprungfähige, erwachsene Tiere

Weidenschaumzikade

Aphrophora salicina
Zikade

Steckbrief

1 Generation pro Jahr. In die Triebe werden Eier abgelegt, die den Winter überdauern. Die zum Frühjahr schlüpfenden Larven saugen an der Pflanze und produzieren einen Schaum, in dem sie sich verstecken. Die Larven sind schlank und haben einen kontrastreichen, dunklen Kopf- und Brustbereich und einen hellen Hinterleib. Ab Juni finden sich auf den Pflanzen die sprungfähigen, etwa 1 cm großen, braun gefärbten und auffällig fein punktierten Zikaden, die dort bis in den Herbst hinein ihre Eier ablegen. Verwandte Arten wie die Wiesenschaumzikade mit einer geringeren Schaumbildung treten an Kräutern auf.

Symptome und Schadbild

Zu beobachten sind größere Schaumbildungen („Kuckucksspeichel“) an den Trieben im Frühjahr, die auch abtropfen können. Im Schauminneren befindet sich eine Larve. Sprungfähige, braun gefärbte Zikaden treten im Sommer auf. Lokal können Triebschäden durch die Saugtätigkeit oder auch Eiablage entstehen.

Vorbeugen und bekämpfen

Abspritzen des Schaums mit den Larven.

Kommt auch vor an

Neben Weiden können auch Pappeln von dieser Schaumzikadenart befallen werden.

Birnbaumprachtkäfer

Agrilus sinuatus
Käfer

Weißdorn

Steckbrief

Zweijähriger Entwicklungszyklus. Nach der Überwinterung der Larve im Holz der Pflanze kommt es im Frühjahr zur Verpuppung, sodass die ersten der wärmeliebenden Käfer ab Mai auftreten. Die Käfer sind 8 mm groß, von schlanker stromlinienförmiger Statur und grün bis kupferrot glänzend gefärbt. Nach einem kurzen Fraß an den Blättern legen sie ihre bis zu 40 Eier einzeln an den Stamm ab. Die Larven bohren sich in den Stamm und leben hier als Minierer bis zu ihrer Verpuppung. Es sind fußlose, hell gefärbte, 2–3 cm große Tiere mit einem vergrößerten Brustabschnitt. Die Gänge besitzen ein typisches Zickzackmuster („Blitzwurm“) und können eine Gesamtlänge von 1 m erreichen. Besiedelt werden nahezu nur geschwächte oder vorgeschädigte Bäume (Wassermangel). Eine trocken-warme Witterung im Frühsommer fördert den Befall.

Symptome und Schadbild

Die unspezifischen Absterbeerscheinungen treten bevorzugt an geschwächten Pflanzen auf. Nach dem Lösen der Rinde zeigen sich zickzackförmige Larvengänge. Auch sind querovale Ausbohrlöcher der Käfer zu erkennen.

Vorbeugen und bekämpfen

Vorbeugende Optimierung von Standort und Pflege. Rodung befallener Bäume vor dem Schlupf der Käfer.

Kommt auch vor an

Neben Weißdorn können auch *Pyrus*-Arten (Birne) und *Sorbus*-Arten (Eberesche) besiedelt werden.

Auf einen Blick

- bevorzugter Befall geschwächter Bäume
- Absterbeerscheinungen der Bäume
- zickzackförmige, lange Gänge im Holz

Weißdorn

Blattbräune

Diplocarpon mespili
Pilz

Steckbrief

In speziellen Fruchtkörpern überwintert der Pilz im Falllaub. Hier im Frühjahr austretende Sporen werden mit dem Wind auf Weißdornblätter übertragen, die nachfolgend vom Pilz infiziert werden. Nach Symptomausbildung entstehen erneut Fruchtkörper, deren Sporen ihrerseits für eine weitere, wiederholte Ausbreitung des Pilzes sorgen. Eine feuchte Witterung fördert den Befall. Neben Weißdorn können von dem Pilz auch einige andere Gehölze oder auch Obst befallen werden.

Symptome und Schadbild

Befallene Blätter zeigen im Frühjahr eine Vielzahl rot-brauner, sehr kleiner Blattflecken (Einzelgröße 1–2 mm) auf der Blattoberseite. Die Flecken fließen zusammen, auch tritt als Folge vorzeitiger Laubfall bis zur partiellen Verkahlung auf. Triebe und Früchte des Weißdorns können ebenfalls Schadsymptome aufweisen. Erkrankte Bäume werden anfälliger gegenüber anderen Schaderregern.

Vorbeugen und bekämpfen

Rückschnitt infizierter Triebabschnitte, Laubentfernung im Herbst. Vorzeitiger Einsatz von Fungiziden im Frühjahr.

Auf einen Blick

- Förderung durch eine feuchte Witterung
- Vielzahl kleiner Blattflecken
- Überwinterung im Falllaub

Nicht verwechseln!

An Weißdorn treten weitere Blattfleckenpilze auf, die ähnliche Symptome hervorrufen können und in ihrer Biologie vergleichbar sind.

Echter Mehltau

Verschiedene Arten
Pilz

Steckbrief

Je nach Mehltauart überwintert der Pilz mehrheitlich innerhalb der am Blatt gebildeten Dauerkörper oder teilweise auch als Pilzgeflecht in den Knospenschuppen. Die hier zum Frühjahr gebildeten Sporen werden mit dem Wind auf Blätter und Triebe übertragen, die nachfolgend infiziert werden. Hier setzt sich als Zyklus die Sporenbildung, Verbreitung und erneute Infektion fort. Eine trocken-warme Witterung im Frühjahr und Sommer fördert den Befall. Im Herbst werden an den Blättern die dunklen, etwa 0,1 mm großen Fruchtkörper in teils hoher Zahl gebildet.

Symptome und Schadbild

Pilzartabhängig entsteht blattoberseits oder auch auf der Blattunterseite ein weißer, mehliger, teils die ganze Blattfläche einnehmender Belag. Auch Triebe können diesen Belag aufweisen. Bei einem stärkeren Befall verfärben sich die Blätter und es kann ein vorzeitiger Laubfall auftreten. Insbesondere im Herbst finden sich häufig blattunterseits viele dunkle, anfangs noch gelbliche Fruchtkörper.

Vorbeugen und bekämpfen

Absammeln befallener Blätter im Herbst. Rückschnitt befallener Triebe. Einsatz von Fungiziden im zeitigen Frühjahr.

Kommt auch vor an

Einige der am Weißdorn auftretenden Echten Mehltaupilze können auch andere Laubgehölze schädigend befallen.

Weißdorn

Auf einen Blick

- Überwinterung meist im Falllaub
- weißer, mehliger Belag am Blatt
- Förderung durch eine trocken-warme Witterung

Weißdorn

Weißdornblattlaus

Dysaphis crataegi
Blattlaus

Steckbrief

Mehrere Generationen pro Jahr. Als Ei, das an den Trieben abgelegt wurde, überwintern die Blattläuse am Weißdorn. Die hier ab April schlüpfenden Läuse besiedeln die Blätter und saugen an ihnen. Die Tiere sind 2 mm groß, grauschwarz gefärbt und tragen Wachsausscheidungen. Geflügelte Stadien wandern im Frühjahr auf Möhre und andere Doldenblütler ab, besiedeln dort jedoch den Wurzelhals („Möhrenwurzelhalslaus"). Hier werden mehrere Generationen durchlaufen bevor im Herbst erneut geflügelte Tiere zur Eiablage auf den Weißdorn zurückfliegen.

Symptome und Schadbild

Bereits ab April verfärben sich die Blätter des Weißdorns rötlich, wölben sich nach außen und zeigen Deformationen. Blattunterseits sitzen die dunklen Läuse. Zum Sommer hin treten aufgrund des Wechsels zur Möhre keine neuen Schadsymptome am Weißdorn auf.

Vorbeugen und bekämpfen

Entfernen befallener Blätter. Kontrolle von Möhren auf Lausbesatz am Wurzelhals sowie deren Bekämpfung. Einsatz von Insektiziden im zeitigen Frühjahr.

Auf einen Blick

- **Überwinterung als Ei am Weißdorn**
- **rötliche, auffällige Blattverfärbungen im Frühjahr**
- **Wirtswechsel zur Möhre**

Nicht verwechseln!

Nicht alle an der Wurzel von Möhren auftretenden Läuse wechseln zum Weißdorn, einige Arten besitzen auch einen Wirtswechsel zu Pappeln.

Weißdorngallmilbe

Phyllocoptes goniothorax
Gallmilbe

Weißdorn

Steckbrief

Mehrere Generationen pro Jahr. In den Rindenritzen überdauern die mit bloßem Auge aufgrund ihrer geringen Größe von nur 0,2 mm nicht erkennbaren Gallmilben. Im Frühjahr besiedeln sie zum Austrieb die jungen Blätter und saugen an ihnen. In den aufgrund des Saugens entstehenden Blattrandgallen leben und vermehren sich die Gallmilben. Bereits zum Sommer hin verlassen sie die Gallen und suchen ihre neuen Winterlager auf.

Symptome und Schadbild

An den Blättern am Blattrand treten eng zur Unterseite eingerollte, feste Gallen auf. Neben einzelnen Blättern sind oft größere Zweigpartien betroffen. In den entrollten Gallen ist ein feiner Haarfilz erkennbar, in dem nur bei stärkerer Vergrößerung die walzenförmigen, vierbeinigen Gallmilben zu sehen sind.

Vorbeugen und bekämpfen

Entfernen befallener Blätter im Sommer vor der Abwanderung der Tiere. Einsatz von Pflanzenschutzmitteln zum Austrieb.

Nicht verwechseln!

Größere Blattrandeinrollungen können auch durch eine Gallmücke verursacht werden, wobei hier dann größere, rot gefärbte Larven auftreten.

Auf einen Blick

- **die Gallmilben selbst sind mit bloßem Auge nicht erkennbar**
- **feste Blattrand-Einrollungen als Galle**
- **Überwinterung der Tiere in Rindenritzen an der Pflanze**

Weißdorn

Auf einen Blick

- der Pilz überwintert dauerhaft im Wacholder
- warzenartige Strukturen auf der Blattunterseite vom Weißdorn
- der Pilz vollzieht einen Wirtswechsel zwischen Weißdorn und Wacholderarten

Weißdornrost

Gymnosporangium clavariaeforme
Pilz

Steckbrief

Für den vollständigen Entwicklungszyklus werden neben dem Weißdorn auch bestimmte Wacholderarten (u. a. *Juniperus communis*) benötigt. Die Überwinterung erfolgt innerhalb des auf Dauer erkrankten Wacholders als nicht sichtbares Pilzgeflecht. Zum Frühjahr werden an den Trieben orange-bräunliche, gallertartige Sporenlager gebildet. Die Sporen werden vom Wind auf die Blätter, Früchte und Triebe des Weißdorns übertragen und infizieren diese. Die weitere Pilzentwicklung erfolgt mit unterschiedlichen Sporenformen am Weißdorn, wobei die zum Herbst gebildeten Sporen mit dem Wind wieder auf Wacholderarten übertragen werden. Der Weißdorn muss jedes Jahr neu infiziert werden.

Symptome und Schadbild

Neben einigen gelbroten Flecken blattoberseits treten im Sommer blattunterseits und auf Früchten und Trieben eine Vielzahl deutlich warzenartiger, gefranster Fruchtkörper auf. Ein vorzeitiger Laubfall ist bei stärker befallenen Pflanzen erkennbar.

Vorbeugen und bekämpfen

Rückschnitt infizierter Stellen am Wacholder und Weißdorn. Räumliche Trennung von anfälligen Wacholderarten und Weißdorn. Vorbeugender Einsatz von Fungiziden am Weißdorn im Frühjahr.

Kommt auch vor an

Neben Weißdornarten kann von diesem Rostpilz auch die Kanadische Felsenbirne (*Amelanchier canadensis*) befallen werden.

Feuerbrand

Erwinia amylovora
Bakterien

Steckbrief

Nach der Überwinterung in erkrankten Rindenabschnitten („Cancer") vermehren sich die Bakterien im Frühjahr und gelangen dann auch nach außen. Mit Hilfe von Wind und Regenspritzern, aber auch Insekten (Bienen) erfolgt die weitere Verbreitung auf andere Pflanzen. Infektionen erfolgen bevorzugt über die Blüten bei feucht-warmer Witterung. Auch durch Schnittwerkzeuge können die Bakterien übertragen werden.

Symptome und Schadbild

Infizierte Blüten und Blätter verfärben sich schwarz („Feuerbrand"), wobei die Triebspitze häufig krückstockartig umgebogen ist. Bei feuchter Witterung tritt auch Bakterienschleim aus dem Gewebe aus. Geschädigte Pflanzenteile fallen nicht ab, sondern verbleiben weiter am Baum. Neben einzelnen Astpartien können auch ganze Pflanzen absterben.

Vorbeugen und bekämpfen

Die Krankheit unterliegt bei einem Auftreten der Meldepflicht (Pflanzenschutzamt). Rückschnitt infizierter Triebe bis 50 cm unter der Befallsstelle. Desinfektion der Schnittwerkzeuge mit 70%igem Alkohol. Bevorzugung weniger anfälliger *Cotoneaster*-Sorten. Der Einsatz von Bakteriziden ist nicht möglich.

Kommt auch vor an

Befallen werden neben *Cotoneaster* (wobei großblättrige Arten hier als besonders anfällig gelten) auch andere Rosengewächse, u. a. Apfel, Birne, Weißdorn.

Zwergmispel

Auf einen Blick

- schwarz verfärbte Blüten und Blätter
- befallene Pflanzenteile bleiben weiterhin am Strauch
- meldepflichte Bakterienerkrankung

Häufige Gartenplagen am Obst

Die Schaderreger in diesem Kapitel kommen nicht nur auf einer bestimmten Obstart vor, sondern können verschiedene Wirtspflanzen befallen. Bevor Sie einen Blick auf die Schaderreger im darauffolgenden nach Pflanzen sortierten Kapitel werfen, sollten Sie prüfen, ob nicht etwa einer der folgenden „Universal-Schaderreger“ für Ihr Schadbild verantwortlich ist.

Blausieb

Zeuzera pyrina
Schmetterling

Steckbrief

Zweijährige Entwicklungszeit. Flugzeit der nachtaktiven Falter (weißlich mit blau-schwarzen Punkten, Flügelspannweite 6 cm) ab Juni. Eier werden in kleinen Gruppen, mehrere Hundert pro Weibchen, in Stammwunden und Rindenritzen abgelegt. Gelbliche, schwarz gepunktete, bis zu 6 cm lange Raupen dringen in Äste (Durchmesser maximal 10 cm) ein, legen im Kernholz Miniergang an, teils auch in der äußeren Rinde; Verpuppung im Frühjahr.

Symptome und Schadbild

In mittelstarken Ästen bis zu 30 cm lange Fraßgänge mit Raupe. Aus dem Bohrloch tritt Bohrmehl heraus. Betroffene Pflanzen welken. Bei Wind brechen befallene Äste leichter ab.

Vorbeugen und bekämpfen

Rückschnitt befallener Äste mit den darin befindlichen Raupen. Mechanisches Abtöten der Raupe im Miniergang mit Hilfe eines Drahtes. Einsatz von Pheromonfallen zum Abfangen der männlichen Tiere.

Auf einen Blick

- in Ästen minierende, bis zu 6 cm große Raupen
- gelb gefärbte Raupe mit schwarzen Punkten
- mehrjährige Entwicklungszeit

Kommt auch vor an

Für die Raupen sind rund 120 Wirtspflanzen bekannt, darunter alle Kernobst- und Steinobstarten.

Borkenkäfer

Verschiedene Arten
Käfer

Steckbrief

Je nach Art eine oder mehrere Generationen pro Jahr. Die dunklen Käfer sind 3 – 5 mm lang, ebenso lang sind die beinlosen weißen Larven mit brauner Kopfkapsel. Man unterscheidet rinden- und holzbrütende Arten.
Rindenbrüter: Weibchen fressen im Frühjahr einen oder mehrere einige Zentimeter lange Muttergänge in die Rinde, von denen seitlich die Larvengänge abgehen; jeder später sich verpuppende Käfer bohrt sein eigenes Ausbohrloch.
Holzbrüter: Weibchen bohren sich im Frühjahr tief in das Holz, legen dort eher kurze, verzweigte Fraßgänge an; Larven ernähren sich von in den Gängen wachsendem Pilzmyzel; Ausschlupf der Käfer erfolgt über das ehemalige Einbohrloch des Muttertiers.

Symptome und Schadbild

Rindenbrüter mit charakteristischem Fraßbild der Mutter- und Larvengänge im Rindenbereich; zahlreiche Ausbohrlöcher. Befall führt meist zum Absterben der betroffenen Stämme. Fraßgänge der Holzbrüter im unmittelbaren Holzbereich (schwarz gefärbtes Gangsystem); nur vereinzelte Bohrlöcher.

Vorbeugen und bekämpfen

Rückschnitt oder Rodung befallener Bäume vor dem Schlupf der Käfer. Artabhängig ist auch ein Einsatz von Fallen zum Abfangen der Käfer möglich. Einsatz von Insektiziden zur Flugzeit der Käfer.

Kommt auch vor an

Borkenkäfer treten artabhängig nicht nur an Obstgehölzen, sondern auch anderen Laub- und Nadelgehölzen auf.

Auf einen Blick

- die Käfer befallen bevorzugt geschwächte Obstgehölze
- arttypische Gangsysteme der Larven in der Rinde oder im Holz
- einzelne Käfer sind nur 3 – 5 mm groß

Engerlinge

Verschiedene Arten
Käfer

Steckbrief

Die Larven der Blatthornkäfer werden Engerlinge genannt. Je nach Art eine Generation pro Jahr (Gartenlaubkäfer) oder mehrjährige Entwicklungszeit (3 – 5 Jahre Maikäfer, 2 Jahre Junikäfer). Maikäferlarven bis zu 5 cm lang, weißlich gefärbt, mit drei recht langen Brustbeinpaaren und brauner Kopfkapsel, in bauchseits gekrümmter Haltung. Die Verpuppung zum Käfer erfolgt im Boden, in dem er auch überwintert. Im Frühjahr legen die an Blättern fressenden Käfer ihre bis zu 70 Eier in kleinen Gelegen in den Boden ab.

Symptome und Schadbild

Fraßschäden an den Wurzeln zeigen sich oberirdisch in Form kleiner, meist eng begrenzter Absterbeerscheinungen (nestweise). Im Wurzelbereich sind Engerlinge anzutreffen, die an den Wurzeln fressen. Teilweise ist der Boden deutlich aufgewühlt, da verschiedene Vögel den Larven nachstellen. Blattfraß der Käfer an den Bäumen im Frühjahr.

Vorbeugen und bekämpfen

Absammeln der Engerlinge im Boden. Mechanische Bekämpfung durch Fräsen oder Stachelwalzen. Artabhängig ist ein Einsatz von Nematoden gegen die Larven sowie Lockstofffallen zum Abfangen der Käfer möglich. Einsatz von Insektiziden gegen die Käfer.

Auf einen Blick

- Fraßschäden an den Wurzeln
- im Boden sind mehrere Zentimeter große Larven mit langen Beinpaaren
- viele Engerlinge haben eine mehrjährige Entwicklungsdauer

Nicht verwechseln!

Engerlinge mit auffallend kurzen Beinpaaren aus dem Kompost (untere Abbildung) stammen vom Rosenkäfer und schädigen keine Wurzeln!

Kleiner Frostspanner

Operophtera brumata
Schmetterling

Steckbrief

1 Generation pro Jahr. Die Falter treten ab Oktober auf. Während die männlichen Falter geflügelt sind (hellgrau, Flügelspannweite ca. 25 mm) besitzen die etwa 7 mm großen weiblichen Tiere nur Flügelstummel (flugunfähig). Die Weibchen wandern in die Baumkronen und legen dort bis zu 300 Eier einzeln oder in kleinen Gelegen ab. Die 1 mm großen Eier sind länglich und rot gefärbt. Mit dem Austrieb schlüpfen die grün gefärbten, mit gelben Längsstreifen versehenen Larven, die sich spannerartig fortbewegen. Ab Juni verlassen die 2 cm großen Raupen die Pflanzen und verpuppen sich im Boden.

Symptome und Schadbild

Die Larven fressen bereits zeitig im Jahr an Knospen und an jungem Austrieb. Nachfolgend treten Fraßschäden an Blüten, Blättern (Lochfraß) und Früchten auf.

Vorbeugen und bekämpfen

Ab Oktober am Stamm (und Pfahl) Leimringe anbringen zum Abfangen der Weibchen. Förderung von Singvögeln. Im Frühjahr Einsatz von Insektiziden gegen die Raupen.

Kommt auch vor an

Die Raupen des Frostspanners treten schädigend an Kern- und Steinobst, nicht aber am Pfirsich, sowie an vielen Gehölzen auf.

Auf einen Blick

- Überwinterung als Ei an den Trieben
- Raupen mit spannerartiger Fortbewegung
- Einsatz von Leimringen gegen die flügellosen Weibchen im Herbst

Kirschessigfliege

Drosophila suzukii
Fliege

Steckbrief

5–8 Generationen pro Jahr. Die erwachsenen Tiere überwintern frostfrei an geschützten Stellen, werden ab etwa 10 °C aktiv und fliegen von dort zu ihren Wirtspflanzen. Mit ihrem gesägten Legeapparat verletzen die Weibchen aktiv die intakte Haut heranreifender Früchte und legen meist mehrere ihrer bis zu 400 Eier unter der Fruchtschale ab. Die sich in der Frucht entwickelnden Larven verpuppen sich witterungsabhängig nach etwa zwei Wochen in oder seltener auch außerhalb der Frucht.

Symptome und Schadbild

Die 3 mm kleinen Fliegen sind heller als die bekannten Fruchtfliegen, haben rote Augen und besitzen als Männchen dunkle Flecken an den Flügelspitzen. Eine mit Eiern bestückte Frucht lässt sich an jeweils zwei herausragenden, fadenförmigen Anhängen erkennen (Lupe). Innerhalb der geschädigten Früchte befinden sich stets mehrere der beinlosen, weiß gefärbten Larven („Maden“).

Vorbeugen und bekämpfen

Frühzeitige und vollständige Bedeckung mit Hilfe engmaschiger Netze (0,8 × 0,8 mm). Einsatz von Insektiziden. Aufhängen von mit Köderstoffen bestückten Fallen zum Massenfang. Rasche Kühlung und Weiterverarbeitung geernteter Früchte. Absammeln befallener Früchte und anschließende Entsorgung (nicht auf den Kompost).

Auf einen Blick

- Aus Südostasien eingeschleppter Schädling
- Befällt die Früchte zahlreicher Obst- und Ziersträucher
- Gefahr von sehr hohen Ernteausfällen

Kommt auch vor an

Die Kirschessigfliege kommt nicht nur an der namensgebenden Kirsche vor, sondern befällt zahlreiche weichschalige Obstgehölze und beerentragende Ziergehölze.

Schalenwickler

Verschiedene Arten
Schmetterling

Steckbrief

Überwinterung als Eier im Gelege an Ästen (Flugzeit der Falter ab Juni, eine Generation pro Jahr) oder als Raupe, geschützt durch ein Gespinst (Flugzeiten der Falter Ende Mai und Ende Juli, 2 Generationen pro Jahr). Die braunen Falter weisen arttypische Flügelzeichnungen auf, Flügelspannweite 10 – 20 mm.

Symptome und Schadbild

Fraßschäden an Knospen von den als Raupen überwinternden Arten. Charakteristisch sind eingesponnene Blätter mit Fenster- bis Skelettierfraß. Auch Früchte werden mit Blättern zusammengesponnen, dann teils großflächiger Schabefraß an den Früchten, der später verkorkt.

Vorbeugen und bekämpfen

Absammeln und Entfernen der Gespinste. Förderung von Vögeln, die den Raupen nachstellen. Stammpflege zur Abtötung der überwinternden Raupen. Flugzeitbestimmung der Falter mit Hilfe von Pheromonfallen zur besseren Spritzterminbestimmung oder nur als zusätzlichen Abfangeffekt. Einsatz von Insektiziden gegen die jungen Raupen.

Kommt auch vor an

Schalenwickler können artabhängig am Kernobst, aber auch am Stein- und Beerenobst schädigend auftreten.

Auf einen Blick

- eingesponnene Blätter mit lebenden Raupen
- Schabefraß an Früchten mit nachfolgender Verkorkung
- Überwinterung artabhängig als Ei oder Raupe

Weidenbohrer

Coccus cossus
Schmetterling

Steckbrief

Mehrjährige Entwicklungszeit. Die Raupen verpuppen sich im Frühjahr im Stammbereich, sodass die Falter ab Juni auftreten. Die braunen Falter mit dem dunklen Linienmuster erreichen eine Flügelspannweite von 10 cm. Die Eier werden in kleinen Haufen an der Stammbasis abgelegt. Die jungen Raupen fressen anfangs noch zu mehreren unter der Rinde, dann verteilen sie sich auf einzelne Gangsysteme. Die rötlich gefärbten Raupen werden in ihrer zwei- bis dreijährigen Entwicklungszeit 6 cm groß.

Symptome und Schadbild

Bohrlöcher am Stamm, aus denen Raupenkot und Bohrmehl austritt. Im Innern der Äste treten platzartig erweiterte Gänge oder bis zu 1 m lange Bohrgänge auf, in denen sich eine Raupe befindet. Bäume haben ein vermindertes Wachstum, welken und sterben häufig ab.

Vorbeugen und bekämpfen

Rückschnitt befallener Äste oder Rodung absterbender Bäume. Mechanisches Abtöten der Larven im Miniergang mit einem Draht.

Auf einen Blick

- bis zu 6 cm große Larven minieren im Stammbereich
- rötlich gefärbte, große Raupen
- mehrjährige Entwicklungszeit

Kommt auch vor an

Der Weidenbohrer tritt nicht nur an verschiedenen Obstbäumen, sondern auch entsprechend seinem Namen an Weiden und anderen Gehölzen auf.

Wühlmaus

Arvicola terrestris
Nagetier

Steckbrief

3–4 Würfe pro Jahr mit jeweils 2–6 Jungen. Einzelgänger oder Muttertier mit Jungen in bis zu 100 m langen, verzweigten unterirdischen Gängen. Jungtiere im Alter von 2 Monaten geschlechtsreif, graben sich dann eigenes Gangsystem. 30 cm lang, stumpfe Schnauze, braun mit heller Bauchseite. Ernähren sich ausschließlich von pflanzlicher Nahrung. Wühlmäuse sind ganzjährig aktiv und halten keinen Winterschlaf.

Symptome und Schadbild

Bäume kümmern, zeigen vergilbende Blätter und welken, an den Wurzeln sind deutlich die paarigen Nagespuren sichtbar. Schräg vom Gangsystem ausgeworfene flache Erdhaufen mit pflanzlichen Resten. Gänge mit hochovalem Durchmesser, werden nach dem Freilegen innerhalb von wenigen Stunden wieder zugewühlt („Verwühlprobe").

Vorbeugen und bekämpfen

Fangen mittels aufgestellten Fallen. Jungbäume in engmaschige Drahtkörbe pflanzen. Förderung natürlicher Feinde (Hermelin, Greifvögel). Hohe Gras- oder Mulchschicht im Stammumfeld vermeiden. Einsatz von Vergrämungsprodukten. Auslegen von Giftködern in die Gänge.

Kommt auch vor an

Fraßschäden können an allen Obstgehölzen, aber auch Ziersträuchern und Zwiebelgewächsen auftreten.

Auf einen Blick

- Fraßschäden an den Wurzeln, die bis zum Absterben der Bäume führen können
- unterirdisches Gangsystem mit flachen Wühlmaushügeln
- Wühlmäuse bevorzugt mit Fallen bekämpfen

Krankheiten und Schädlinge im Obstgarten

In diesem Kapitel lernen Sie die Schädlinge und Krankheiten kennen, die einzelne Obstkulturen befallen können. Die einzelnen Pflanzen sind von Apfel bis Wein in alphabetischer Reihenfolge angeordnet. Den richtigen Schaderreger finden Sie, wenn Sie bei der betreffenden Obstart nachschauen: Entweder Sie erkennen ihn anhand der Fotos oder finden ihn anhand des alphabetisch einsortieren Namens.

Apfelbaum-gespinstmotte

Yponomeuta malinella
Schmetterling

Steckbrief

Eine Generation pro Jahr. Die Falter fliegen etwa von Juni bis August. Nach der Paarung legen die Weibchen ihre Eier in kleinen, flachen, mit einer zusätzlichen Schutzschicht versehenen Gelegen dachziegelartig an dünne Triebe. Im Herbst schlüpfen die Raupen, die unter dieser Schicht geschützt überwintern. Beim Austrieb verlassen die nur wenige Millimeter kleinen Raupen ihr Winterquartier und fressen zunächst an Knospen und jungen Blättern. Mit zunehmender Größe bilden die geselligen gelblichen Raupen mit dunklem Kopf und dunklen Flecken ein Gespinst. Sie werden bis zu 2 cm lang. Auch die Puppen (1 cm, meist nebeneinander in Reihe angeordnet) werden innerhalb der Gespinste gebildet.

Symptome und Schadbild

Die Schäden der in dichten Gespinsten auftretenden Larven reichen von Loch- bis zum Kahlfraß.

Vorbeugen und bekämpfen

Rückschnitt der ersten Nester im Frühjahr. Bei kleineren Sträuchern Entfernung der Eigelege durch gezielten Rückschnitt. Einsatz von Insektiziden im Frühjahr vor einer intensiven Gespinstbildung.

Auf einen Blick

- **Gespinstbildung mit Raupenansammlungen im Frühjahr**
- **Fraßschäden sind bis zum Kahlfraß möglich**
- **frühzeitiger Rückschnitt der ersten Befallsnester**

Ganz nah dran

Die Falter besitzen hellgraue Hinterflügel und reinweiße Vorderflügel mit mehreren schwarzen Punkten; Flügelspannweite etwa 20 mm.

Apfelbaumglasflügler

Synanthedon myopaeformis
Schmetterling

Steckbrief

Eine Generation pro Jahr. Nach der Überwinterung und Verpuppung im Astbereich fliegen die Glasflügler ab Juni. Sie legen die Eier in Rindenritzen, Wunden am Stamm oder dickeren Ästen ab. Die schlüpfenden Raupen bohren sich in die Rinden- und Holzschicht ein und fressen dort bis zu 2 Jahre lang. Sie sind hellbraun gefärbt, besitzen einen abgeflachten Körper mit dunkler Kopfkapsel und werden 15 mm groß.

Symptome und Schadbild

Häufig in der Nähe von Krebswunden oder an Veredlungsstellen wird die Rinde weich, verfärbt sich fleckig und lässt sich ablösen. Aus der von der Raupe angelegten Ausbohröffnung für die spätere Puppe kann im Sommer Bohrmehl austreten und Saftfluss beobachtet werden. Die braun gefärbte Puppenhülle ragt nach dem Schlupf im Frühjahr noch als Hülle aus dem Ausbohrloch heraus.

Vorbeugen und bekämpfen

Ausschneiden der mit Larven bewohnten Befallsstellen. Mittels aufgehängter Lockstoff- und Pheromonfallen lässt sich ein Teil der Falter abfangen.

Ganz nah dran

Die wespenähnlichen Falter besitzen einen schwarzen Körper mit rotem Band am Hinterleib sowie durchsichtige Flügel mit schwarzen Adern, Flügelspannweite 25 mm.

Auf einen Blick

- Fraß der hellen Larven unter der Rinde
- Austritt von Bohrmehl
- Befallene Stellen mit fleckiger, leicht lösender Rinde

Apfel

Auf einen Blick

- Überwinterung als Ei an den Trieben
- Blattkräuselungen, Bildung von Honigtau, Schwärzepilze
- Bis zu 10 Generationen pro Jahr

Grüne Apfelblattlaus

Aphis pomi
Blattlaus

Steckbrief

Bis zu 10 Generationen pro Jahr. Die schwarz glänzenden Eier überwintern an den Triebspitzen. Beim Austrieb schlüpfen die ersten etwa 2 mm großen, grünen Läuse mit den zwei dunklen Hinterleibsröhren (Siphonen), die rasch die jungen Blätter besiedeln und auf den Blattunterseiten saugen. Etwa ab Juni treten geflügelte Tiere auf, die weitere Apfelbäume besiedeln können. Eine warme Witterung fördert das Auftreten der nachfolgenden Generationen. Zum Herbst hin werden die Eier zur Überwinterung abgelegt.

Symptome und Schadbild

Im Frühjahr werden bevorzugt die jungen Triebe besiedelt, die verkrüppeln und auch absterben können. Im Sommer besiedelte Blätter zeigen deutliche Blattkräuselungen. Befallene Blätter sind mit klebrigem Honigtau versetzt, auf dem sich Schwärzepilze ansiedeln.

Vorbeugen und bekämpfen

Selektiver Rückschnitt befallener Triebspitzen. Förderung von Nützlingen (Marienkäfer, Florfliegen, Schwebfliegen). Frühzeitiger Einsatz von Insektiziden. Bei jungen Bäumen ist eine Bekämpfung eher erforderlich als bei älteren Apfelbäumen.

Kommt auch vor an

Neben Apfel können die Grünen Apfelblattläuse auch Birne, Quitte und Weißdorn besiedeln.

Mehlige Apfelblattlaus

Dysaphis plantaginea
Blattlaus

Apfel

Steckbrief

5 – 6 Generationen pro Jahr. Die Eigelege überwintern an Trieben, Zweigen oder am Stamm. Beim Austrieb schlüpfen die ersten Läuse, die zuerst an Knospen, später an Blättern als Kolonie auftreten und gesellig am Pflanzengewebe saugen. Bereits im Juni wandern geflügelte Tiere auf Unkräuter (Wegerich-Arten) ab, die dort den Sommer verbringen. Ein Teil der Läuse bleibt aber auf dem Apfel. Zum Herbst hin Rückwanderung der Tiere von den Unkräutern zum Apfel zur Eiablage.

Symptome und Schadbild

Geschädigte Blätter sind quer zur Mittelrippe eingerollt, bleiben jedoch weiter grün (im Gegensatz zur Rosigen Apfelfaltenlaus). Starker Befall führt zu vermindertem Triebwachstum, frühzeitigem Laubfall, evtl. auch zu Fruchtschäden (Deformationen, Verkrüppelungen).

Vorbeugen und bekämpfen

Frühzeitige Entfernung befallener Einzeltriebe. Förderung von Nützlingen (Marienkäfer, Florfliegen, Schwebfliegen). Einsatz von Insektiziden während der Vegetationszeit, vor allem bereits beim Austrieb. Kontrolle auf und Bekämpfung von Blattläusen an Wegerich-Arten.

Ganz nah dran

Die Mehligen Apfelblattläuse sind ca. 2 mm groß, dunkel gefärbt und von einem weißen Wachsstaub bedeckt.

Auf einen Blick

- Überwinterung als Ei an den Trieben
- Blätter rollen sich quer zur Mittelrippe ein
- Abwanderung der Tiere im Sommer auf Unkräuter

Apfel

Auf einen Blick

- Blütenknospen bleiben geschlossen und verbräunen
- eine beinlose Larve entwickelt sich in der Knospe
- der Käfer überwintert unter der Borke

Apfelblütenstecher

Anthonomus pomorum
Käfer

Steckbrief

Eine Generation pro Jahr. Die Käfer überwintern unter der Borke von Stämmen. Ab März besiedeln sie die Knospen der Apfelbäume. Nach der Paarung legen die Weibchen bis zu 100 Eier einzeln in die noch geschlossenen Blütenknospen. Die Knospen bleiben geschlossen und verfärben sich braun. Die beinlosen Larven mit der dunklen Kopfkapsel werden bis zu 6 mm groß. Nach der Verpuppung bohrt sich der Käfer aus der Knospe, ruft an den Blättern einen geringen Fraßschaden (Lochfraß) hervor und sucht bereits ab Juli sein Winterquartier auf.

Symptome und Schadbild

Die Larve frisst den inneren Bereich der Knospe aus. Insbesondere bei geringem Blütenbesatz und dem Auftreten zahlreicher Käfer ist der Schaden durch den Blütenverlust hoch.

Vorbeugen und bekämpfen

Abklopfen und Abschütteln der Käfer auf eine helle Unterlage. Einsatz von Insektiziden nach dem Knospenaufbruch („Mausohrstadium“). Wellpapperinge im März als Käferversteck anbieten und dort absammeln.

Ganz nah dran

Der bräunliche Käfer ist 4 mm groß, besitzt einen auffälligen Rüssel („Rüsselkäfer“) und trägt auf dem Rücken eine helle „V“-Zeichnung.

Rosige Apfelfaltenlaus

Dysaphis devecta
Blattlaus

Steckbrief

3 – 4 Generationen pro Jahr. Die an den Ästen abgelegten, schwarz glänzenden Eier überwintern dort. Bereits im zeitigen Frühjahr schlüpfen die ersten Läuse, die rasch auf den Blättern als Kolonie auftreten und hier gesellig saugen. Die im Frühjahr gebildeten geflügelten Stadien sorgen für eine weitere Ausbreitung. Bereits im Juli kommt es zur Ablage der Eier, die überwintern.

Symptome und Schadbild

Die Rosige Apfelfaltenlaus tritt nur an Apfel auf. Sie führt an den Blättern zu deutlichen Einrollungen längs zur Mittelrippe sowie leuchtend roten Verfärbungen, die teils das ganze Blatt betreffen können.

Vorbeugen und bekämpfen

Absammeln der befallenen Blätter im Frühjahr. Auf eine Bekämpfung im Sommer kann verzichtet werden, da die Symptome zwar noch vorhanden sind, jedoch nun nach Ablage der Wintereier keine Läuse mehr anzutreffen sind. Förderung von Nützlingen (Marienkäfer, Florfliegen, Schwebfliegen). Einsatz von Insektiziden im zeitigen Frühjahr.

Ganz nah dran

Die erwachsenen dunkelgrau gefärbten Läuse sind etwa 2 mm groß und von einem weißen Wachsstaub bedeckt.

Apfel

Auf einen Blick

- Überwinterung als Ei an den Trieben
- Blätter färben sich rot und rollen sich längs zur Mittelrippe ein
- bereits ab Juli Ablage der Wintereier an Ästen

Apfel

Auf einen Blick

- Überwinterung als Pilzgeflecht in den Knospen
- Überzug der Blätter und Knospen mit einem deutlich mehlig-weißen Belag
- infizierte Früchte besitzen netzartige Berostungen

Apfelmehltau

Podosphaera leucotricha
Pilz

Steckbrief

Das Pilzgeflecht überwintert innerhalb der Knospen und besiedelt beim Austrieb die jungen Blätter. Neu gebildete Sporen verbreiten den Pilz innerhalb des Baumes. Neben Laubblättern werden auch Blüten, Triebe und (seltener) Früchte befallen. Trockenwarme Witterung fördert das Auftreten des Pilzes („Schönwetterpilz"), der bereits zum Sommer hin neu angelegte Knospen zur Überwinterung besiedelt.

Symptome und Schadbild

Mehlig-weißer Pilzbelag auf Blätter, Blüten und Triebspitzen. Befallene Blätter stehen oft steil aufrecht („Starrtracht") und trocknen vom Rand her ein. Frühzeitiger Laubabwurf (bis auf die jüngsten Blätter). Infizierte Früchte zeigen netzförmige Berostungen. Reduzierter Ertrag. Infizierte Knospen sind im Winter an abstehenden statt geschlossenen Knospenschuppen erkennbar.

Vorbeugen und bekämpfen

Rückschnitt infizierter Triebe im Winter. Entfernung der ersten befallenen Triebe („Zeigertriebe"). Pflanzung weniger empfindlicher Sorten. Keine überhöhte Stickstoffdüngung. Wiederholter Einsatz von Fungiziden ab dem Zeitpunkt der Blüte.

Kommt auch vor an

Der Apfelmehltau kann neben dem Zierapfel auch an Lorbeermispel (*Photinia*) auftreten.

Apfelsägewespe

Hoplocampa testudinea
Blattwespe

Apfel

Steckbrief

Eine Generation pro Jahr. Die Blattwespe legt mit Hilfe ihres sägeartigen Legeapparats die bis zu 20 Eier einzeln in die Fruchtanlagen. Später sind spiralförmig angelegte Fraßgänge äußerlich sichtbar, auch werden ganze Früchte von innen ausgefressen. Die raupenähnlichen, weißlichen, etwa 1 cm langen Larven mit brauner Kopfkapsel und auffälligem Wanzengeruch besitzen 6–8 Bauchbeinpaare (Raupen nur 1–4). Können während ihrer Entwicklung bis zu fünf junge Früchte zerstören. Etwa im Juni nach 3–4 Wochen Fraß verlassen die Larven die Früchte und wandern zur Verpuppung in den Boden, wo sie überwintern.

Symptome und Schadbild

Stärker geschädigte, ausgehöhlte Früchte fallen ab. Früchte mit spiraligen Gängen verkorken äußerlich erkennbar, bleiben aber essbar. Nachweis der Larven bis in den Juni hinein. Kritisch ist ein Befall insbesondere bei einem geringen Fruchtansatz.

Vorbeugen und bekämpfen

Abfangen der Blattwespen mit weiß gefärbten, beleimten Tafeln zur Blütezeit. Befallene Früchte absammeln (abschütteln) zur Reduktion des Befalls im Frühjahr. Einsatz von Insektiziden gegen die Larven.

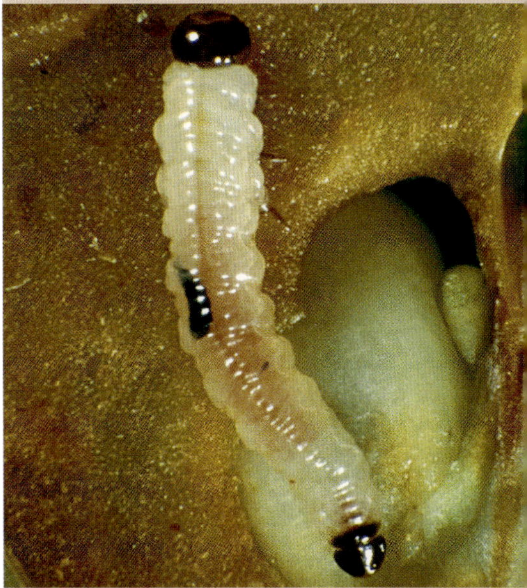

Ganz nah dran

Die dunkle, etwa 6 mm große, schlanke Blattwespe fliegt zur Blütezeit. Sie wird von den weißen Blütenblättern angelockt.

Auf einen Blick

- Früchte mit spiralförmigen, verkorkten Fraßgängen
- helle Larve mit vielen Beinpaaren
- Überwinterung als Puppe im Boden

Apfel

Apfelschorf

Venturia inaequalis
Pilz

Steckbrief

Der Pilz überwintert im Falllaub. Die im Blattinneren gebildeten Fruchtkörper setzen zum Knospenaufbruch Sporen frei. Diese sind für die ersten Infektionen an den Blättern verantwortlich. Je nach Witterung treten 1 – 3 Wochen nach der Infektion die ersten Blattflecken auf. Die hier neu gebildeten Sporen sorgen, vom Wind verbreitet, für weitere Infektionen an den Blättern und Früchten. Eine feuchte Witterung fördert das Auftreten der Krankheit.

Symptome und Schadbild

Auf den Blättern bilden sich zu Beginn ölig-verwaschene Flecken, die rasch braun werden. Stärker vom Schorf befallene Blätter werden frühzeitig abgeworfen. Frühe Fruchtinfektionen führen zu Braunfärbung und schorfiger Rissbildung auf der Fruchtschale.

Vorbeugen und bekämpfen

Entfernung des Herbstlaubes. Förderung von Regenwürmern (ziehen Laub in den Boden, Verzicht auf schädigende Kupferspritzmittel). Pflanzung schorfresistenter Apfelsorten. Ein lockerer Kronenaufbau senkt das Schorfrisiko erheblich. Einsatz von Fungiziden (regelmäßige Spritzungen ab Blütezeitpunkt).

Auf einen Blick

- Pilz überwintert mittels Fruchtkörper im Falllaub
- Blätter und Früchte zeigen schorfige Braunfärbung
- Verwendung schorfresistenter Sorten

Ganz nah dran

Bei starkem Befall im Vorjahr ist auch eine Überwinterung an den Trieben möglich. Risse und blasige Auftreibungen an Trieben („Grind“) stellen den Überwinterungsort des Pilzes dar.

Apfeltriebsucht

Phytoplasma mali
Phytoplasmen

Steckbrief

Verursacher sind zellwandlose Bakterien (Phytoplasmen), die den Winter in den Wurzeln erkrankter Pflanzen in Teilen der Leitgefäße (Siebröhren) überdauern. Im Frühjahr werden sie von dort aus auf die Pflanze verteilt, meist recht ungleichmäßig. Die Krankheit wird durch den Sommerapfelblattsauger (*Cacopsylla picta*) übertragen, der die Phytoplasmen beim Saugen am Apfel im Frühjahr aufnimmt.

Symptome und Schadbild

Eine sichere Diagnose ist nur durch eine Laboruntersuchung (PCR) möglich, verschiedene Symptome liefern jedoch erste Hinweise. So sind die Früchte deutlich abgeflachter und bis zu 75 % kleiner, die Laubblätter tragen vergrößerte, gezahnte Nebenblätter und die Blattachselknospen im oberen Teil der einjährigen Triebe treiben zu einem Hexenbesen aus. Bäume können absterben, teilweise kommt es auch zur Erholung, ohne dass der Erreger abstirbt.

Vorbeugen und bekämpfen

Meldepflichtiger Quarantäneschaderreger (Rodung befallener Pflanzen). Einsatz von Insektiziden gegen die übertragenden Blattsauger im Frühjahr.

Ganz nah dran

Ab Juli wandern die Blattsauger zum Überwintern vom Apfel auf Nadelgehölze. Im Frühjahr besiedeln sie wieder den Apfel, übertragen dabei die Phytoplasmen auf noch nicht erkrankte Bäume.

Apfel

Auf einen Blick

- verursacht durch Phytoplasmen (besondere Bakterien)
- Laubblätter mit vergrößerten, gezahnten Nebenblättern
- deutlich kleinere, abgeflachte Früchte

Nordische Apfelwanze

Plesiocoris rugicollis
Wanze

Steckbrief

Eine Generation pro Jahr. Die von den Weibchen in Triebe und Zweige abgelegten Eier überwintern, sodass etwa ab April die jungen Larven auftreten. Sie und auch später die Nymphenstadien (Larven mit erkennbaren Flügelanlagen) saugen an den Blättern, Blüten und jungen Früchten. Etwa ab Juni treten die geflügelten Imagines (erwachsene Tiere) auf, die aber eher flugträge sind. Die erwachsenen Wanzen sind etwa 6 mm groß und grünlich gefärbt.

Symptome und Schadbild

Die von den Wanzen besaugten Blätter fallen durch aufgerissene Löcher, meist im Bereich der Hauptader, auf. Junge Früchte, an denen Wanzen gesaugt haben, zeigen lokale Verbräunungen. Später bilden sich jedoch verkrüppelte Früchte, da das Gewebe an den Saugstellen nicht mehr weiterwachsen kann. An besaugten Trieben kommt es zu Wachstumsdepressionen, teils auch zu einem vermehrten Austrieb von Seitentrieben.

Vorbeugen und bekämpfen

Auftretende Larven durch frühzeitige Kontrolle erfassen. Im Bedarfsfall Insektizide spritzen.

Auf einen Blick

- Blätter mit aufgerissenen Löchern an den Saugstellen
- Verkrüppelungen der Früchte
- Überwinterung als Ei an den Trieben

Kommt auch vor an

Die Nordische Apfelwanze sowie weitere in Biologie und Symptomatik vergleichbare Wanzenarten (beispielsweise Grüne Futterwanze, *Lygocoris pabulinus*) treten auch auf Beerenobst auf.

Apfelwickler

Cydia pomonella
Schmetterling

Apfel

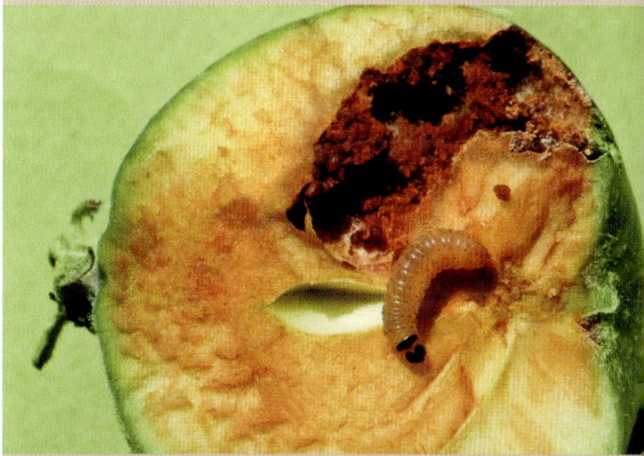

Steckbrief

Meist 2 Generation pro Jahr. Flugzeit der Falter ab Mai und ab Ende Juli. Bis zu 80 Eier legt jedes Weibchen an Blätter und junge Früchte ab. Die in der Frucht fressenden, rötlichen, bis zu 2 cm langen Larven („Obstmade") besitzen drei Brustbeinpaare und fünf Beinpaare am Hinterleib. Nach etwa 4 Wochen Fraßdauer verlassen die Larven die Frucht, seilen sich ab und verpuppen sich unter einem Gespinst in Borkenschuppen (Überwinterung).

Symptome und Schadbild

Die Larven fressen in der Frucht, der sich ansammelnde Kot tritt durch das Einbohrloch sichtbar nach außen. Befallene Früchte sind nur eingeschränkt oder gar nicht verwertbar. Frühzeitiger Fruchtfall. Vom Apfelwickler geschädigte Äpfel werden meist zusätzlich von Moniliapilzen infiziert.

Vorbeugen und bekämpfen

Fallobst frühzeitig absammeln. Wellpapperinge als Larvenverstecke um den Stamm anbringen (Juni und August); im Herbst mit den Puppen entfernen. Stammpflege im Winter. Einsatz von Schlupfwespen (*Trichogramma dendrolimi*). Einsatz von Insektiziden, teilweise auch nach Falterflugbestimmung mittels Pheromonfallen.

Kommt auch vor an

Wichtigster Schädling an Apfel, tritt auch an Birne und Walnuss auf. Die graubraunen Falter (Flügelspannweite ca. 20 mm) tragen am Vorderflügel einen „Augenfleck".

Auf einen Blick

- die Larve in der Frucht ist als „Obstmade" bekannt
- Überwinterung als Puppe am Stamm
- meist 2 Generationen pro Jahr

Blutlaus

Eriosoma lanigerum
Blasenlaus

Steckbrief

Bis zu 10 Generationen pro Jahr. Blutläuse überwintern als Larvenstadium am Wurzelhalsbereich (teils auch am Stamm, an Ästen und Zweigen). Ab Mai zeigen sich watteähnliche Blutlauskolonien an Schnitt- und Wundstellen, aber auch an den Trieben. Jedes Weibchen bringt bis zu 130 lebende Junge auf die Welt (männliche Tiere fehlen). Im Laufe des Sommers entstehen geflügelte Tiere, die weitere Bäume besiedeln.

Symptome und Schadbild

Durch die Saugtätigkeit an den Trieben kommt es zu Wucherungen und Deformationen („Blutlauskrebs"). Aufgerissene Stellen sind Eintrittspforten für Pilze. Ein starker Befall führt zur Schwächung der Bäume.

Vorbeugen und bekämpfen

Ohrwürmer als natürliche Blutlausräuber fördern mit umgekehrt aufgehängten Tontöpfen, die mit Holzwolle gefüllt sind. Die von der Blutlauszehrwespe parasitierten Blutläuse sind schwarz gefärbt und ohne Wachswolle. Keine überhöhte Stickstoffdüngung (erhöhte Blutlausanfälligkeit). Weniger anfällige Sorten bevorzugen. Einsatz von Insektiziden an den lokalen Blutlauskolonien.

Auf einen Blick

- Kolonien von Läusen mit auffälliger Wachswolle
- Larven überwintern am bodennahen Stammbereich
- Bildung von Triebwucherungen („Blutlauskrebs")

Ganz nah dran

Die Einzeltiere sind etwa 2 mm groß und tragen am Hinterleib eine weiße Wachswolle. Werden die Tiere zerdrückt, tritt ein blutroter Saft aus („Blutlaus").

Frühjahrsapfel-blattsauger

Psylla mali
Blattsauger

Steckbrief

Eine Generation pro Jahr. Die Überwinterung erfolgt als Ei in kleinen Gelegen, bevorzugt an Triebspitzen. Ab April schlüpfen die stark abgeflachten, nur etwa 2 mm großen, grünen Larven. Diese saugen an frischen Blatt- und Blütenknospen. Ältere Larvenstadien besitzen bereits erkennbare Flügelanlagen (Nymphen). Nach der Häutung treten ab Mai die 3 mm großen, deutlich geflügelten Blattsauger auf. Im Herbst findet die Paarung und Eiablage statt, mit bis zu 100 Eiern pro Weibchen.

Symptome und Schadbild

Durch die Saugtätigkeit der Larven werden die Blätter stark geschädigt, sodass teilweise der Austrieb ausbleibt, befallene Blattbüschel braun werden oder ganz absterben. Die Blätter verkleben sehr stark, da die Larven reichlich Honigtau produzieren. Auf diesem siedeln sich Schwärzepilze an, sodass es zu einer weiteren Beeinträchtigung der Pflanzen kommt. Die erwachsenen Tiere rufen keine Schäden hervor.

Vorbeugen und bekämpfen

Spritzung beim Austrieb gegen überwinternde Eier. Bekämpfung der Larven mit wiederholten Insektizid-Behandlungen zur Blüte.

Ganz nah dran

Die erwachsenen Blattsauger lassen sich den Sommer über an den Pflanzen nachweisen. Sie sind recht aktiv, sehr scheu und fliegen rasch davon.

Auf einen Blick

- grünliche, stark abgeflachte Larven
- klebrige Blätter durch starke Honigtauproduktion
- Besiedlung der Blätter mit Schwärzepilzen

Apfel

Auf einen Blick

- krebsartige Wucherungen an Trieben
- bevorzugter Eintritt des Pilzes über Wunden und Verletzungen
- Fruchtkörper an den Wucherungen

Obstbaumkrebs

Nectria galligena
Pilz

Steckbrief

Dieser Erreger infiziert und schädigt Triebe, Äste und auch den Stamm von Apfelbäumen. Die Infektionen erfolgen über Wunden der unterschiedlichsten Art (Hagel- oder Frostschäden, Schnittwunden, Blattstielnarben im Herbst nach dem Laubfall). Auf den befallenen Rindenpartien werden unterschiedliche Fruchtkörper- und Sporenformen gebildet, die den Pilz weiterverbreiten.

Symptome und Schadbild

Infektionen an jungen Trieben besitzen dunkle, eingesunkene Stellen. Bei einem umlaufenden Befall stirbt der darüber liegende Triebabschnitt ab. Krebsartige, mit einem meist deutlichen Wulstrand versehene Wucherungen an älteren Ästen oder am Stamm. Weißliche oder rötliche Fruchtkörperlager.

Vorbeugen und bekämpfen

Befallene Krebsstellen am Stamm bis ins gesunde Holz ausschneiden und entfernen. Geschädigte Triebe etwa eine Handbreite darunter abschneiden. Weniger anfällige Sorten pflanzen. Größere Schnittwunden mit Wundverschlussmitteln verstreichen. Keine überhöhte Stickstoffdüngung. Einsatz von Kupferpräparaten zum Laubfall.

Ganz nah dran

An den Befallsstellen bevorzugt im Sommer weißliche Fruchtkörperlager (Einzelgröße 1 – 2 mm), nahezu ganzjährig zudem deutlich rote Fruchtkörperansammlungen (Einzelgröße 0,5 mm).

Obstbaumminiermotte

Lyonetia clerkella
Schmetterling

Steckbrief

3 – 4 Generationen pro Jahr. Nach der Überwinterung unter der Borke von Stämmen fliegen ab April die ersten Falter. Nach der Paarung legen die Weibchen einzeln bis zu 60 Eier in kleine, mit einem Legebohrer angefertigte Taschen auf die Blattunterseite. Die nach etwa einer Woche schlüpfenden Larven bohren sich in das Blattgewebe ein und rufen Miniergänge hervor. Kopf und Beine der bis zu 8 mm langen, grünlichen Raupen sind deutlich braun. Nach einer Fraßzeit von 3 – 4 Wochen verlassen sie ihren Gang und verpuppen sich innerhalb von 2 Wochen in einem hängemattenartigen Gespinst auf der Blattunterseite.

Symptome und Schadbild

Schlangenförmige Miniergänge im Blatt. Ein geringer Befall von Einzelminen auf wenigen Blättern kann toleriert werden, ein stärkerer Befall führt aber zu Blattschäden.

Vorbeugen und bekämpfen

Abpflücken befallener Blätter vor dem Verlassen der Larven. Mechanische Zerstörung der Larven im Blatt sowie der Puppen auf der Blattunterseite. Einsatz von Insektiziden gegen die jungen Larven im Blatt.

Ganz nah dran

Die Flügelspannweite der Falter ist ca. 8 – 9 mm. Die mit Fransen versehenen Vorderflügel sind hell gefärbt und besitzen einen dunklen Fleck am Ende.

Apfel

Auf einen Blick

- schlangenförmige Miniergänge im Blatt
- Überwinterung als Falter
- bis zu 4 Generationen pro Jahr

Apfel

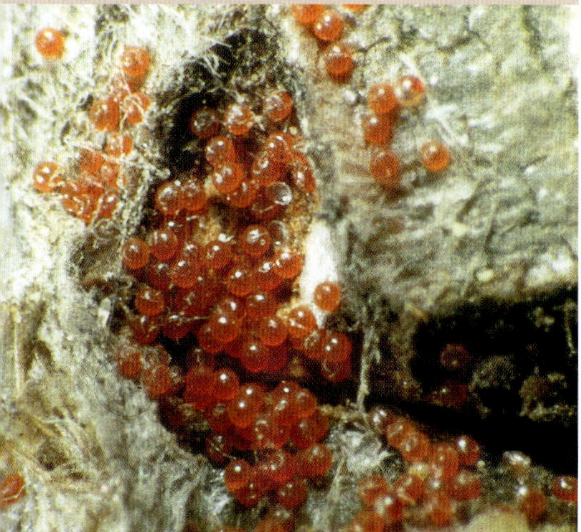

Obstbaumspinnmilbe

Panonychus ulmi
Spinnmilbe

Steckbrief

4–8 Generation pro Jahr. Überwinterung als Ei an Trieben und Ästen. Bedingt durch größere Ansammlungen fallen die einzeln nur etwa 0,2 mm kleinen zwiebelförmigen, deutlich rot gefärbten Eier rasch ins Auge. Die nur 0,4 mm langen, roten Spinnmilben besitzen einen ovalen Körper. Innerhalb weniger Wochen ist die erste Generation vollzogen und die Weibchen legen ihre etwa 30 Sommereier auf die Unterseite der Blätter ab. Daraus entwickelt sich die zweite Generation. Eine trocken-warme Witterung fördert das Auftreten.

Symptome und Schadbild

Durch die auf der Blattunterseite saugenden Tiere erhalten die Blätter eine helle Sprenkelung. Auf der Blattunterseite zeigt sich ein Gespinstgeflecht. Stärker befallene Blätter vertrocknen und fallen frühzeitig ab. Triebwachstum und Fruchtansatz werden vermindert.

Vorbeugen und bekämpfen

Keine überhöhte Stickstoffdüngung. Natürlich auftretende Raubmilben dezimieren das Vorkommen (Schonung durch Verzicht auf schwefelhaltige Pflanzenschutzmittel). Abtötung der Eier durch eine Austriebsspritzung. Einsatz spezieller Akarizide in der Vegetationszeit.

Auf einen Blick

- rot gefärbte Eigelege überwintern an Ästen
- Blattsprenkelung und feine Gespinste auf den Blattunterseiten
- trockenwarme Witterung fördert die Milbenentwicklung

Ganz nah dran

Die beim Austrieb schlüpfenden Larven sind, wie alle Stadien, rot gefärbt („Rote Spinne“), tragen jedoch nur drei statt vier Beinpaare.

Regenflecken- und Fliegenschmutzfleckenkrankheit

Gloeodes pomigena, Schizothyrium pomi
Pilz

Steckbrief

Die krankheitsverursachenden Pilze überwintern an Trieben vom Apfel. Die gebildeten Sporen werden durch Wind und Wasserspritzer auf die Apfelfrüchte übertragen und zeigen 3 Wochen später erste Symptome. Erneut gebildete Sporen sorgen für die Infektion weiterer Früchte als auch Triebe, auf denen die Überwinterung erfolgt.

Symptome und Schadbild

Die Regenfleckenkrankheit äußert sich auf der Apfelfrucht durch zahlreiche verwaschene, grünlich-schwarze Flecken, die sich ausweiten und rasch die ganze Frucht überziehen können. Die Fliegenschmutzfleckenkrankheit zeigt eine Vielzahl sehr kleiner, rundlicher schwarzer Punkte, die konzentriert auftreten. Betroffen ist in beiden Fällen nur die äußere Fruchtschale. Ein Befall tritt häufiger bei schorfresistenten Apfelsorten auf, da hier die Fungizidspritzungen gegen den Apfelschorf entfallen, die aber sonst diese Pilze wirkungsvoll bekämpft haben.

Vorbeugen und bekämpfen

Vorbeugend auf eine lichte Krone achten, die wenig Feuchtigkeit hält. Mechanische Reinigung der Früchte bei geringem Befall. Vorbeugender Einsatz von Fungiziden.

Kommt auch vor an

Die krankheitsverursachenden Pilze treten meist gemeinsam auf. Sie überwintern auch auf einer Vielzahl anderer Ziergehölze und auf Beerenobst (Brombeere).

Apfel

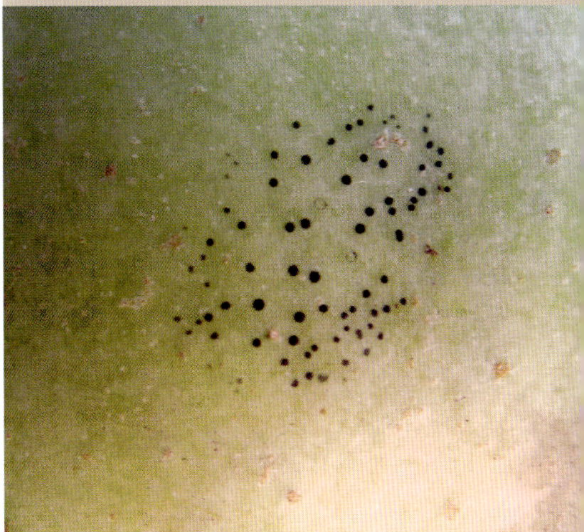

Auf einen Blick

- Fleckenbildung unterschiedlicher Art auf den Früchten
- verursacht durch nur außen auf der Schale sitzende Pilze
- häufiger bei schorfresistenten Apfelsorten

Birne

Birnenblattsauger

Cacopsylla-Arten
Blattsauger

Steckbrief

Je nach Art 1–4 Generationen pro Jahr. Den Winter verbringen die erwachsenen Blattsauger an geschützten Stellen im Boden oder in Borkenritzen. Die nur 0,5 mm großen Eier werden als kleine Gelege zum Knospenaufbruch an die Triebe, später auch auf die Blätter gelegt. Die schlüpfenden Larven saugen an den Pflanzen. Die erwachsenen Tiere saugen nur noch wenig an den Blättern. Sie suchen artabhängig bald ihre Winterquartiere auf oder durchlaufen noch bis zu 4 Generationen im Jahr.

Symptome und Schadbild

Durch die Saugtätigkeit der Larven kommt es zu Kräuselungen und Einrollungen der Blätter, Triebstauchungen und einem verminderten Fruchtansatz. Die Larven scheiden große Mengen an (klebrigem) Honigtau aus, der nachfolgend von Schwärzepilzen besiedelt wird. Birnenblattsauger sind Überträger des Birnenverfalls, einer gefährlichen Krankheit, die durch Phytoplasmen verursacht wird.

Vorbeugen und bekämpfen

Geschädigte Einzeltriebe frühzeitig entfernen. Weniger anfällige Sorten bevorzugen. Bekämpfung der erwachsenen Tiere zum Zeitpunkt der Eiablage durch Insektizide.

Auf einen Blick

- Überwinterung als erwachsene Tiere in der Bodenstreu
- Saugtätigkeit der Larven führt zu Blattkräuselungen
- hohe Honigtauproduktion mit Schwärzepilzen (Rußtaupilzen)

Ganz nah dran

Die 3 mm großen Birnenblattsauger sind anfangs noch grünlich, später deutlich braun. Sie besitzen vergleichsweise große, durchsichtige und dachartig abgelegte Flügel.
Die etwa 2–4 mm großen Larven sind stark abgeflacht und von ovaler Gestalt.

Birnengallmücke

Contarinia pyrivora
Gallmücke

Steckbrief

Eine Generation pro Jahr. Die Puppe überwintert im Boden. Ab etwa April schlüpfen die Gallmücken. Diese legen nach der Paarung mit Hilfe ihres langen Legebohrers ihre Eier in die noch geschlossenen Blüten. Innerhalb der sich entwickelnden Frucht wachsen meist etwa 20 Larven heran. Nach 4–6 Wochen verlassen die Larven die Früchte und wandern zur Verpuppung in den Boden.

Symptome und Schadbild

Befallene, junge Früchte haben eine auffällig kugelige, angeschwollene Form. Früchte ab einer Größe von etwa 2 cm verfärben sich deutlich schwarz, reißen teilweise auf und fallen frühzeitig ab. Zahlreiche Larven im Innern der Frucht.

Vorbeugen und bekämpfen

Absammeln und Entfernen der befallenen Früchte vor dem Verlassen der Larven (Reduktion des Befalls im Folgejahr). Bodenbearbeitung unterhalb der Bäume zur Puppenbekämpfung. Bevorzugt sehr früh oder sehr spät blühende Sorten pflanzen, um so eine Überschneidung mit der Flugzeit der Gallmücken zu vermeiden. Spritzung von Insektiziden kurz vor der Blüte.

Ganz nah dran

Die nur 3 mm großen Gallmücken sind dunkel gefärbt. Die kopf- und beinlosen weißen Larven werden bis zu 5 mm lang, sie können springen.

Auf einen Blick

- angeschwollene, schwarz gefärbte Früchte
- zahlreiche, kleine, beinlose Larven im Innern der Frucht
- Überwinterung als Puppe im Boden

Birne

Auf einen Blick

- Pilz mit einem Wirtswechsel von Birne zu bestimmten Wacholder-Arten
- Infektion der Birne erfolgt jedes Jahr aufs Neue
- Pilz überdauert langjährig im Wacholder

Birnengitterrost

Gymnosporangium sabinae
Pilz

Steckbrief

Die am Wacholder im zeitigen Frühjahr gebildeten Sporen werden mit dem Wind und Insekten auf die Blätter der Birnen übertragen. Nach der dortigen Ausbildung weiterer Fruchtkörper werden die zuletzt gebildeten Sporen wieder im Spätsommer auf Wacholderbüsche übertragen. Hier erfolgt nicht nur die Überwinterung, sondern der Wacholder bleibt zeitlebens vom Pilz infiziert. Die Birne muss jedes Jahr erneut infiziert werden, ihr Herbstlaub kann bedenkenlos kompostiert werden.

Symptome und Schadbild

Ab April spindelförmige Triebverdickungen mit Sporenlager am Wacholder. Ab Mai orange Flecken mit kleinen dunklen Punkten auf der Blattoberseite der Birnen, ab August warzenartige, gitterartig aufgerissene Fruchtkörper auf der Blattunterseite. Frühzeitiger Laubfall bei starkem Blattbefall.

Vorbeugen und bekämpfen

Großzügiger Rückschnitt befallener Wacholdertriebe. In isolierten, ländlichen Lagen kann eine Wacholderrodung die Birnenbäume vor einer Infektion schützen (nicht jedoch im städtischen Umfeld). Entfernung befallener Blätter der Birnen vor dem Sporenflug im Spätsommer (verhindert Wacholderinfektionen). Es werden nur bestimmte Wacholderarten befallen (Anfälligkeitslisten beachten). Weniger anfällige Birnensorten oder resistente Wacholder pflanzen. Fungizidspritzungen an Birne ab April (Sporenflug vom Wacholder).

Ganz nah dran

Am Wacholder bilden sich spindelförmige Triebverdickungen mit ausquellenden, braun gefärbten, 1 – 2 cm großen gallertartigen Sporenlagern.

Birnenknospenstecher

Anthonomus pyri
Käfer

Steckbrief

Eine Generation pro Jahr. Die Überwinterung erfolgt als Ei, in wärmeren Regionen auch als Larve in den Blütenknospen. Die Larven fressen die Knospen von innen her aus. Im Mai verpuppen sich die Larven in den Knospen, danach fressen die frisch geschlüpften Käfer noch für kurze Zeit an den Blättern. Den Sommer über ziehen sich die Käfer in Borkenritzen zurück. Ab September verlassen sie ihre Verstecke und fressen an Blatt- und Blütenknospen. Die Weibchen legen nach der Paarung jeweils ein Ei in eine Blütenknospe (etwa 20 Eier pro Weibchen), das überwintert.

Symptome und Schadbild

Durch den Fraß der Larven treiben die Blütenknospen im Frühjahr nicht aus und sind leicht angeschwollen. Im Innern ist eine Larve oder Puppe zu finden. Bei starkem Auftreten können auch mehrere Blütenknospen an einem Trieb geschädigt sein.

Vorbeugen und bekämpfen

Entfernen befallener Knospen vor dem Schlupf der Käfer. Abklopfen der Käfer im Herbst auf eine helle Unterlage und absammeln. Einsatz von Insektiziden etwa im September, wenn die Käfer ihre Sommerlager verlassen haben.

Ganz nah dran

Die beinlosen, stark gekrümmten, bis zu 7 mm großen weißlichen Larven tragen eine braune Kopfkapsel. Der braune Käfer mit langem Rüssel ist 5 mm groß und besitzt ein helles Band auf den Flügeldecken.

Auf einen Blick

- Überwinterung als Ei in den Blütenknospen
- Käfer verstecken sich im Sommer unter der Borke
- Entfernung der Knospen vor dem Käferschlupf

Birne

Auf einen Blick

- Blätter mit roten, später schwarz gefärbten, flächig auftretenden Pusteln
- Gallmilben überwintern unter Knospenschuppen
- Einzeltiere sind nur 0,2 mm groß

Birnenpockenmilbe

Eriophyes pyri
Gallmilbe

Steckbrief

Mehrere Generationen pro Jahr. Den Winter überstehen die Gallmilben unter den Knospenschuppen, in denen sie vor Witterungseinflüssen und Feinden geschützt sind.
Die weißlichen Tiere sind nur 0,2 mm groß, von wurmförmiger Gestalt und besitzen zwei vordere Beinpaare. Beim Austrieb besiedeln die Gallmilben die jungen Blätter und beginnen dort mit ihrer Saugtätigkeit. Bereits im Sommer verlassen die Tiere die Blätter und suchen ihre Überwinterungsquartiere auf.

Symptome und Schadbild

Durch die Saugtätigkeit werden auf den Blättern pockenartige Pusteln gebildet, in denen die Tiere gesellig auftreten und sich mittels Eier vermehren. Die Farbe der Pusteln verändert sich von unscheinbar Grün zu später deutlich Rot und dann Schwarz. Selten treten auch an Trieben und Früchten Gallen auf.

Vorbeugen und bekämpfen

Frühzeitige Entfernung befallener Blätter (vor dem Abwandern im Sommer). Einsatz geeigneter Akarizide beim Austrieb und vor der Blüte.

Nicht verwechseln!

Die Symptome können bei flüchtiger Betrachtung leicht mit denen des Birnenschorfs (Pilz) verwechselt werden.

Birnenschorf

Venturia pirina
Pilz

Steckbrief

Der Pilz überwintert wie der Apfelschorf im Falllaub als Fruchtkörper, zunehmend auch als Pilzgeflecht an Trieben („Grind"). An den Trieben bildet der Pilz bereits sehr früh Sporen, die bei feuchter Witterung zu einer Infektion der Blätter, später auch der Früchte führen. Die auf den neu infizierten Blättern gebildeten Sporen sorgen, unterstützt von Wind und Wasserspritzern, für eine weitere Ausbreitung.

Symptome und Schadbild

Auf der Blattunterseite bilden sich früh olivgrüne, samtartige Flecken, später dort dunkle Flecken auf der Blattoberseite. Hinweise auf Infektionen sind auch dunkle Flecken auf den noch grünen Trieben sowie blasige Auftreibungen an verholzten Trieben, dort überwintert der Pilz. Auf Früchten schorfige Verfärbungen, die je nach Intensität auch zusammenfließen können. Früchte reißen auf und verkrüppeln.

Vorbeugen und bekämpfen

Nutzung weniger anfälliger Birnensorten. Laub im Herbst entfernen. Rückschnitt der Überwinterungsstellen an den Trieben („Grind"). Ein lockerer Pflanzaufbau vermindert die Infektionsgefahr. Einsatz von Fungiziden bereits ab dem Austrieb.

Nicht verwechseln!

Die Symptome können bei flüchtiger Betrachtung leicht mit denen der Birnenpockenmilbe (Gallmilbe) verwechselt werden.

Birne

Auf einen Blick

- Pilz überwintert im Falllaub und an den Trieben
- Blätter und Früchte mit braunen, schorfigen Flecken
- Sporenverbreitung über Wind und Wasserspritzer

Birne

Auf einen Blick

- spiralige Anstichstellen an der Triebspitze
- umgeknickte, dunkel gefärbte Triebspitze
- minierende Larve in der Triebspitze

Birnentriebwespe

Janus compressus
Blattwespe

Steckbrief

Eine Generation pro Jahr. Die Larve überwintert im Trieb und verpuppt sich im Frühjahr, die erwachsenen Blattwespen fliegen etwa ab Mai. Sie sind von wespenähnlicher Gestalt, dunkel gefärbt, etwa 8 mm groß und besitzen einen rötlichen Hinterleib. Die Weibchen stechen spiralig die Spitze junger Triebe an und legen jeweils ein Ei in den Trieb. Im Innern des Triebes entwickelt sich die bis zu 10 mm große, helle Larve mit zurückgebildeten Beinen.

Symptome und Schadbild

Im Innern der welkenden Triebspitzen findet sich eine triebabwärts fressende, helle Larve. Unterhalb der geschädigten Triebspitze sind rund zwei Dutzend spiralig angeordnete, dunkel gefärbte Einstichstellen erkennbar.

Vorbeugen und bekämpfen

Ausschneiden der welkenden Triebspitze mit der darin befindlichen Larve: Kontrolle auf einen Larvenbesatz, da sonst auch andere Ursachen für das Schadbild möglich sind.

Nicht verwechseln!

Junge Triebspitzen welken nach einem Befall und färben sich schwarz. Dieses Schadbild ähnelt sehr dem der durch Bakterien hervorgerufenen Feuerbranderkrankung.

Feuerbrand

Erwinia amylovora
Bakterien

Steckbrief

Die Bakterien überwintern in eingesunkenen, braunen, teils rissigen Stellen („Canker") auf der Rinde. Bei feuchtwarmer Witterung setzt eine Vermehrung der Bakterien ein, die sich außerhalb der Triebe in Form schleimiger, bernsteinfarbener Tropfen äußert. Dieser Bakterienschleim wird durch Insekten (Bienen) und Vögel, aber auch Wasserspritzer und Wind übertragen. Nachfolgende Infektionen erfolgen bevorzugt über die Blüten und Triebe.

Symptome und Schadbild

Blätter und Blüten welken und verfärben sich rasch schwarz („Feuerbrand"), bleiben jedoch weiterhin am Baum haften. Junge Triebspitzen zeigen eine hakenförmige Krümmung („Krückstock"). Unreife Früchte werden schwarz und schrumpeln ein (Mumien).

Vorbeugen und bekämpfen

Meldepflichtige Krankheit. Abgestorbene Pflanzen roden und verbrennen (Rücksprache mit Pflanzenschutzamt). Rückschnitt infizierter Triebe im Winter bis ins gesunde Holz sowie Desinfektion der Schnittwerkzeuge (70%iger Alkohol, 20 Sekunden). Kein Einsatz von Pflanzenschutzmitteln möglich.

Kommt auch vor an

Feuerbrand tritt auch an Apfel und Quitte sowie an verschiedenen Ziergehölzen (etwa Weißdorn, *Cotoneaster*) auf. Feuchtwarme Witterung fördert die Ausbreitung.

Birne

Auf einen Blick

- meldepflichtige Bakterienerkrankung (Pflanzenschutzamt)
- Überdauerung in braun gefärbten Triebstellen („Cancker")
- schwarze Verfärbungen der Blätter und Blüten

Brombeere und Himbeere

Auf einen Blick

- Milben überwintern unter den Knospenschuppen
- Teilfrüchte färben sich ungleichmäßig aus
- Einzeltiere sind mit bloßem Auge nicht erkennbar

Brombeergallmilbe

Acalitus essigi
Gallmilbe

Steckbrief

Mehrere Generationen pro Jahr. Die Milben überwintern unter den Knospenschuppen und in eingetrockneten Früchten. Im Frühjahr besiedeln sie zunächst Unterseiten und Stiele der Brombeerblätter und wandern dann auf die sich entwickelnden Blüten. Später saugen sie an den einzelnen Teilfrüchten. Zum Spätsommer hin sinkt die Vermehrungsrate deutlich ab, auch sterben viele Tiere.

Symptome und Schadbild

Die im Frühjahr besaugten Blätter haben eine feine Sprenkelung, blattunterseits finden sich die Gallmilben. Die Milben saugen bevorzugt an Teilfrüchten der Fruchtbasis. Die Teilfrüchte färben nicht richtig aus, bleiben rot und verhärten, zudem leidet der Geschmack deutlich.

Vorbeugen und bekämpfen

Entfernen geschädigter Früchte (Reduzierung des Befalls im Folgejahr). Frühreifende Sorten gegenüber spätreifenden bevorzugen. Sträucher an geschützten, warmen Lagen werden stärker befallen. Rückschnitt der Ranken zum Winter hin. Einsatz von Pflanzenschutzmitteln zur Vorblüte und Blüte.

Ganz nah dran

Die Gallmilben sind nur 0,2 mm groß, von wurmartiger Gestalt und besitzen zwei vordere Beinpaare.

Brombeerrost

Phragmidium violaceum
Pilz

Steckbrief

Der Pilz überwintert im abgeworfenen Laub. Die im Frühjahr keimenden Wintersporen werden über Wasserspritzer und Wind verbreitet und führen zu einer ersten Infektion der Blätter. Über dort gebildete Sporen breitet sich der Pilz auf andere Blätter, Triebe und Pflanzen aus.

Symptome und Schadbild

Die Blattoberseiten der Brombeerblätter zeigen rötliche runde Flecken. Einzelne Befallsstellen fließen später zusammen und verbräunen. Blattunterseits bilden sich pustelartige Pilzsporenlager, die zu Beginn orange, später im Jahr deutlich rostfarben gefärbt sind. Ein starker Befall hat einen frühzeitigen Laubfall zur Folge. Neben den Blättern werden teilweise auch die Triebe mit vergleichbaren Symptomen befallen. Zudem kommt es zur Schwächung der Pflanze. Die zum Winter gebildeten Sporenlager sind schwarz gefärbt.

Vorbeugen und bekämpfen

Entfernen des Herbstlaubs zur Reduzierung des Befalls im Folgejahr. Entfernen der früh befallenen Blätter, um eine weitere Ausbreitung zu vermeiden. Einsatz von Fungiziden beim Auftreten der ersten Blattsymptome.

Kommt auch vor an

Ein Wirtswechsel auf andere Pflanzen erfolgt nicht. Der Pilz tritt ganzjährig, mit Schwerpunkt im Sommer, an der Brombeere auf.

Auf einen Blick

- Pilz überwintert im Herbstlaub
- Blattoberseite mit rötlichen Verfärbungen
- Blattunterseite mit pustelartigen, rostfarbenen Pilzsporenlager

Himbeerblattlaus

Aphis idaei (Kleine Himbeerblattlaus)
Amphophora idaei
(Große Himbeerblattlaus)
Blattlaus

Steckbrief

Mehrere Generationen pro Jahr. Während die Eier der Kleinen Himbeerblattlaus bevorzugt im oberen Teil der Ruten abgelegt werden, finden sich die der Großen Himbeerblattlaus eher im unteren Teil. Die etwa ab März schlüpfenden Läuse besiedeln die Knospen und später die Blätter. Die Kleine Himbeerblattlaus tritt im Frühjahr in Kolonien auf, verteilt sich im Jahresverlauf aber rasch auf den Blättern. Die Große Himbeerblattlaus zeigt sich von Beginn an nur in kleineren Kolonien. Im Herbst erfolgt die Eiablage auf den Ruten.

Symptome und Schadbild

Intensive Blattkräuselung der jungen Blätter im Frühjahr, insbesondere bei der Kleinen Himbeerblattlaus. Deformationen der Triebspitzen. Häufiger Besuch von Ameisen, die den Honigtau der Läuse nutzen. Überträger verschiedener Viren („Himbeermosaik“).

Vorbeugen und bekämpfen

Sorten bevorzugen, die gegenüber den übertragenen Viren weniger anfällig sind. Austriebsbehandlung mit einem ölhaltigen Insektizid zur Bekämpfung der überwinternden Eier. Frühzeitige Spritzung gegen die schlüpfenden Läuse und ersten Kolonien.

Auf einen Blick

- Überwinterung als Ei auf den Ruten
- Blattkräuselungen und Deformationen
- Blattläuse können Viren übertragen

Ganz nah dran

Die Kleine Himbeerblattlaus ist ca. 2 mm lang, die ca. 4 mm lange Große Himbeerblattlaus besitzt lange Beine und Fühler. Im Frühsommer treten geflügelte Tiere auf, die für eine weitere Ausbreitung sorgen.

Himbeerkäfer

Byturus tomentosus
Käfer

Steckbrief

Eine Generation pro Jahr. Die Käfer überwintern im Boden und treten ab Mai an den Blüten von Himbeere und anderen Rosengewächsen auf (Apfel, Birne, Weißdorn). Ab Juni legt das Weibchen bis zu 100 Eier an den Staubgefäßen der Himbeerblüten ab. Die Larven entwickeln sich innerhalb der ausgebildeten Früchte. Nach etwa 6 – 8 Wochen verlassen sie die Frucht und wandern zur Verpuppung in den Boden. Der Käfer schlüpft im Herbst, verbleibt jedoch bis zum Frühjahr im Boden.

Symptome und Schadbild

Fraßschäden der Käfer im Frühjahr an den Knospen und Blättern. In den Früchten befindet sich jeweils eine Käferlarve („Himbeerwurm"), die am Fruchtboden und den Teilfrüchten frisst.

Vorbeugen und bekämpfen

Bei Einzelpflanzen Abklopfen der Käfer auf eine weiße Unterlage. Vermeidung von schattigen Lagen. Herbsttragende Sorten bevorzugen. Abfangen der Käfer mit beleimten Weißtafeln. Früchte und die darin befindlichen Larven absammeln. Einsatz von Insektiziden zur Vorblüte und auch Blütezeit.

Ganz nah dran

Der bei warmem Wetter flugfreudige braune, behaarte Käfer ist etwa 5 mm lang. Die hellbräunlichen Larven mit dunklen Rückenplatten werden etwa 8 mm lang, tragen drei Beinpaare.

Auf einen Blick

- Käfer überwintert im Boden
- Larven („Himbeerwurm") leben in Früchten
- herbsttragende Sorten bevorzugen

Brombeere und Himbeere

Auf einen Blick

- Orangerote, beinlose Larven fressen unter der Rinde
- Verpuppung im Boden
- 3 Generationen pro Jahr

Himbeerrutengallmücke

Thomasiniana theobaldi
Gallmücke

Steckbrief

3 Generationen pro Jahr. Nach der Überwinterung im Boden verpuppen sich die Larven im Mai zu ausgewachsenen Gallmücken. Die Weibchen legen ihre Eier in Rindenrisse der einjährigen Ruten ab.
Innerhalb von 2 – 3 Wochen entwickeln sich die Larven unterhalb der Rinde. Dann verlassen sie die Ruten und wandern zur Verpuppung in den Boden, wo die Gallmücken der nächsten Generation schlüpfen.

Symptome und Schadbild

Die von den Larven besiedelten Rindenabschnitte verbräunen äußerlich. Die Schäden treten bevorzugt bis zu einer Rutenhöhe von 40 cm auf. Je nach Anzahl der geschädigten Rindenpartien kann es zum Absterben der Ruten führen. Die Rindenverletzungen sind zentrale Eintrittsstellen für eine Infektion der Himbeerrutenkrankheit (Pilz).

Vorbeugen und bekämpfen

Rückschnitt befallener Triebe. Abgetragene Ruten nach der Ernte abschneiden. Rissbildung und Triebverletzungen an Ruten vermeiden. Boden mulchen. Ausgewogene Düngung und Bewässerung. Einsatz von Insektiziden gegen die Weibchen zum Zeitpunkt der Eiablage, insbesondere bis zu einer Rutenhöhe von 40 cm.

Ganz nah dran

Die nur 2 mm großen, rotbraunen Gallmücken besitzen durchsichtige Flügel und lange Beine. Die beinlosen, etwa 3 mm großen Larven sind orangerot gefärbt.

Himbeerrutenkrankheit

Didymella applanata,
Leptosphaeria coniothyrium
Pilz

Steckbrief

Die verursachenden Pilze überwintern an den Ruten. Im Frühjahr bilden sie Sporen, die an den Ruten für erste Infektionen sorgen. Allerdings sind eine feuchte Witterung sowie feine Verletzungen der Rinde (durch Himbeerrutengallmücke, Trockenheit, Frost) Voraussetzung für das Auftreten der Krankheit. Neu gebildete Sporen führen zu einer weiteren Ausbreitung.

Symptome und Schadbild

Von den Blattachseln und Knospen ausgehend verfärben sich Rindenstellen braun bis violett bei einer Rutenlänge von 20–40 cm. Die geschädigten Stellen reißen häufig auf und färben sich später silbrig-weiß. Geschädigte Ruten sterben ab oder brechen bei leichter Belastung bodennah ab.

Vorbeugen und bekämpfen

Verletzungen der Rinde vermeiden (ausgewogene Bewässerung und Düngung, Bekämpfung der Himbeerrutengallmücke). Geschädigte Ruten zurückschneiden oder vollständig entfernen. Weniger anfällige Sorten verwenden. Feuchte Bestände vermeiden (durch weiten Pflanzabstand, Unkrautbekämpfung, mulchen). Einsatz von Fungiziden zum Frühjahr vor der Blüte, teils auch zusätzlich nach der Ernte zur Befallsreduktion.

Ganz nah dran

Feine Verletzungen der Rinde sind Eintrittspforten für die Pilze, deren Fruchtkörper an befallenen Stellen in der Lupe als kleine, schwarze Punkte erscheinen.

Brombeere und Himbeere

Auf einen Blick

- Wunden und Verletzungen als Eintrittspforten für den Pilz
- Rindenverfärbungen, die später silbrig-weiß sind
- Pilz überwintert an den Ruten

Erdbeere

Auf einen Blick

- Käfer überwintert in der Bodenstreu
- abgeknickte Knospenstiele mit herabhängender Knospe
- Larvenentwicklung innerhalb der eingetrockneten Knospe

Erdbeerblütenstecher

Anthonomus rubi
Käfer

Steckbrief

Eine Generation pro Jahr. Der etwa 3 mm lange, dunkle Käfer mit rüsselartig verlängertem Kopf überwintert unter Laubresten und im Boden. Nach der Paarung legt das Weibchen jeweils eines von bis zu 30 Eiern in eine noch geschlossene Blütenknospe. Anschließend nagt es den Blütenstiel direkt unter der Knospe an. In der eingetrockneten Knospe entwickelt sich eine gekrümmte, beinlose, weiße, bis zu 4 mm lange Larve mit einer braunen Kopfkapsel. Sie verpuppt sich nach etwa 2–4 Wochen innerhalb der Knospe. Der Käfer frisst im Sommer einzelne Löcher in Laubblätter.

Symptome und Schadbild

Blütenblätter im Frühjahr besitzen Fraßlöcher, die wie angestochen aussehen (auffälliger, aber vernachlässigbarer Schaden). Abgeknickte Knospenstiele, die noch eine herabhängende und zunehmend vertrocknete Knospe tragen. In den Knospen Nachweis von Larven oder Puppen. Einzelne Fraßlöcher an Laubblättern im Sommer.

Vorbeugen und bekämpfen

Absammeln der befallenen eingetrockneten Blütenknospen (vor dem Käferschlupf). Einsatz von Insektiziden zur Bekämpfung der Käfer vor dem Blühbeginn.

Kommt auch vor an

Neben Knospen von Erdbeeren können auch die Knospen von anderem Beerenobst sowie von Rosen befallen werden.

Grauschimmel

Botrytis cinerea
Pilz

Steckbrief

Der Pilz überwintert in abgestorbenen Blättern und Fruchtmumien, die am Boden liegen. Dort bilden sich im Frühjahr Sporen, die auf die Blüte übertragen werden. Feuchtwarme Bedingungen zur Blütezeit fördern das Auftreten erheblich. Bevorzugt werden bodennah hängende Früchte befallen.

Symptome und Schadbild

Betroffene Früchte verfärben sich braun, meist in der Nähe der Kelchblätter. Verfärbung kann sich rasch auf die ganze Frucht ausdehnen. Ausbildung von mausgrauem Pilzbelag auf Blättern, Früchten und Blattstielen, der bei Wind deutlich ausstäubt. Ältere Früchte werden weichfaul und wässrig. Auch andere Pilze können an den Früchten Pilzbeläge ausbilden, diese sind aber meist weißlich gefärbt (untere Abbildung).

Vorbeugen und bekämpfen

Absammeln von infiziertem Laub oder Früchten. Vermeidung einer überhöhten Stickstoffdüngung im Frühjahr. Kurz vor der Blüte Stroheinlagen auf den Boden, um so eine Abtrocknung zu fördern. Weniger anfällige Sorten bevorzugen. Weiter Reihen- oder Pflanzabstand. Keine Überkopfbewässerung zur Blütezeit am Abend. Luftige, sonnige Lagen bevorzugen. Einjährige Pflanzungen gegenüber mehrjährigen bevorzugen. Einsatz von Fungiziden zur Blütezeit.

Ganz nah dran

Im Frühjahr bilden sich Sporen, die von Wasserspritzern und Wind auf die Blüte übertragen werden. Sie rufen eine anfänglich unscheinbare Infektion hervor.

Erdbeere

Auf einen Blick

- bodennah hängende Früchte faulen bevorzugt
- mausgrauer Pilzbelag auf Blättern und Früchten
- Abtrocknung der Pflanzen fördern

Erdbeere

Auf einen Blick

- weißer, mehliger Belag auf den Blättern
- Blätter rollen sich nach oben ein und vertrocknen
- warme, windgeschützte Lagen meiden

Echter Mehltau

Podosphaera aphanis
Pilz

Steckbrief

Die Überwinterung kann sowohl als Pilzgeflecht an den grünen Blättern der Erdbeere erfolgen als auch (seltener) als Dauerkörper im abgeworfenen Laub. Ab einer Temperatur von 10 – 15 °C werden Sporen gebildet, die, vom Wind verbreitet, für erste Infektionen an den jungen Blättern sorgen. Von dort erfolgen weitere Infektionen der Blätter, Blüten und später auch der Früchte.

Symptome und Schadbild

Blätter verfärben sich rötlich, beginnend vom Blattrand auf der Blattunterseite, und weisen dort einen mehligen Belag auf. Zusätzlich rollen sich die Blätter längs zur Hauptader nach oben ein und vertrocknen. Neben Laubblättern können auch Blüten- und Blattstiele befallen werden. Unreif befallene Früchte werden hart, reife Früchte hingegen weich (teils auch mit Mehltaubelag).

Vorbeugen und bekämpfen

Weniger anfällige Sorten bevorzugen. Keine stickstoffbetonte Düngung im Frühjahr. Befallenes Laub entfernen. Warme, windgeschützte Lagen meiden. Einsatz von Fungiziden ab dem Blühbeginn und in regelmäßigen Abständen.

Ganz nah dran

Bei den Früchten werden zuerst die kleinen Samenkörner („Nüßchen“) infiziert.

Rhizomfäule und Lederbeeren

Phytophthora cactorum
Pilz

Steckbrief

Der Pilz bildet Dauersporen (Oosporen) aus, die den Boden über mehrere Jahre verseuchen können. Der Pilz infiziert die Pflanze direkt oder deren Ausläufer über Wunden, gefördert durch Stresssituationen der Pflanze (mangelnde Wasserversorgung, hohe Temperaturen). Grundsätzlich kann eine Infektion ganzjährig erfolgen, bevorzugt aber im Juli und August. Pflanzen auf feuchten Böden sind besonders anfällig. Über die infizierten Rhizome, die der Pilz abtötet, dringt er auch weiter in die Wurzeln vor. Früchte werden über Spritzwasser infiziert.

Symptome und Schadbild

Die jüngsten Blätter (Herzblätter), später auch die älteren äußeren, beginnen zu welken, vertrocknen und verbräunen. Beim Versuch, Pflanzen aus dem Boden zu ziehen, reißen diese leicht am oberen Ende ab. Das Rhizom zeigt nach einem Längsschnitt eine großflächige, dunkelrote zungenartige Fäule, die sich deutlich vom gesunden Gewebe abhebt („Rhizomfäule"). Befallene Früchte sind ungenießbar und fühlen sich ledrig-gummiartig an („Lederbeeren").

Vorbeugen und bekämpfen

Nasse Standorte meiden. Weniger anfällige Sorten bevorzugen. Befallenes Pflanzmaterial nicht kompostieren. Tauchen von Jungpflanzen in eine Fungizidlösung vor der Pflanzung.

Ganz nah dran

Die ersten Infektionen erfolgen im Frühjahr durch die Dauersporen im Erdreich, diese besitzen nur eine Größe von 20 – 30 µm (tausendstel Millimeter).

Erdbeere

Auf einen Blick

- Rhizom mit einer dunkelroten, großflächigen Fäule
- befallene Früchte sind ledrig und nicht genießbar
- Pilz überdauert mittels mikroskopisch kleiner Dauersporen im Boden

Erdbeere

Rotfleckenkrankheit

Diplocarpon earliana
Pilz

Steckbrief

Auf abgestorbenem Pflanzenmaterial übersteht der Pilz den Winter. Die zum Frühjahr gebildeten Sporen werden mittels Wind und Wasserspritzer übertragen. Eine feuchtwarme Witterung und längere Blattfeuchtedauer fördert das Auftreten der Krankheit. Insbesondere in feuchten Frühjahren oder nach der Ernte tritt die Rotfleckigkeit meist stärker auf. Früchte bleiben befallsfrei.

Symptome und Schadbild

Die Blätter besitzen purpurfarbene, später bräunliche, bis zu 5 mm große Blattflecken, die teils zusammenfließen, aber im Zentrum stets rotbraun bleiben („Rotfleckigkeit", im Gegensatz zur sonst ähnlichen Weißfleckenkrankheit). Neben den Laubblättern können auch Kelchblätter, Blatt- und Fruchtstiele Schadsymptome zeigen.

Vorbeugen und bekämpfen

Abgestorbene und stark befallene Pflanzenteile entfernen. Weniger anfällige Sorten verwenden. Einjährige Pflanzungen gegenüber mehrjährigen bevorzugen. Weiter Reihen- oder Pflanzabstand. Keine überhöhten Stickstoffgaben im Frühjahr. Einsatz von Fungiziden, bevorzugt schon ab der Blüte.

Auf einen Blick

- einheitlich rot gefärbte Blattflecken
- Pilz überwintert im abgestorbenen Laub
- Früchte bleiben symptomlos

Leicht zu verwechseln!

Häufig tritt an den Pflanzen neben der Rotfleckenkrankheit die in ihrer Biologie ähnliche Weißfleckenkrankheit auf. Ohne eine Rotfärbung im Fleckenzentrum ist eine sichere Trennung der beiden Pilze nur mikroskopisch möglich.

Weißfleckenkrankheit

Mycosphaerella fragariae
Pilz

Steckbrief

Der Pilz übersteht den Winter auf abgestorbenem Pflanzenmaterial am Boden. Die zum Frühjahr gebildeten Sporen werden mittels Wind und Wasserspritzer übertragen. Eine feuchtwarme Witterung und längere Blattfeuchtedauer fördert das Auftreten der Krankheit. Infektionen der Blätter können ganzjährig auftreten. Früchte bleiben befallsfrei.

Symptome und Schadbild

Die Blätter, insbesondere die älteren, bilden bis zu 4 mm große rötliche Einzelflecken aus, die sich im Laufe der Zeit im Zentrum grau bis weiß verfärben („Weißfleckigkeit"). Die einzelnen Flecke können bei einem stärkeren Auftreten zusammenfließen und größere Blattteile einschließen. Neben den Laubblättern können auch Kelchblätter, Blatt- und Fruchtstiele Schadsymptome zeigen.

Vorbeugen und bekämpfen

Abgestorbene und stark befallene Pflanzenteile entfernen. Weniger anfällige Sorten verwenden. Einjährige Pflanzungen gegenüber mehrjährigen bevorzugen. Weiter Reihen- oder Pflanzabstand. Keine überhöhten Stickstoffgaben im Frühjahr. Einsatz von Fungiziden, bevorzugt schon ab der Blüte.

Leicht zu verwechseln!

Häufig tritt an den Pflanzen neben der Weißfleckenkrankheit die in ihrer Biologie ähnliche Rotfleckenkrankheit auf. Ohne eine Weißfärbung im Fleckenzentrum ist eine sichere Trennung der beiden Pilze nur mikroskopisch möglich.

Erdbeere

Auf einen Blick

- rötliche Blattflecken mit später weißem Zentrum
- Pilz überwintert im abgestorbenen Laub
- Früchte werden nicht befallen

Haselnuss

Haselnussbohrer

Curculio nucum
Käfer

Steckbrief

Eine Generation pro Jahr. Die Larve überwintert im Boden und verpuppt sich dort im Frühjahr. Ab Mai tritt der Käfer auf. Nach kurzem Fraß an den Blättern bohrt das Weibchen die noch weiche Frucht an und legt ein Ei ab (bis zu 50 Eier pro Weibchen). Die Larve ernährt sich von der Nuss. Nach 4 – 5 Wochen bohrt sich die Larve im August aus der Nuss und wandert zur Überwinterung in den Boden.

Symptome und Schadbild

Kleiner Lochfraß an den Blättern im Frühjahr durch die jungen Käfer. Helle Larve im Innern der äußerlich unversehrten, innen zerfressenen Haselnuss. Frühzeitig abgeworfene oder bereits am Boden liegende Haselnüsse im Sommer mit einem etwa 2 mm großen Ausbohrloch.

Vorbeugen und bekämpfen

Absammeln befallener Haselnüsse vor der Abwanderung der Larven in den Boden. Abklopfen der Käfer im Frühjahr auf eine weiße Unterlage. Weniger anfällige Sorten bevorzugen. Bodenbearbeitung im Winter um die Haselnusssträucher herum zur Larvenbekämpfung. Wiederholter Einsatz von Insektiziden im Mai bis Juni vor der Eiablage der Käfer.

Auf einen Blick

- Larve überwintert im Boden
- Eiablage des Käfers in die noch weiche Frucht
- Larvenentwicklung innerhalb der Haselnüsse

Ganz nah dran

Der 8 mm lange, graubraune Käfer besitzt einen auffällig langen, gebogenen Rüssel. Die bis zu 10 mm lange beinlose Larve ist hell gefärbt und trägt eine braune Kopfkapsel.

Haselnussgallmilbe

Phytoptus avellanae
Gallmilbe

Steckbrief

Mehrere Generationen pro Jahr. Die Gallmilben überwintern gesellig in den kugelig angeschwollenen Knospen („Rundknospen", pro Knospe bis zu mehrere Tausend Tiere). Im Frühjahr wandern sie aus den Knospen und wandern nach einer kurzen, symptomlosen Besiedlung der Blätter in die neu angelegten Blatt- und Blütenknospen. Dort vermehren sie sich. Bei warmer Witterung kommt es im Herbst zu einer weiteren Auswanderung- und Neubesiedlungswelle.

Symptome und Schadbild

Bereits im Winter sind die rundlich angeschwollenen Knospen gut erkennbar. Diese treiben im Frühjahr nicht oder nur kaum aus und trocknen auch rasch ein. Im Innern der Knospen sind die Gallmilben erkennbar (Lupe). Schadsymptome an den Blättern oder Früchten treten nicht auf. Bei einem Befall der Blütenknospen können die weiblichen Knospen ganz absterben, die männlichen („Kätzchen") zeigen Deformationen und produzieren weniger Pollen.

Vorbeugen und bekämpfen

Die angeschwollenen Knospen vor dem Abwandern der Gallmilben bevorzugt im Winter entfernen. Einsatz von Pflanzenschutzmitteln zum Zeitpunkt der Wanderungsphase im Frühjahr, im Bedarfsfall zusätzlich im Herbst.

Ganz nah dran

Die nur 0,2 mm kleinen, wurmförmigen Gallmilben besitzen zwei vordere Beinpaare.

Haselnuss

Auf einen Blick

- rundlich angeschwollene Knospen im Frühjahr
- Knospen treiben nicht aus und vertrocknen
- Einzeltiere sind mit bloßem Auge nicht erkennbar

Haselnuss

Auf einen Blick

- Überwinterung als Ei an den Trieben
- Blätter mit punktuellen Saugstellen, die später aufreißen
- Früchte bleiben ohne Symptome

Haselnusswanze

Phylus coryli
Wanze

Steckbrief

Eine Generation pro Jahr. Die Überwinterung erfolgt als Ei an den jungen Haselnusstrieben. Im Frühjahr schlüpfen die Larven, die an Blättern, Knospen und Blüten der Haselnuss saugen. Nebenbei saugen sie auch Blattläuse und andere kleine Insekten aus. Die erwachsenen Wanzen legen im Sommer Eier, ab September sind keine Wanzen mehr auf den Sträuchern anzutreffen.

Symptome und Schadbild

Der Saugschaden an den Blättern führt anfangs nur zu punktförmigen Aufhellungen, die leicht nachdunkeln. Das Gewebe stirbt an diesen Stellen jedoch ab, sodass die Blätter beim weiteren Wachstum einreißen. Sofern an vielen Stellen am jungen Blatt gesaugt wurde, sind die älteren Blätter großflächig eingerissen und wirken auffällig zerfetzt. Dabei behalten sie ihre grüne Farbe.

Vorbeugen und bekämpfen

Sofern erforderlich (starker Befall im Vorjahr) junge Larven früh morgens im Frühjahr von der Pflanze abklopfen oder Einsatz von Insektiziden gegen die jungen Larven im Frühjahr; bevorzugt am frühen Morgen spritzen, da die Tiere dann noch recht träge auf der Pflanze sitzen.

Ganz nah dran

Die ungeflügelten, hellen Larven sind nur wenige Millimeter groß. Sie durchlaufen im Frühjahr 5 Stadien bis zur erwachsenen Wanze. Diese sind 5 mm lang, geflügelt und dunkel gefärbt.

Bakterienbrand

Pseudomonas-Arten
Bakterien

Steckbrief

Der Erreger überwintert in Rinde oder Knospen. Von dort aus werden im Frühjahr die jungen Blätter, manchmal auch Blüten und Früchte, infiziert. Ältere Blätter sind weniger anfällig und verlieren ihre Anfälligkeit zum Jahresende hin nahezu vollständig. Zum Herbst hin erfolgen wieder Infektionen der Blattnarben oder kleineren Wunden an den Trieben und am Stamm.

Symptome und Schadbild

Auf der Rinde werden dunkle, rissige Stellen ausgebildet, die teils zum Absterben ganzer Triebe führen können. Häufig tritt zusätzlich Gummifluss auf. Auf den Blättern bilden sich zahlreiche braune Blattflecken aus, die teilweise herausfallen und so einen „Schrotschusseffekt“ zeigen (mögliche Verwechslungsgefahr mit der durch Pilze hervorgerufenen Schrotschusskrankheit). Befallene Früchte bekommen braune Flecken, die teils bis zum Fruchtfleisch auftreten. Blütenblätter verbräunen, befallene Knospen treiben nicht aus.

Vorbeugen und bekämpfen

Geschädigte Triebe herausschneiden. Ein Weißeln der Stämme reduziert das Infektionsrisiko im Herbst deutlich. Jeden die Pflanze schwächenden Faktor vermeiden (Düngung, Bewässerung, Bekämpfung anderer Schaderreger). Ein Einsatz von Pflanzenschutzmitteln ist nicht möglich.

Ganz nah dran

Die braunen Flecken auf den Blättern sind im Gegenlicht betrachtet von einem deutlich öligen, gelblichen Rand umgeben.

Kirsche

Auf einen Blick

- lokale Triebschäden mit zusätzlichem Gummifluss
- braune Blattflecken mit gelbem, öligem Rand
- Früchte mit braunen Flecken

Kirsche

Kirschenblattlaus

Myzus cerasi, Myzus prunavium
Blattlaus

Steckbrief

Mehrere Generationen pro Jahr. Die schwarz glänzenden Blattlauseier überwintern an den Trieben. Ab April schlüpfen die ersten schwarzen, etwa 2 mm langen Blattläuse, die rasch die Blattunterseiten und die Triebspitzen besiedeln. Während der Vegetationsperiode werden nur Weibchen lebend geboren, männliche Tiere sind nicht bekannt (parthenogenetische Vermehrung). Im Herbst legen sie Eier an die Triebe ab, die dort überwintern.

Symptome und Schadbild

Deutlich eingerollte Blätter, die unterseits von einer Vielzahl schwarzer Läuse besiedelt sind. Ein starker Triebbefall führt zum Verkümmern, teils auch zum Absterben der jungen Triebe. Verschmutzung der Blätter durch klebrigen Honigtau und Schwärzepilze. Ameisenbesuch.

Vorbeugen und bekämpfen

Förderung von Nützlingen (Marienkäfer, Florfliegen, Schwebfliegen). Anbringen von Leimringen um den Stamm im Frühjahr, die eine Zuwanderung der Ameisen reduzieren. Austriebsspritzung gegen die überwinternden Eier. Frühjahrsbehandlungen mit geeigneten Insektiziden.

Auf einen Blick

- Überwinterung als Ei an den Trieben
- schwarze, etwa 2 mm große Blattläuse
- Blätter rollen sich ein, Honigtau und Schwärzepilze folgen

Kommt auch vor an

Ein Teil der geflügelten Blattläuse wandert im Sommer auf krautige Pflanzen ab, etwa Labkraut oder Ehrenpreis. Zum Herbst hin wandern diese Läuse jedoch wieder zur Eiablage zurück auf die Kirsche.

Kirschenblattwespe

Caliroa cerasi
Blattwespe

Kirsche

Steckbrief

2 Generationen pro Jahr. Die Larven überwintern im Boden und verpuppen sich dort im Frühjahr. Ab Mai treten die ersten etwa 6 mm langen, glänzend schwarzen Blattwespen mit hellen, glasigen Flügeln auf. Jedes Weibchen legt bis zu 50 Eier einzeln in kleine Schlitze auf der Blattunterseite ab. Die trägen Larven fressen auf der Blattoberseite und wandern nach etwa 3 Wochen zur Verpuppung in den Boden, in dem auch die Larven der zweiten Generation überwintern. Neben Kirschen können auch Birnen befallen werden.

Symptome und Schadbild

Nacktschneckenartige, gelbe, mit dunklem Schleim bedeckte Larven auf der Blattoberseite. Aufgrund des Schabefraßes verbräunt die darunterliegende Schicht („Fensterfraß"), sodass die feine Aderstruktur sichtbar wird. Befallene Blätter werden braun und rollen sich nach oben ein.

Vorbeugen und bekämpfen

Absammeln einzelner Larven. Bei stärkerem Befall Rückschnitt von Trieben oder Blätter. Einsatz von Insektiziden während der frühen Larvenzeit.

Ganz nah dran

Die etwa 6 mm langen, tropfenförmigen Larven haben zehn unscheinbare Beinpaare. Ihre gelbe Farbe wird von einem glänzend schwarzen Schleim überdeckt.

Auf einen Blick

- Schabefraß der Larven auf der Blattoberseite
- nacktschneckenartige, bis zu 6 mm große Larven
- 2 Generationen pro Jahr

Kirsche

Auf einen Blick

- weiße Larve frisst in der Kirsche („Kirschmade“)
- Fliege mit gelbem, auffälligem Rückenschild
- Überwinterung als Puppe im Boden

Kirschfruchtfliege

Rhagoletis cerasi
Fliege

Steckbrief

Eine Generation pro Jahr. Die gelbe Puppe überwintert im Boden. Ab Mitte Mai schlüpfen die Fliegen, die an den ersten Tagen Nektar aus den Nektarien der Kirschblätter saugen. Jedes Weibchen legt in jede Frucht, die sich gerade von Grün nach Gelb umfärbt, eines von bis zu 200 Eiern. Nach etwa 3 Wochen verlässt die Larve („Kirschmade“) über ein Ausbohrloch die Frucht und wandert zur Verpuppung in den Boden. Neben der Europäischen Kirschfruchtfliege tritt seit kurzem auch die Amerikanische Kirschfruchtfliege (*Rhagoletis cingulata*) auf, die vor allem späte Süßkirschensorten und Sauerkirschen befällt.

Symptome und Schadbild

Meist in der Nähe vom Stielansatz befindet sich eine bräunliche Stelle. Im Innern der Frucht frisst eine beinlose Larve, oft in Kernnähe.

Vorbeugen und bekämpfen

Bevorzugung von frühen Sorten. Absammeln der Früchte vor der Larvenabwanderung. Kleinkronige Bäume mit Netzen einschließen. Aufhängen von klebrigen Gelbtafeln in die Baumkrone (Südseite) zum Flugtermin der Weibchen. Einsatz von Insektiziden zum Flugzeitpunkt der Weibchen.

Ganz nah dran

Die Fliege ähnelt einer Stubenfliege. Sie ist 4 mm lang, trägt ein gelbes Rückenschild, grüne Augen und dunkel gestreifte Flügel. Die beinlose, weiße Larve ist 6 mm lang.

Monilia-Spitzendürre

Monilia laxa
Pilz

Kirsche

Steckbrief

Der Pilz überwintert in den erkrankten Trieben oder auch in den am Baum hängenden, eingeschrumpelten „Fruchtmumien“. Die im Frühjahr gebildeten Sporen werden auf die Blüten mittels Wind und Insekten übertragen. Über die infizierten Blüten wandert der Pilz in den Trieb ein. Dort gebildete Sporen infizieren später die Früchte.

Symptome und Schadbild

Infizierte Blüten welken und verbräunen rasch, bleiben aber weiter am Trieb sitzen. An der Übergangsstelle zum gesunden Gewebe treten Gummitropfen hervor. Bei Sauerkirschen sterben die Triebe mit den Blüten über eine Länge von 20 – 40 cm ab („Spitzendürre“), bei der Süßkirsche sind oft nur einzelne Blütenbüschel betroffen.

Vorbeugen und bekämpfen

Rückschnitt infizierter Triebe bis ins gesunde Holz hinein. Entfernen der am Baum hängenden Fruchtmumien. Faulende Früchte rechtzeitig entfernen. Weniger empfindliche Sorten bevorzugen. Einsatz von Fungiziden nach dem Knospenaufbruch, wenn die Blütenblätter weiß werden.

Ganz nah dran

Infizierte Früchte bilden großflächige braune Faulstellen aus, die von einem konzentrischen graubraunen Sporenrasen bedeckt sind.

Auf einen Blick

- abgestorbene Triebspitzen und Blüten („Spitzendürre“)
- Überwinterung in Fruchtmumien und infizierten Trieben
- Einsatz von Fungiziden zur Blüte

Kirsche

Auf einen Blick

- Blätter mit rötlichen Flecken, die später herausbrechen
- Überwinterung bevorzugt im infizierten Rindengewebe der Triebe
- neben Kirsche auch an anderem Steinobst

Schrotschuss

Clasterosporium carpophilum
Pilz

Steckbrief

Im infizierten Rindengewebe und in den Blättern, seltener auch in den Früchten, überdauert der Pilz den Winter. Die Sporen werden im Frühjahr meist durch Spritzwasser auf Blätter, Blüten und später junge Früchte übertragen. Die Anfälligkeit der Blätter gegenüber einer Infektion nimmt mit dem Alter deutlich ab. Zum Sommer hin verstärkt Triebinfektionen.

Symptome und Schadbild

Geschädigte Triebe zeigen mehrere Millimeter große bräunliche eingesunkene Flecken, die darüber liegende Triebabschnitte zum Absterben bringen können. An den befallenen Triebabschnitten bilden sich häufiger Gummitropfen. Infizierte Blätter mit vielen rötlich braunen Flecken, die meist innerhalb von 2 Wochen aus dem Gewebe herausbrechen („Schrotschusseffekt"), meist im inneren, unteren Teil der Krone. Befallene Früchte mit dunklen eingesunkenen Flecken und Deformationen.

Vorbeugen und bekämpfen

Rückschnitt befallener Triebe. Entfernen betroffener Blätter. Auslichten der Krone zur Feuchtigkeitsreduktion. Wiederholte Spritzungen mit einem Fungizid ab Austrieb bis nach der Blüte.

Kommt auch vor an

Der Pilz schädigt nicht nur Kirsche, sondern tritt auch an anderem Steinobst (beispielsweise häufiger an Pfirsich) auf.

Sprühfleckenkrankheit

Blumeriella jaapii
Pilz

Steckbrief

Der Pilz überwintert im Falllaub. Die dort im Frühjahr gebildeten Sporen infizieren die jungen Blätter. Nach der Besiedlung werden weitere Sporen gebildet, die den Pilz weiter innerhalb der Krone oder auch auf benachbarte Pflanzen verbreitet. Eine feuchte Witterung fördert das Auftreten der Krankheit.

Symptome und Schadbild

Auf der Blattoberseite bildet sich ein feiner Belag kleiner rotbrauner Punkte aus, die wie aufgesprüht aussehen („Sprühfleckenkrankheit“). Stärker befallene Blätter verfärben sich rötlich, vergilben und fallen vorzeitig ab. Dies betrifft insbesondere untere Kronenabschnitte. Ein starker Befall führt zu einem geringeren Wuchs, Ertrag und Holzreife, die eine verminderte Frostresistenz bedingt. Früchte werden von diesem Pilz nicht infiziert.

Vorbeugen und bekämpfen

Absammeln des Herbstlaubs. Auslichtung der Krone zur Feuchtigkeitsreduktion. Fungizideinsatz nach dem Entfalten der Blätter im Frühjahr, bei feuchter Witterung auch noch nach der Blüte.

Ganz nah dran

Auf der Blattunterseite zeigen sich auffällig eckige, dunkle Blattflecken, die bei feuchter Witterung weißliche Sporenlager aufweisen.

Kirsche

Auf einen Blick

- wie aufgesprüht erscheinende rötliche Blattflecken
- Pilz überdauert im Falllaub
- vorzeitiger Laubfall stark befallener Blätter

Pfirsich

Auf einen Blick

- im Frühjahr auftretende blasige, rot gefärbte Blätter
- Pilz überwintert auf den Trieben
- frühzeitiger Einsatz von Fungiziden sinnvoll

Kräuselkrankheit

Taphrina deformans
Pilz

Steckbrief

Der Pilz überwintert auf Trieben und in Knospenschuppen. Die zum Aufbruch der Knospen freigesetzten Sporen infizieren die ersten Blätter. Feuchte Witterung fördert das Auftreten der Krankheit. Ab Juni auf den Blättern gebildete Sporen gelangen wieder auf die Triebe, wo sie später überwintern. Später austreibende oder ältere Blätter werden nicht mehr infiziert.

Symptome und Schadbild

Die frisch ausgetriebenen Blätter zeigen blasige Auftreibungen, fleischige Verdickungen und Deformationen, die meist auffällig rötlich gefärbt sind. Etwa ab Juni bildet sich ein weißlicher Sporenbelag blattoberseits aus. Stärker befallene Blätter vertrocknen, fallen frühzeitig ab und führen teils zur Spitzendürre. Durch den Laubfall kommt es zur Schwächung der Pflanze, einem geringeren Blütenansatz und einer verminderten Frosthärte.

Vorbeugen und bekämpfen

Weniger anfällige Sorten bevorzugen. Entfernung befallener Blätter vor der Sporenentwicklung im Frühjahr. Wiederholter Einsatz von Fungiziden bereits ab dem Aufbrechen der Knospen, der witterungsbedingt schon im Januar liegen kann.

Ganz nah dran

Neben den Blättern zeigen selten auch Früchte rötliche Wucherungen und werden früh abgestoßen.

Maulbeerschildlaus

Pseudaulacaspis pentagona
Schildlaus

Steckbrief

2 Generationen pro Jahr. Die kältetoleranten, etwa 2 cm langen, grauen Weibchen mit rundovalem Schild überwintern auf den Trieben. Im Frühjahr legen sie bis zu 150 Eier, aus denen die 1 mm großen, weißen Larven mit länglichem Schild schlüpfen. Zu Beginn breiten sie sich aktiv aus, später werden sie durch Insekten und Wind verbreitet. Bis zum Herbst schließt sich eine zweite Generation an. Im Juli und September fliegen auch die unscheinbaren Männchen.

Symptome und Schadbild

Am unteren Stamm- und Astbereich (teils auch auf der Blattunterseite) zeigen sich zur Vegetationszeit größere Ansammlungen von Larven, die von weitem wie mit Kalk oder Schnee bedeckt aussehen. Ein Befall führt zu vermindertem Wachstum, Blattvergilbungen und geringerem Ertrag bis zum Absterben.

Vorbeugen und bekämpfen

Rückschnitt von befallenen Einzeltrieben oder Blättern. Am Stamm auftretende Tiere mit einer Bürste mechanisch entfernen. Einsatz von Insektiziden speziell gegen die noch jungen Larven im Frühjahr.

Kommt auch vor an

Neben Pfirsich tritt die Maulbeerschildlaus an Johannisbeere, aber auch an vielen Ziergehölzen auf.

Pfirsich

Auf einen Blick

- viele weiße Larven mit kleinen Schilden auf den Trieben
- Wachstumsdepression und Blattvergilbungen
- Überwinterung als Weibchen an den Trieben

Pflaume

Beutelgallmilbe

Eriophyes similis
Gallmilbe

Steckbrief

Mehrere Generationen pro Jahr. Die Gallmilben überwintern in Rindenritzen oder unter den Knospenschuppen. Zum Austrieb besiedeln sie die jungen Blätter, saugen am Pflanzengewebe und leben in den sich entwickelnden Gallen. Im Innern der Galle leben und vermehren sich im Lauf der Vegetationsperiode bis zu 200 Gallmilben. Neben den Blättern können auch Früchte befallen werden. Bereits ab dem Sommer verlassen die ersten Tiere ihre Quartiere und suchen die Überwinterungsplätze auf.

Symptome und Schadbild

Die Blätter besitzen charakteristische Beutelgallen in oft hoher Zahl, verstärkt entlang des Blattrands oder der Hauptader, oft aber auch großflächig. Zu Beginn noch unscheinbar grün gefärbt werden die Gallen später häufig gelblich bis rötlich. Stärker befallene Blätter zeigen zusätzlich eine Blattkräuselung. Befallene Früchte weisen kraterförmige Vertiefungen auf.

Vorbeugen und bekämpfen

Absammeln befallener Blätter und Früchte vor der Abwanderung der Tiere. Weniger empfindliche Sorten bevorzugen. Einsatz von Pflanzenschutzmitteln zum Austrieb.

Auf einen Blick

- Blätter mit einer Vielzahl kleiner Gallen
- Gallmilben überwintern unter den Knospenschuppen der Triebe
- Fruchtbefall ist ebenfalls möglich

Ganz nah dran

Die nur 0,2 mm kleinen Gallmilben sind von länglicher Gestalt und besitzen zwei vordere Beinpaare. Die einzelnen Gallen sind etwa 2 mm groß und unterseits geöffnet („Beutelgalle“), wobei die Öffnung selbst recht eng, wulstig und behaart ist.

Fleischfleckenkrankheit

Polystigma rubrum
Pilz

Steckbrief

In den im Falllaub befindlichen Fruchtkörpern überwintert der Pilz. Ab April werden Sporen ausgebildet, die mit Wind und Wasserspritzern auf die Blätter übertragen werden, diese infizieren und besiedeln. Die sich im Herbst entwickelnden Fruchtkörper überdauern im Falllaub und sorgen, den Winter über herangereift, im nächsten Jahr für neue Infektionen.

Symptome und Schadbild

Die für die Krankheit charakteristischen Flecken erreichen etwa einen Durchmesser von 7 mm, sind anfangs noch unscheinbar grüngelblich gefärbt, wandeln sich jedoch alsbald in ein deutliches Rot um („Rotfleckenkrankheit"). Die Flecken sind blattoberseits deutlich eingesunken und blattunterseits entsprechend ausgebeult. Die gebildeten, nur 0,2 mm großen Fruchtkörper sind als dunkles Punkteraster innerhalb der roten Flecken auf der Blattunterseite zu erkennen. Ein starker Befall bedingt einen frühen Laubfall und hat eine erhöhte Frostanfälligkeit zur Folge.

Vorbeugen und bekämpfen

Entfernung des Herbstlaubs. Einsatz von Fungiziden, wenn im Frühjahr die Sporen fliegen (etwa ab April).

Ganz nah dran

Die im Laufe des Sommers auf der Blattunterseite gebildeten Fruchtkörper mit ihren Sporen besitzen offenbar keine biologische Funktion.

Pflaume

Auf einen Blick

- Pilz überwintert im Falllaub
- rot gefärbte, etwa 1 cm große Blattflecken
- bei starkem Befall setzt früher Laubfall ein

Pflaume

Auf einen Blick

- befallene Früchte sind bananenförmig deformiert
- weißer Sporenbelag auf den deformierten Früchten
- Pilz überwintert auf der Rinde

Narren- oder Taschenkrankheit

Taphrina pruni
Pilz

Steckbrief

Der Pilz überwintert in einer für die Pflanze vergleichsweise harmlosen Form auf der Rinde. Die zur Blütezeit gebildeten Sporen infizieren bei feuchtem Wetter den Fruchtknoten. Die ab Juni außen auf der schon größeren Frucht gebildeten Sporen werden mit Wind auf Triebe von Pflaumen übertragen.

Symptome und Schadbild

Befallene Früchte besitzen ein stärkeres Wachstum, das zu einer langgestreckten, gekrümmten und flach zusammengedrückten Frucht führt („Bananenfrüchte"). Die bis zu 7 cm großen „Fruchtgallen" sind kernlos und besitzen ein hartes, saftloses Fruchtfleisch. Ab Juni bildet sich außen auf der Frucht ein weißlicher Sporenbelag. Im Laufe der Zeit verbräunen die Früchte und fallen vorzeitig ab. Vom Pilz befallene Triebe sind gekrümmt und verdickt.

Vorbeugen und bekämpfen

Entfernen der geschädigten Früchte vor der Sporenbildung. Baumanstrich (Kalkung) im Herbst. Einsatz von Fungiziden zur Blütezeit, insbesondere bei kühlem, regnerischem Wetter.

Kommt auch vor an

Neben Pflaume können auch Aprikosen, Mirabellen, Pfirsich, Schlehen und Traubenkirschen befallen werden.

Pflaumenrost

Tranzschelia discolor,
Tranzschelia pruni-spinosae
Pilz

Steckbrief

Der Pilz überwintert im Falllaub. Dort bildet er unterschiedliche Sporen: Meist werden die Sporen auf Anemonen oder Winterlinge übertragen, infizieren deren Blätter, bilden neue Sporen, die über die Luft auf Pflaumenblätter übertragen werden (Wirtswechsel). Andere auf dem Falllaub gebildete Sporen infizieren direkt die Pflaumenblätter. In beiden Fällen werden auf den Blättern der Pflaume neue Sporen gebildet, die wiederholt neue Pflaumenblätter infizieren.

Symptome und Schadbild

Befallene Anemonenblätter sind blassgrün, deformiert und bilden blattunterseits becherförmige Sporenlager aus. Die Pflaumenblätter zeigen auf der Oberseite oft erst ab Juni viele kleine gelbe Punkte, denen auf der Blattunterseite rostfarbene, später im Jahr dann schwarze Pusteln gegenüberliegen. Teils früher Laubfall. Früchte werden nur selten befallen.

Vorbeugen und bekämpfen

Entfernung des abgefallenen Herbstlaubs der Pflaume. Keine Duldung von Anemonen oder Winterlingen in der Nähe von Pflaumen. Einsatz von Fungiziden, sobald die ersten Blattflecken auf den Pflaumenblättern auftreten.

Kommt auch vor an

Neben Pflaumen kann der Pilz auch die Blätter von Mirabellen, Schlehen und Pfirsichen befallen.

Auf einen Blick

- rostbraune Pusteln auf der Unterseite der Pflaumenblätter
- Infektion der Blätter auch über befallene Anemonen
- Überwinterung im Falllaub

Pflaume

Auf einen Blick

- helle Larven in der Frucht
- vorzeitiger Fruchtfall (mit Stiel)
- Eine Generation pro Jahr

Pflaumensägewespe

Hoplocampa flava, Hoplocampa minuta
Blattwespe

Steckbrief

Eine Generation pro Jahr. Die Larve verpuppt sich nach der Überwinterung im Boden im Frühjahr. Ab April treten die ersten Blattwespen auf. Die kurzlebigen Weibchen legen ihre bis zu 70 Eier einzeln in die Kelchblätter. Die Larve bohrt sich in die junge Frucht ein, von der sie sich ernährt. Sie kann bis zu viermal die Frucht wechseln und wandert etwa im Juli in den Boden zur Überwinterung.

Symptome und Schadbild

Befallene Früchte zeigen ein kleines Einbohrloch, das häufig mit Kot und gummiartigen Ausscheidungen verstopft ist. Im Fruchtinnern befinden sich eine Larve und ihr schwarz gefärbter Kot. Verlassene Früchte weisen ein zusätzliches, dann größeres Ausbohrloch auf. Befallene Früchte fallen, wenn sie von den Larven verlassen worden sind, häufig vorzeitig ab, dann aber meist mit Stiel.

Vorbeugen und bekämpfen

Befallene Früchte mit den Larven absammeln. Ein Auftreten von Blattwespen lässt sich durch aufgehängte, klebrige Weißtafeln erfassen. Einsatz von Insektiziden zum Blühende.

Ganz nah dran

Die etwa 5 mm großen fliegenähnlichen Blattwespen haben glasige Flügel. Ihre Grundfärbung ist artabhängig gelblich oder schwarz. Die gelblich weißen Larven (Afterraupen) werden bis zu 11 mm lang, besitzen einen dunklen Kopf und drei Brust- sowie sieben Bauchbeinpaare.

Pflaumenwickler

Cydia funebrana
Schmetterling

Steckbrief

2 Generationen pro Jahr. Nach der Überwinterung der Larve unter Borkenschuppen und ihrer anschließenden Verpuppung treten ab Mai die Falter auf. Die nachtaktiven Weibchen legen ihre Eier einzeln, bis zu 60 an der Zahl, auf die jungen Früchte. Die schlüpfende Larve (Raupe) dringt in die Frucht ein und frisst dort. Die Raupen der ersten Generation verpuppen sich anschließend am Boden, dem schließt sich eine zweite Generation an.

Symptome und Schadbild

Die befallenen Früchte besitzen ein Einbohrloch, das meist von einem glasigen Gummitropfen bedeckt ist. Im Innern sind die Larve und ihr krümeliger Kot anzutreffen. Am Boden liegende, abgeworfene Früchte besitzen, sofern die Larve die Frucht schon verlassen hat, ein etwa 2 mm großes Ausbohrloch.

Vorbeugen und bekämpfen

Absammeln befallener Früchte. Um den Stamm ab Juli Wellpappegürtel anbringen zum Fangen der überwinternden Larven. Stämme im Winter abbürsten. Einsatz von Insektiziden gegen Eier und Larven. Mit Pheromonfallen Bekämpfungszeitpunkt ermitteln, bewirken teilweise auch schon eine gewisse Befallsreduktion.

Ganz nah dran

Die graubraunen Falter haben eine Flügelspannweite von 14 mm. Die bis zu 12 mm langen, rötlichen Larven (Raupen) haben acht Beinpaare und einen dunklen Kopf („Pflaumenmade“).

Pflaume

Auf einen Blick

- befallene Früchte mit darin fressender Larve („Pflaumenmade“)
- Einbohrloch an der Frucht oft mit Gummitropfen versehen
- 2 Generationen pro Jahr

Pflaume

Scharka

Plum-pox-Virus (PPV)
Virus

Steckbrief

Das Virus wird von verschiedenen Blattlausarten (Mehlige Pflaumenblattlaus, Pfirsichblattlaus, Hopfenblattlaus etc.) innerhalb der Vegetationszeit übertragen. Insbesondere junge Bäume sind sehr anfällig gegenüber dieser Viruserkrankung.

Symptome und Schadbild

Befallene Blätter zeigen olivgrüne Flecken oder Ringe, die im Gegenlicht gut zu erkennen sind. Infizierte Früchte weisen ring- und linienförmige Furchungen auf, die einen teils pockenartigen Charakter haben („Pockenkrankheit"). Das darunter liegende Fruchtfleisch löst sich schlecht vom Stein, ist braunrot gefärbt und von zäher, gummiartiger Konsistenz. Die Früchte sind ungenießbar. Befallene Früchte fallen vorzeitig ab.

Vorbeugen und bekämpfen

Das Auftreten der Krankheit ist meldepflichtig (Pflanzenschutzamt). Erkrankte Pflanzen vernichten. Weniger anfällige Sorten bevorzugen, wobei resistente von fruchttoleranten Sorten zu unterscheiden sind. Letztere weisen bei einer Infektion Blatt-, aber keine Fruchtsymptome auf. Bekämpfung der virusübertragenden Blattläuse.

Auf einen Blick

- meldepflichtige Viruserkrankung (Pflanzenschutzamt)
- Blätter mit olivgrünen Flecken und Ringen
- Früchte mit pockenartigen Furchen

Kommt auch vor an

Das Scharkavirus ist die wichtigste Virose am Steinobst, auch Aprikosen und Pfirsiche können befallen werden. Schadsymptome treten an den Früchten und Blättern auf, weniger an den Trieben.

Blattfallkrankheit

Drepanopeziza ribis
Pilz

Steckbrief

Der Pilz überwintert am Boden im Falllaub. Die aus den im Blattinnern gelegenen Fruchtkörpern gebildeten Sporen infizieren ab Mai die Blätter der Johannisbeere. Gefördert werden diese Infektionen durch mäßig warme Bedingungen und feuchte Witterung. Dem schließen sich weitere Infektionen und die erneute Abgabe von Sporen an. Im Herbst bilden sich auf den abgefallenen Blättern die überwinternden Fruchtkörper.

Symptome und Schadbild

Ab Mai bildet sich auf den Blättern der meist unteren Blattetagen eine Vielzahl kleiner, verbräunter Punkte. Stärker befallene Blätter rollen sich am Blattrand nach oben ein, vertrocknen und fallen ab Juli auch ab (Name!). Der frühe Laubfall, teils bis zur vollständigen Entblätterung, schwächt die Pflanzen, auch reduziert sich dadurch ihre Frosthärte.

Vorbeugen und bekämpfen

Pflanzung weniger anfälliger Sorten. Entfernung des Herbstlaubs als wichtigste Maßnahme. Ein lockerer Strauchaufbau und sonniger Standort reduziert die Anfälligkeit. Insbesondere in feuchten Jahren sind wiederholte Spritzungen mit Fungiziden schon vor der Blüte sinnvoll.

Kommt auch vor an

Neben den Blättern werden teils auch Triebe, Blatt- und Fruchtstiele befallen, Früchte hingegen nicht.

Stachelbeere und Johannisbeere

Auf einen Blick

- Pilz überwintert im Falllaub
- bei starkem Befall früher Blattfall
- Früchte bleiben ohne Symptome

Auf einen Blick

- Überwinterung als Ei auf den Trieben
- blasenförmige, oft rötliche Auftreibungen der Blätter
- Tiere wandern im Sommer auf Ziest ab

Johannisbeerblasenlaus

Cryptomyzus ribis
Blattlaus

Steckbrief

Mehrere Generationen pro Jahr. Die glänzend schwarzen Eier werden meist auf unteren Trieben abgelegt. Daraus schlüpfen zum Austrieb die ersten, etwa 2–3 mm großen gelblich gefärbten Läuse. Diese besiedeln anfangs die Blattunterseite, bevorzugt die der Roten Johannisbeere. Bereits im Juni werden geflügelte Blattläuse ausgebildet, die auf Ziest (*Stachys*-Arten) abwandern und erst wieder im Herbst zur Eiablage auf die Johannisbeere zurückkommen (Wirtswechsel).

Symptome und Schadbild

Befallene Blätter im Frühjahr zeigen blasenförmige Auftreibungen, die rötlich (Rote Johannisbeere) oder gelblich (Schwarze und Weiße Johannisbeere) gefärbt sind. Auf der Blattunterseite sitzen die Blattläuse in Kolonien. Die Blattläuse können bestimmte Viren auf Johannisbeere übertragen. Auch Honigtau und Schwärzepilze (Rußtaupilze) sind begleitende Anzeichen für einen Befall mit der Johannisbeerblasenlaus.

Vorbeugen und bekämpfen

Rückschnitt oder Entfernen stärker befallener Blätter mit den Läusen. Förderung von Nützlingen (Marienkäfer, Florfliegen, Schwebfliegen). Einsatz von Insektiziden gegen die Eier oder jungen Blattläuse (auf gewissenhafte Benetzung der Blattunterseite achten).

Ganz nah dran

Später im Jahr bleiben die Symptome auf der Blattoberseite erhalten, auf der Blattunterseite sind jedoch keine Tiere mehr anzutreffen.

Johannisbeerglasflügler

Synanthedon tipuliformis
Schmetterling

Steckbrief

Eine Generation pro Jahr. Die in den ein- bis vierjährigen Trieben überwinternde Larve verpuppt sich im Frühjahr, sodass ab Mai die ersten wespenähnlichen Falter fliegen. Sie legen ihre Eier, bis zu 70 an der Zahl, meist einzeln in Knospen- oder Blattachselnähe ab. Die nach etwa einer Woche schlüpfenden Larven bohren sich in den Trieb ins Mark hinein. Die gelblich weißen, bis zu 2 cm langen Larven entwickeln sich und überwintern innerhalb ihres Miniergangs.

Symptome und Schadbild

Der dunkel gefärbte Miniergang der Larve führt zu Welke und Absterben der Triebe. Zudem steigt die Bruchgefahr und Frostgefährdung. Im Innern des Miniergangs befindet sich die triebabwärtsfressende Larve sowie reichlich dunkel gefärbter Kot. Die braun gefärbte, etwa 15 mm große Puppenhülle ragt im Frühjahr deutlich aus dem Trieb hervor.

Vorbeugen und bekämpfen

Rückschnitt befallener Triebe, bevor die Larven sich verpuppen. Einsatz von Insektiziden zum Zeitpunkt des Raupenschlupfs.

Ganz nah dran

Die Johannisbeerglasflügler besitzen einen dunklen Körper, dessen Hinterleib drei bis vier schmale, gelbe Ringe aufweist. Die vier Flügel mit einer Spannweite von 20 mm sind teils glasig durchsichtig („Glasflügler“).

Stachelbeere und Johannisbeere

Auf einen Blick

- Minierfraß der Larven in den Trieben
- Larve überwintert im Trieb
- Eine Generation pro Jahr

Stachelbeere und Johannisbeere

Auf einen Blick

- Gallmilben überwintern in den Knospenanlagen
- angeschwollene Knospen („Rundknospen") zum Frühjahr
- Knospen treiben nicht aus, sondern vertrocknen

Johannisbeerknospengallmilbe

Cecidophyopsis ribis
Gallmilbe

Steckbrief

Mehrere Generationen pro Jahr. Gallmilben überwintern gesellig zu Tausenden in den kugelig angeschwollenen Knospen. Ab März verlassen sie die Gallen, wandern kurze Zeit auf den Blättern und Trieben umher und werden hier von Insekten, Wind oder Wasserspritzern verbreitet. Ende Juni besiedeln sie die neuen Knospenanlagen für das kommende Jahr.

Symptome und Schadbild

Insbesondere an Schwarzer Johannisbeere sind bereits im Winter die deutlich, bis zu einem Durchmesser von 15 mm angeschwollenen Knospen („Rundknospen") augenfällig; an Roter Johannisbeere und Stachelbeere ist das Symptom weniger ausgeprägt. Ein Austrieb aus den befallenen Knospen findet nicht statt, sie vertrocknen und fallen im Jahresverlauf dann ab.

Vorbeugen und bekämpfen

Entfernen der Rundknospen im Winter vor der Auswanderung der Tiere. Wahl weniger empfindlicher Sorten. Einsatz von Pflanzenschutzmitteln im Frühjahr zur „Wanderzeit" der Gallmilben.

Ganz nah dran

Die weißen wurmförmigen Gallmilben sind nur 0,2 mm groß und besitzen zwei vordere Beinpaare.

Johannisbeersäulenrost

Cronartium ribicola
Pilz

Steckbrief

Der Pilz überwintert in Trieben von fünfnadeligen Kiefern. Ab April durchbricht der Pilz die Rindenschicht und bildet orange blasenförmige Fruchtkörper aus („Kiefernblasenrost"), deren Sporen vom Wind auf die Blätter der Johannisbeere gelangen und diese infizieren. Die hier später gebildeten Sommersporen sorgen für eine weitere Verbreitung auf andere Blätter und Pflanzen. Ab August werden blattunterseits säulenartige Fruchtkörperanlagen gebildet („Säulenrost"), deren Sporen mit dem Wind auf die Kiefer übertragen werden.

Symptome und Schadbild

Ab Juni zeigen sich blattoberseits der Johannisbeere gelbliche Flecke, denen kurze Zeit später auf der Blattunterseite bräunlich gefärbte Sporenlager folgen. Stärker befallene Blätter fallen vorzeitig ab. Etwa ab August bilden sich blattunterseits etwa 1 – 2 mm große, säulenartige Gebilde aus.

Vorbeugen und bekämpfen

Nähe zu fünfnadeligen Kiefern meiden. Pflanzung wenig anfälliger Sorten. Vorbeugend befallene Blätter entfernen. Einsatz von Fungiziden zum Infektionszeitpunkt im April / Mai, je nach Auftreten auch in den Sommermonaten.

Kommt auch vor an

Die Weymouthskiefer (*Pinus strobus*) ist hochanfällig für den Befall mit diesem Pilz. Befallene Kiefern bleiben zeitlebens infiziert. Vermutlich kann der Pilz auch im Falllaub der Johannisbeere überwintern.

Auf einen Blick

- Wirtswechsel mit fünfnadeligen Kiefern
- Vielzahl von gelben kleinen Flecken auf der Blattoberseite
- pustelartige, braune Sporenlager auf der Blattunterseite

Stachelbeere und Johannisbeere

Auf einen Blick

- perlschnurartige Eigelege auf der Blattunterseite
- teils massive Fraßschäden durch die Larven an den Blättern
- bis zu 5 Generationen pro Jahr

Gelbe Stachelbeerblattwespe

Nematus ribesii
Blattwespe

Steckbrief

3 – 5 Generationen pro Jahr. Nach ihrer Überwinterung im Boden verpuppen sich die Larven und die ersten gelb-schwarzen Blattwespen treten ab April auf. Diese sind 7 mm groß, von schlanker Gestalt und besitzen durchsichtige Flügel (Spannweite 15 mm). Die Weibchen legen ihre grünlich weißen Eier, bis zu 100, perlschnurartig entlang der Blattrippen auf der Blattunterseite ab. Die nach einer Woche schlüpfenden Raupen benötigen 3 – 4 Wochen für ihre Entwicklung und wandern zur Verpuppung in den Boden.

Symptome und Schadbild

Ab April sind die Eier auf der Blattunterseite gut erkennbar. Auffällig ist der Fraßschaden der Larven an den Blättern, der sich im frühen Jahresverlauf auf einen Lochfraß begrenzt, später jedoch in einen Skelettierfraß bis zum Kahlfraß übergeht. Neben den Blättern können auch die Beeren durch Fraß geschädigt werden.

Vorbeugen und bekämpfen

Blätter mit Eigelegen entfernen. Absammeln der Larven. Einsatz von Insektiziden gegen die jungen Larven.

Ganz nah dran

Die bis zu 2 cm großen grüngelben Larven (Afterraupen) besitzen viele dunkle Warzen, einen dunklen Kopf und sieben Bauchbeinpaare.

Amerikanischer Stachelbeermehltau

Podosphaera mors-uvae
Pilz

Steckbrief

Im Regelfall überwintert der Pilz in den Knospenschuppen der Triebspitzen, selten auch zusätzlich als 0,1 mm große Fruchtkörper. Der junge Austrieb ist bereits infiziert, die darauf gebildeten Sporen sorgen für eine weitere Ausbreitung. Infektionen werden durch mäßig warme Bedingungen und eine höhere Luftfeuchtigkeit gefördert. Bereits zum Sommer hin befällt der Pilz die Knospenanlagen für das nächste Jahr und bildet später zu einem geringen Teil auch Fruchtkörper aus.

Symptome und Schadbild

Blätter, Triebe und Früchte sind von einem weißen, mehligen, später deutlich filzigen Pilzbelag überzogen. Zudem bilden sich später im Jahr kleine dunkle Punkte (Fruchtkörper) auf dem Pilzrasen. Befallene Früchte reifen nicht aus und sind ungenießbar. Infizierte Triebe sind im Wachstum geschwächt, teils verkrüppelt.

Vorbeugen und bekämpfen

Einsatz resistenter Sorten. Rückschnitt befallener Triebspitzen bereits im Winter. Windoffene Lagen bevorzugen, ebenso lockere Strauchform durch entsprechende Schnittführung. Keine erhöhte Stickstoffdüngung. Halb- und Hochstämmchen sind weniger anfällig als Pflanzen in Strauchform. Einsatz von Fungiziden zum Austrieb oder bei Befallsbeginn.

Kommt auch vor an

Auch Johannisbeeren können von dem Pilz befallen werden, Früchte hier allerdings nur selten.

Stachelbeere und Johannisbeere

Auf einen Blick

- Pilz überwintert in den Knospen
- mehlig-weißer Überzug auf Blätter, Triebe und Früchten
- Verwendung resistenter Sorten

Stachelbeere und Johannisbeere

Auf einen Blick

- Raupen überwintern im Falllaub
- gelblich weiße, schwarz gefleckte Raupe
- tritt heute nur noch selten auf

Stachelbeerspanner

Abraxas grossulariata
Schmetterling

Steckbrief

Eine Generation pro Jahr. Die Raupen überwintern im Falllaub und wandern zum Austrieb auf die Stachelbeerpflanzen. Sie verpuppen sich im Juni am Strauch in einem leichten, netzartigen Gespinst, sodass die nachtaktiven Falter ab Juli auftreten. Nach der Paarung legt das Weibchen bis zu 300 Eier in kleinen Gruppen blattunterseits in die Nähe der Blattadern ab. Die jungen Raupen wandern dann ab Oktober zur Überwinterung in den Boden.

Symptome und Schadbild

Ab dem Austrieb deutliche Fraßschäden durch die Raupen. Leichter Lochfraß durch die jungen Raupen im Spätsommer. Früher an Stachelbeere gefürchtet treten die Raupen heute nur noch selten auf.

Vorbeugen und bekämpfen

Absammeln der mit Eiern bestückten Blätter im Sommer. Entfernung des Falllaubs mit den darin befindlichen Larven. Absammeln der Raupen im Frühjahr und Spätsommer oder alternativer Einsatz von Insektiziden.

Ganz nah dran

Die gelblich weiße Raupe mit den schwarzen Flecken wird bis zu 3 cm lang groß, bewegt sich typisch wie andere Spannerraupen fort („Katzenbuckel“). Falter mit weißen Flügeln und schwarzen Punkten, gelbe Binde am Vorderflügel, Flügelspannweite 3 cm.

Walnuss

Marssonina-Blattfleckenkrankheit

Marssonina juglandis
Pilz

Steckbrief

Der Pilz überwintert in kleinen Fruchtkörpern, die sich im Falllaub oder in den Fruchtschalen am Boden befinden. Beim Austrieb bildet er Sporen, die insbesondere bei feuchtem Wetter die jungen Blätter infizieren. Bereits nach etwa 2 Wochen kommt es hier zur Bildung weiterer Sporen, die durch Wind und Wasserspritzer auf andere Blätter und Früchte übertragen werden und den Zyklus fortsetzen.

Symptome und Schadbild

Etwa ab Mai zeigen sich blattoberseits graubraune Flecken, blattunterseits bilden sich dunkle pustelförmige Sporenlager. Bei einem starken Befall kommt es bereits im Sommer zu einem starken Laubfall. Infizierte Früchte besitzen dunkle, nicht wässrige Flecken, die bei einer frühen Infektion auch den Kern erreichen.

Vorbeugen und bekämpfen

Herbstlaubentfernung sowie Absammeln befallener Früchte oder Fruchtschalen. Wiederholter Fungizideinsatz über mehrere Wochen ab dem Austrieb, insbesondere bei feuchter Witterung im Frühjahr. Ein lockerer Kronenaufbau fördert ein rasches Abtrocknen der Pflanze.

Ganz nah dran

Die graubraunen, leicht eckigen, bis zu 5 mm großen Flecken auf der Blattoberseite haben einen dunklen Rand. Sie werden auch größer, dunkeln nach und fließen zusammen. Grüne Triebe haben selten braune Verfärbungen.

Auf einen Blick

- Pilz überwintert im Falllaub
- eckige, graubraune Flecken auf der Blattoberseite
- Früchte besitzen dunkle, nicht wässrige Flecken

Walnuss

Walnussfilzgallmilbe

Aceria erineus
Gallmilbe

Steckbrief

Mehrere Generationen pro Jahr. Unter den Knospenschuppen überdauern die nur etwa 0,2 mm großen Tiere weitgehend unerkannt den Winter. Zum Frühjahr verlassen die Gallmilben ihre Winterquartiere und wandern auf die Blätter, auf denen sie durch ihre Saugtätigkeit Gallen induzieren, in denen sie leben. Bereits ab dem Sommer verlassen sie ihre Gallen wieder und besiedeln die Knospenschuppen, in denen sie dann auch überwintern.

Symptome und Schadbild

An den auf der Blattunterseite gelegenen Saugstellen der Gallmilben bilden sich als Folge blattoberseits recht große, deutlich beulige, teils rötlich gefärbte Gallen aus. Alle Blätter von einem Baum können befallen werden, Früchte bleiben jedoch befallsfrei. Das Schadbild ist optisch recht auffällig, der Schaden für die Pflanze ist jedoch meist zu vernachlässigen. Wachstum und Ertrag werden nicht oder nur gering beeinflusst.

Vorbeugen und bekämpfen

Entfernung der geschädigten Blätter vor der Abwanderung der Tiere im Sommer. Einsatz von Pflanzenschutzmitteln zum Austrieb der Blätter.

Auf einen Blick

- beulige Gallen auf der Blattoberseite, unterseits filzig
- Früchte bleiben ohne Symptome
- Einzeltiere sind nur 0,2 mm groß

Ganz nah dran

Auf der Blattunterseite an den Stellen, an denen die Gallen sind, stehen viele filzartige Haare dicht beisammen. Darin sind mit Hilfe einer Lupe die wurmförmigen Gallmilben in hoher Zahl erkennbar.

Walnussfruchtfliege

Rhagoletis completa
Fliege

Steckbrief

Eine Generation pro Jahr. Die etwa 3 mm große Puppe überwintert im Boden, ab Juni schlüpft die Fliege. Sie legt bis zu 400 Eier in kleinen Gruppen in die noch grüne Fruchtschale der Walnuss ab. Die Larven (Maden) leben zu mehreren in der Fruchtschale, bevor sie nach 3 – 5 Wochen Entwicklungszeit die äußere Hülle verlassen und in den Boden abwandern.

Symptome und Schadbild

Die Walnüsse werden zunächst bräunlich, verfärben sich aber rasch schwarz. Dabei wird die Fruchtschale weich und schleimig und lässt sich kaum von der verholzten Nuss lösen. Im Innern der Fruchtschale finden sich bis zu zehn der weißlichen Maden. Die weiterhin essbare Nuss und die Blätter zeigen keine Schadsymptome.

Vorbeugen und bekämpfen

Befallene Früchte absammeln. Früh reifende Sorten bevorzugen, um so einem Befall zu entgehen. Bodenabdeckung mit einem dichten Vlies vor dem Schlupf im Frühsommer verhindert eine Eiablage der Weibchen. Das Aufhängen von Gelbfallen in der Krone liefert einen Teilerfolg bei der Bekämpfung.

Ganz nah dran

Die 7 mm lange Walnussfruchtfliege ähnelt einer Stubenfliege, besitzt jedoch ein gelbes Rückenschild und Flügel mit schwarzen Querbändern. Die weiß-gelben, beinlosen Larven (Maden) werden bis zu 6 mm lang.

Walnuss

Auf einen Blick

- Überwinterung als Puppe im Boden
- Larven leben zu mehreren in der weichen Fruchtschale
- essbarer Samen bleibt ohne Symptome

Wein

Auf einen Blick

- mehlig-weißer Belag auf den Blättern, später auch der Beeren
- Überwinterung insbesondere in den Knospen als Pilzgeflecht
- Verwendung resistenter Sorten

Echter Mehltau

Erysiphe necator
Pilz

Steckbrief

In den Knospen des einjährigen Holzes überwintert der Pilz als Myzel, zu einem geringen Teil auch in kugeligen Fruchtkörpern am abgefallenen Laub. Die austreibenden Blätter sind bereits vom Pilz befallen, bilden jedoch rasch neue Sporen, die weitere Blätter, Blüten (Gescheine) und Früchte infizieren. Förderlich sind trockenwarme Bedingungen am Tag im Wechsel mit Taunächten. Zum Sommer hin werden die Fruchtkörper ausgebildet und die jungen Knospen für die Überwinterung infiziert.

Symptome und Schadbild

Der Austrieb besitzt einen mehlig-weißen Pilzbelag („Zeigertriebe"). Die Blätter haben blattoberseits, häufig auch blattunterseits einen weißen, später bräunlichen Pilzbelag („Äscherich"). Vorzeitiger Laubfall stark befallener Blätter. Auch die Beeren sind von dem Belag überzogen, sie platzen später auf, sodass die Samen freigelegt werden („Samenbruch"). Auf den infizierten, später verbräunten Trieben sind dunkle Verfärbungen erkennbar („Oidiumfiguren").

Vorbeugen und bekämpfen

Verwendung mehltauresistenter Sorten. Entfernung der „Zeigertriebe" als erste Infektionsquelle. Keine überhöhte Stickstoffdüngung. Wiederholter Einsatz von Fungiziden ab dem Austrieb, spätestens beim Auftreten der ersten Blattsymptome.

Ganz nah dran

Bei einer Lupenbetrachtung zeigt sich der Belag vom Echten Mehltau in Form kurzer, unverzweigter Träger, an denen perlschnurartig die einzelnen Sporen sitzen.

Falscher Mehltau

Plasmopara viticola
Pilz

Wein

Steckbrief

Die Überwinterung erfolgt als mikroskopische Dauerspore innerhalb von Herbstlaub und eingeschrumpelten Beeren. Die zum Frühjahr gebildeten, in Wasser beweglichen Sporen werden mit Wind und Wasserspritzern, gefördert durch eine längere Blattnässedauer, auf die jungen Blätter übertragen und infizieren diese. Bereits nach 2 Wochen werden neue, andersartige Sporen gebildet, die zu einer raschen Infektion weiterer Blätter, Blüten (Gescheine) und später auch Früchte führen. Dieser Zyklus wiederholt sich mehrfach.

Symptome und Schadbild

Blattoberseits zeigen sich verteilt auftretende rundliche, gelb gefärbte ölige Flecken („Ölflecken"). Blattunterseits bildet sich an entsprechender Stelle ein weißlicher Pilzrasen. Die Blätter verbräunen und fallen bei einem stärkeren Befall ab. Bei einem späten Fruchtbefall schrumpfen diese als Folge deutlich ein und färben sich blauviolett („Lederbeeren").

Vorbeugen und bekämpfen

Anbau widerstandsfähiger Sorten. Konsequente Entfernung des Falllaubs und der eingeschrumpelten Beeren. Entfernung der ersten Blätter mit „Ölflecken". Insbesondere bei feuchter Witterung wiederholter Einsatz von Fungiziden ab dem Austrieb oder beim Auftreten der ersten Schadsymptome.

Ganz nah dran

Bei einer Lupenbetrachtung zeigt sich der Belag vom Falschen Mehltau in Form von deutlich baumartig verzweigten Trägern, an deren Enden jeweils eine einzelne Spore sitzt.

Auf einen Blick

- **Pilz überdauert im Herbstlaub und in infizierten Beeren**
- **zu Beginn blattoberseits gelegene, ölige gelbe Flecken**
- **weißlicher Pilzrasen auf der Blattunterseite**

Wein

Auf einen Blick

- pockenartige Gallen auf der Blattoberseite
- weißlicher Haarfilz auf der Blattunterseite
- Einzeltiere sind nur 0,2 mm groß

Rebenpockenmilbe

Colomerus vitis
Gallmilbe

Steckbrief

5 – 7 Generationen pro Jahr. Die etwa 0,2 mm kleinen, wurmförmigen Gallmilben überwintern unter den Knospenschuppen. Zum Knospenaufbruch verlassen sie ihre Winterquartiere und besiedeln die jungen Blätter, teils auch die Blüte (Gescheine). Innerhalb der auf dem Blatt gebildeten filzigen Strukturen leben und vermehren sich die Tiere, verlassen diese jedoch im Spätsommer, um die neuen Knospenanlagen zu besiedeln, in denen sie auch überwintern.

Symptome und Schadbild

Blattoberseits bilden sich pockenartige, namensgebende zunächst leicht rötliche, später grünliche Gallen aus. Ein Blatt trägt meist zahlreiche dieser Gallen. Häufig sind nur die Blätter der unteren Blattetagen befallen. Befallene Blüten (Gescheine) verkümmern und bilden ebenfalls filzige Strukturen aus.

Vorbeugen und bekämpfen

Entfernung der mit Gallen besetzen Blätter vor dem Abwandern der Tiere im Spätsommer. Windoffene Lagen und ein lockerer Schnitt reduzieren das Auftreten. Einsatz von Pflanzenschutzmitteln zum Austrieb der Blätter.

Ganz nah dran

Auf der Blattunterseite zeigt sich an den Ausstülpungen der Gallen ein weißlicher, später bräunlicher Haarfilz, in denen die Gallmilben mit Hilfe einer Lupe schwach zu erkennen sind. Optisch ähnelt das Schadbild etwas dem des Falschen Mehltaus.

Roter Brenner

Pseudopezicula tracheiphila
Pilz

Steckbrief

Das Pilzmyzel überwintert im Falllaub. Bei guter Durchfeuchtung der Blätter bildet es im Frühjahr etwa 0,4 mm kleine Fruchtkörper aus, deren freigesetzte Sporen vom Wind verteilt werden und ab Mai die jungen Blätter infizieren. Die weitere Pilzentwicklung erfolgt im Blatt, wobei er bevorzugt die Wasserleitungsbahnen der Leitgefäße besiedelt.

Symptome und Schadbild

Die ersten Schadsymptome treten etwa ab Juni an den unteren Blättern auf, auf denen sich schwach gelbliche Flecken entwickeln. Diese Flecken vergrößern sich, werden im Laufe der Zeit von innen nach außen deutlich braun und die Blätter sterben ab. Neben Laubbefall können auch die Gescheine (Blüten) infiziert werden, die als Folge absterben und längere Zeit am Rebstock hängen bleiben.

Vorbeugen und bekämpfen

Vollständiges Absammeln des Herbstlaubs, um die einzige Infektionsquelle auszuschalten. Einsatz von Fungiziden, insbesondere bei feuchter Frühjahrswitterung und einem vorjährigen Befall, sobald sich drei Blätter am Trieb entwickelt haben.

Ganz nah dran

Anfangs sind die bis zu 3 cm großen Flecken schwach gelblich mit darin deutlich erkennbaren dunklen Blattadern. Diese Flecken verfärben sich bei weißen Rebsorten gelblich, bei roten Rebsorten rot.

Wein

Auf einen Blick

- Pilz überwintert im Falllaub
- Fleckenbildung mit dunklen Blattadern
- kein erkennbares Pilzmyzel außerhalb des Blattes

Wein

Schwarzflecken-krankheit

Phomopsis viticola
Pilz

Steckbrief

Der Pilz überwintert in den befallenen Triebpartien, wobei die zum Austrieb in Fruchtkörpern gebildeten Sporen mit Wind und Wasserspritzern auf Blätter und Triebe übertragen werden. In den Blättern und Trieben erfolgt die weitere Pilzentwicklung. Zur Überwinterung zieht der Pilz sich in die einjährigen Triebe zurück. Eine feuchte Frühjahrswitterung fördert das Auftreten der Pilzerkrankung.

Symptome und Schadbild

Infizierte Blätter besitzen eine Vielzahl schwarzer Flecken („Schwarzfleckenkrankheit"), die von einem deutlich gelblichen Rand umgeben sind. Die Blätter zeigen auch meist Deformationen über die ganze Blattfläche, auch reißt das Blattgewebe lokal auf. Blätter vergilben und fallen vorzeitig ab. Wenn die Flecken den Trieben umgürteln, stirbt der darüberliegende Triebabschnitt ab.

Vorbeugen und bekämpfen

Weniger anfällige Rebensorten bevorzugen. Entfernung geschädigter Triebabschnitte im Winter. Fungizideinsatz ab dem Austrieb insbesondere bei einer feuchten Witterung.

Auf einen Blick

- Pilz überwintert im Trieb
- infizierte Triebabschnitte sind im Winter weißlich gefärbt
- Blätter mit schwarzen, gelb umrandeten Flecken

Ganz nah dran

Befallene Triebabschnitte zeigen im Winter lokale, weißliche Flecken, die später eine größere Anzahl sehr kleiner dunkler Punkte (Pilzfruchtkörper) aufweisen.

Traubenwickler

Lobesia botrana, Eupoecilia ambiguella
Schmetterling

Steckbrief

2 Generationen pro Jahr. Die Puppe überwintert in Rindenritzen, die ersten Falter treten ab Mai auf. Sie legen ihre bis zu 100 Eier an die Blüten (Gescheine) der Weinrebe ab. Die Larven fressen an den Blüten und verpuppen sich nach einer mehrwöchigen Entwicklungszeit an der Pflanze, sodass die Falter der zweiten Generation im Juli fliegen. Diese legen ihre Eier an die Beeren ab, an denen die weitere Larvenentwicklung stattfindet, bevor die Larven zur Verpuppung an die Rinde abwandern.

Symptome und Schadbild

Raupen fressen an den Blüten (Gescheine) und spinnen diese zu einem Gespinst zusammen („Heuwürmer"). Ab Juli Fraß an den teils eingesponnenen Beeren mit Bohrlöchern sind mit Raupen besetzt. Die Beeren verbräunen und werden sauer („Sauerwürmer").

Vorbeugen und bekämpfen

Kontrolle der Gescheine und Beeren auf Raupenbefall ab Mai und Juli. Einzelpflanzen im Winter auf Puppenbesatz prüfen. Einsatz von Insektiziden, bevorzugt gegen die jungen Raupen.

Ganz nah dran

Die Vorderflügel der Falter sind artabhängig gelblich mit einer Querbinde (Einbindiger Traubenwickler) oder bräunlich mit einem marmorierten Muster (Bekreuzter Traubenwickler). Die bis zu 10 mm langen Raupen sind artabhängig rötlich braun mit schwarzem Kopf oder gelbgrünlich mit einem hellbraunen Kopf.

Wein

Auf einen Blick

- Puppe überwintert in Rindenritzen am Rebstock
- Raupenfraß an den Gescheinen und später auch an Beeren
- 2 Generationen pro Jahr

Häufige Gartenplagen am Gemüse

Die Schaderreger in diesem Kapitel kommen nicht nur auf einer bestimmten Gemüseart vor, sondern können verschiedene Wirtspflanzen befallen. Bevor Sie einen Blick auf die Schaderreger im darauffolgenden nach Pflanzen sortierten Kapitel werfen, sollten Sie prüfen, ob nicht etwa einer der verschiedenen „Universal-Schaderreger“ für Ihr Schadbild verantwortlich ist.

Drahtwürmer

Verschiedene Arten
Käfer

Steckbrief

Mehrjährige Entwicklungszeit. An vielen Gemüsearten können die Larven der Schnellkäfer, die Drahtwürmer, Fraßschäden an den Wurzeln verursachen. Im Frühjahr legen die Käfer ihre bis zu 200 Eier in den Boden ab. Die drahtigen Larven durchlaufen artabhängig eine bis zu fünfjährige Entwicklungszeit im Boden. Sie ernähren sich anfangs noch von Humus, später von Pflanzenwurzeln. Die Larven besitzen einen hohen Feuchtigkeitsbedarf. Zum Winter wandern sie in tiefere, frostfreie Bodenschichten.

Symptome und Schadbild

Jungpflanzen welken. Im Boden finden sich meist mehrere der mehlwurmartigen Larven. Neben Fraßschäden an den Wurzeln tritt auch Minierfraß auf (Stängel, Knollen, Zwiebeln). An den Blättern rufen die Käfer einen geringen Lochfraß hervor.

Vorbeugen und bekämpfen

Kein Gemüseanbau nach Wiesen- oder Rasenumbruch. Förderung von Nützlingen (Laufkäfer). Auslegen von Kartoffelhälften oder Möhrenstücken als Köder oder auch gezielter Anbau von Salat als Fangpflanze. Einsatz von Insektiziden gegen die Larven.

Auf einen Blick

- Drahtwürmer sind die Larven der Schnellkäfer
- Schädigung durch die Larven häufig nach einem Wiesenumbruch
- Larven mit Kartoffelhälften ködern

Ganz nah dran

Die etwa 1 cm großen, schlanken, meist bräunlich gefärbten Schnellkäfer besitzen einen Schnellapparat (Name), mit dem sie aus einer Rückenlage hochspringen können. Die drahtigen Larven werden etwa 3 cm groß, sind zylindrisch, hellbraun gefärbt und besitzen drei kurze Brustbeinpaare.

Erdraupen

Agrotis-Arten
Schmetterling

Steckbrief

1–2 Generationen pro Jahr. Weit über 100 Pflanzen, darunter auch viele Gemüsearten, können von den Larven verschiedener Eulenfalter geschädigt werden. Nach der Überwinterung im Boden und der Verpuppung im Frühjahr erscheinen ab Mai die unscheinbar graubraunen nachtaktiven Falter. Nach der Eiablage an Unkräuter und Kulturpflanzen leben die ersten beiden Larvenstadien oberirdisch an den Pflanzen, während die weiteren Stadien lichtscheu im Boden leben oder nur nachts an die Erdoberfläche kommen.

Symptome und Schadbild

Im Frühjahr treten Fraßschäden an Blättern durch Raupen mit spannerartiger Fortbewegung auf. Die später in den Boden abwandernden Larven schädigen durch Wurzelfraß, der die Pflanzen oberirdisch welken und absterben lässt. Größere Schäden sind insbesondere in trockenwarmen Jahren möglich.

Vorbeugen und bekämpfen

Absammeln der Raupen an der Pflanze oder im Boden. Netzabdeckung zur Verhinderung einer Eiablage. Unkrautbekämpfung. Einsatz von Insektiziden oder parasitären Nematoden.

Ganz nah dran

Erdraupe ist ein Sammelbegriff für die Larvenstadien bestimmter Eulenfalter. Die bis zu 5 cm langen Larven rollen sich bei Störung kreisförmig ein. Während die jungen Stadien rotbraun gefärbt sind und sich spannerartig fortbewegen, sind die älteren eher graubraun.

Auf einen Blick

- Erdraupen sind die Larven bestimmter Eulenfalter
- Larven rollen sich bei Gefahr ein
- ältere Larven fressen an Wurzeln

Grauschimmel

Botrytis cinerea
Pilz

Steckbrief

Die Überdauerung erfolgt als Pilzmyzel in Ernteresten, aber auch mittels seiner Dauerkörper (Sklerotien). Die von ihm gebildeten Sporen werden mit dem Wind großräumig verbreitet. Grauschimmel ist ein Schwächeparasit, der unter für ihn günstigen Bedingungen größere Ausfälle zur Folge haben kann. Förderlich sind feuchte Bedingungen, ein dichter Pflanzenbestand und eine schlechte Nährstoffversorgung der Pflanzen.

Symptome und Schadbild

Grundsätzlich können alle oberirdischen Pflanzenteile Symptome in Form einer Fäule zeigen, die später von einem mausgrauen Sporenbelag, der bei Berührung oder Wind ausstäubt, überzogen wird. Früchte zeigen teilweise kreisförmige Ringe (Geisterflecken an Tomate). Auch am gelagerten Gemüse kann sich eine Fäulnis entwickeln.

Vorbeugen und bekämpfen

Vermeidung von Stresssituationen für die Pflanze. Ausgewogene Düngung, Entfernung von Ernteresten, kein dichter Pflanzabstand. Keine Überkopfbewässerung am Abend. Erkrankte Pflanzenteile frühzeitig entfernen. Ausreichendes Lüften im Gewächshaus. Einsatz von Fungiziden.

Auf einen Blick

- Pilz nahezu allgegenwärtig
- Schwächeparasit
- Ausbildung von grau gefärbtem Sporenbelag

Kommt auch vor an

Dieser Pilz ist nahezu allgegenwärtig, tritt auch an Obst, Zierpflanzen und Unkräutern auf. Temperaturoptimum 20 – 25 °C, wächst aber auch bei Temperaturen knapp über dem Gefrierpunkt.

Maulwurfsgrille, Werre

Gryllotalpa gryllotalpa
Schrecke

Steckbrief

Mehrjährige Entwicklungszeit. Schäden können an allen Gemüsearten vorkommen. Die Weibchen legen im Mai ihre bis zu 300 gelben Eier in ein taubeneigroßes Nest in eine Tiefe von etwa 30 cm. Die Larven benötigen 2–3 Jahre für ihre Entwicklung und legen oberflächennah verlaufende Gänge im Boden an. Larven und erwachsene Tiere fressen an den Wurzeln, ernähren sich aber auch von Insektenlarven im Boden. Sie verlassen nur zur Paarungszeit im Frühjahr den Boden.

Symptome und Schadbild

Sämlinge und Jungpflanzen werden durch Wurzelfraß sowie unterirdische Gänge geschädigt, da sie so den Bodenkontakt verlieren. Oberirdisch welken die Pflanzen. Die Aufwölbungen der Gänge sind gut zu erkennen. Insbesondere im Frühjahr zeigen sich die Tiere auch auf der Bodenoberfläche.

Vorbeugen und bekämpfen

Ausgraben der Nester im Frühjahr. Mit Hilfe von flach in den Boden eingegrabenen Gläsern, unterstützt durch aufgestellte Leisten, können die Tiere im Frühjahr abfangen werden. Einsatz von parasitären Nematoden gegen die erwachsenen Tiere.

Ganz nah dran

Die erwachsenen, braunen, urtümlich wirkenden Tiere werden etwa 5 cm groß, besitzen zu Grabbeinen umgebildete Vorderbeine, zwei Flügelpaare und zwei nach hinten gerichtete, fühlerartige Fortsätze.

Auf einen Blick

- Tiere wühlen oberflächennahe Gänge
- schädigen durch Wurzelfraß
- Bekämpfung mit Nematoden

Nacktschnecken

Verschiedene Arten
Weichtiere

Steckbrief

1–2 Generationen pro Jahr. Die Überwinterung erfolgt als Ei oder erwachsene Schnecke. Schnecken sind feuchteliebende Tiere, die eine wasserreiche Nahrung bevorzugen. Förderlich für einen Schneckenbefall sind feuchte Rückzugsgebiete, schwere Böden und milde Winter. Die häufigste Art im Garten ist die Spanische Wegschnecke.

Symptome und Schadbild

Nahezu alle Gemüsearten können geschädigt werden. Fraßschäden und schnurartige Kothaufen an meist bodennahen Blättern (Schabe- bis Lochfraß), die von einem glänzenden, eintrocknenden Schleim bedeckt sind. Ein Totalausfall von Sämlingen und Jungpflanzen ist möglich. Die Schnecken selbst lassen sich am besten am Abend nachweisen.

Vorbeugen und bekämpfen

Absammeln der Schnecken an den Pflanzen am Abend oder unter zuvor ausgelegten Brettern und Säcken. Umzäunen von Beeten mit einem Schneckenzaun. Förderung von Nützlingen (Laufkäfer). Verwendung von Laufenten im ländlichen Bereich. Feinkrümelige Bodenstruktur anstreben. Einsatz von Nematoden, insbesondere gegen Ackerschnecken. Aufstellen von Bierfallen. Ausstreuen von Schneckenkornprodukten (Molluskizide).

Auf einen Blick

- Schnecken sind dämmerungs- und nachtaktive Tiere
- Einsatz von Schneckenzaun oder Schneckenkorn
- Totalausfälle von Pflanzen sind möglich

Ganz nah dran

Die nachtaktiven Schnecken sind Zwitter, die sich gegenseitig den Samen übertragen. Die weißlich glasigen Eier sind mit bloßem Auge erkennbar und werden in kleinen Haufen in den Boden abgelegt.

Sclerotinia-Fäule

Sclerotinia sclerotiorum
Pilz

Steckbrief

Die Infektion erfolgt über das Pilzgeflecht oder mittels Sporen, die aus den in den Sklerotien (Dauerkörpern) sich bildenden schalenförmigen Fruchtkörper abgegeben und von Wind und Wasserspritzern verteilt werden.

Symptome und Schadbild

Charakteristisch für einen *Sclerotinia*-Befall ist die Bildung von einem teils großflächigen, weißen watteartigen Pilzgeflecht, in dem später die dunklen, verhärteten und bohnenförmigen Sklerotien gebildet werden. Symptome treten oft an den Blättern, Stängeln und Früchten auf. Bodennahe Organe werden durch einen zusätzlichen Bakterienbefall weichfaul.

Vorbeugen und bekämpfen

Infizierte Pflanzen zusammen mit den gebildeten Dauerkörpern entfernen (nicht kompostieren). Mehrjährige Fruchtfolge einhalten. Saatgutübertragung besitzt nur eine untergeordnete Bedeutung. Der Pilz kann im Boden bis zu 7 Jahre überdauern. Einsatz von pilzlichen Gegenspielern (*Coniothyrium minitans*). Vorbeugender Einsatz von Fungiziden.

Kommt auch vor an

Dieser Pilz tritt bei Gemüse bevorzugt an Salat, Gurke, Tomate, Petersilie, Sellerie, Bohne und Möhre auf. Daneben kann er auch viele Zierpflanzen und Unkräuter befallen.

Auf einen Blick

- weißes, flächig auftretendes Pilzmyzel
- Bildung von dunklen bohnenförmigen Dauerkörpern
- Pilz befällt nicht nur Gemüse

Weiße Fliege

Trialeurodes vaporariorum, Bemisia tabaci
Mottenschildlaus

Steckbrief

4 – 6 Generationen pro Jahr. Die tropischen Weiße Fliege-Arten treten im Gewächshaus an vielen Gemüsekulturen schädigend auf. Sie können im Sommer jedoch auch Pflanzen auf den benachbarten Freilandflächen befallen. Ihre bis zu 200 ovalen, nur etwa 0,2 mm kleinen Eier werden kreisförmig auf die Blattunterseite abgelegt. Die Larven saugen an den Pflanzen. Eine trockenwarme Witterung fördert die Entwicklung. Entwicklungsdauer bei 25 °C 3 – 4 Wochen.

Symptome und Schadbild

Vermindertes Wachstum und Blattvergilbungen durch den Nährstoffentzug. Teils massiver Überzug der Blätter mit klebrigem Honigtau, der nachträglich von Rußtaupilzen besiedelt wird, dadurch weitere Schwächung der Pflanzen. Auf der Blattunterseite sind alle Entwicklungsstadien anzutreffen. Bei Berührung der Pflanzen fliegen die erwachsenen Tiere kreisförmig auf.

Vorbeugen und bekämpfen

Erste befallene Blätter entfernen. Aufhängen von Gelbtafeln. Einsatz von Schlupfwespen im Gewächshaus (*Encarsia formosa*). Wiederholter Einsatz von Insektiziden (Behandlung der Blattunterseiten).

Auf einen Blick

- tritt bevorzugt im Gewächshaus auf
- weiß bemehlte erwachsene Tiere
- Ausscheidung von klebrigem Honigtau

Ganz nah dran

Die erwachsenen, geflügelten und sprungfähigen Tiere sind etwa 2 mm groß und deutlich weiß bemehlt. Nur das erste Larvenstadium ist frei beweglich, alle anderen sitzen fest.

Wintergetreidemilbe

Penthaleus major
Milbe

Steckbrief

2 – 3 Generationen pro Jahr. Dieser Schädling tritt erst seit einigen Jahren verstärkt auf und schädigt bei Gemüse insbesondere Salat, Sellerie, Erbsen, Spinat, Radies, Rettich und Petersilie. Die Tiere durchlaufen ein Larven- und drei Nymphenstadien und werden dabei stets dunkler. Zum Sommer hin legen die Weibchen bis zu 30 Eier in den Boden in Pflanzennähe ab. Erst im Herbst bei Temperaturen um 10 °C und einer hohen Feuchte schlüpfen die Larven. Innerhalb von 8 Wochen wird eine Generation vollzogen. Alle Entwicklungsstadien saugen an den Pflanzen.

Symptome und Schadbild

Die von den Milben besaugten, meist bodennahen Blätter, werden durch den nachfolgenden Eintritt von Luft teils flächig silbrig-weiß. Insbesondere am Morgen sind die auffällig schwarz-roten Milben mit ihren deutlich orangeroten Beinen zu sehen. Pflanzen im Gewächshaus werden bevorzugt befallen.

Vorbeugen und bekämpfen

Feuchte Kulturbedingungen vermeiden. Einsatz von Akariziden.

Ganz nah dran

Die erwachsenen, etwa 1 mm großen Tiere sind recht flink, bevorzugt in der Dämmerung und Nacht aktiv sowie bei wenig strahlungsreichem Wetter.

Auf einen Blick

- noch recht „neuer“ Schädling
- tritt bevorzugt im Gewächshaus auf
- Blätter werden flächig silbrig-weiß

Krankheiten und Schädlinge im Gemüsegarten

In diesem Kapitel lernen Sie die Schädlinge und Krankheiten kennen, die einzelne Gemüsekulturen befallen können. Die Pflanzen sind von Bohne bis Zwiebelgewächse in alphabetischer Reihenfolge angeordnet. Den richtigen Schaderreger finden Sie, wenn Sie bei der betreffenden Gemüseart nachschauen: Entweder Sie erkennen ihn anhand der Fotos oder finden ihn anhand des alphabetisch einsortieren Namens.

Bohne

Auf einen Blick

- Überwinterung als Ei an Gehölzen
- Läuse sitzen bevorzugt an der Triebspitze
- Honigtau mit nachfolgender Rußtaubildung

Schwarze Bohnenlaus

Aphis fabae
Blattlaus

Steckbrief

Bis zu 10 Generationen pro Jahr. Die Eier überwintern am Pfaffenhütchen oder Schneeball. Im Frühjahr entwickeln sich daraus einige Blattlausgenerationen. Ab Mai erscheinen geflügelte Formen, die auf Bohnen abwandern. Dort sitzen die Läuse dicht gedrängt an den Triebspitzen oder auf der Blattunterseite. Trockenwarme Witterung fördert die Entwicklung. Zum Herbst werden geflügelte Tiere gebildet, die auf die Gehölze zur Eiablage zurückfliegen.

Symptome und Schadbild

Aufgrund der Saugtätigkeit der Läuse rollen sich die Blätter häufig ein, die Triebe sind gestaucht, Blüten und Hülsen verkümmern. Auf dem reichlich gebildeten, klebrigen Honigtau siedeln sich Schwärzepilze an. Zusatzschäden durch die Übertragung von Viren.

Vorbeugen und bekämpfen

Nur vereinzelt auftretende, stark befallene Pflanzenteile entfernen. Schwächung der Pflanzen vermeiden (Düngung, Bewässerung). Förderung von Nützlingen (Marienkäfer, Florfliegen, Schwebfliegen). Bohnen nicht in unmittelbare Nähe von Schneeball oder Pfaffenhütchen pflanzen. Eine Vliesabdeckung verhindert eine Besiedlung. Eine frühe Aussaat ist weniger gefährdet. Frühzeitiger Einsatz von Insektiziden.

Kommt auch vor an

Die 2 mm großen, schwarzen Läuse wandern über den Sommer auch auf andere Pflanzen (Gemüse, Kräuter, Unkräuter).

Bohnenrost

Uromyces appendiculatus
Pilz

Steckbrief

Im Gegensatz zu vielen Rostpilzen tritt dieser ganzjährig nur an Bohnen auf. Die gebildeten Sporen können mit dem Wind mehrere hundert Meter übertragen werden. Gefördert wird der Pilz durch eine hohe Luftfeuchte und höhere Temperaturen, sodass er häufig auch erst im Spätsommer stärker auftritt. Die Überdauerung erfolgt im Bohnenlaub sowie an den Bohnenstangen.

Symptome und Schadbild

Zunächst weißliche Flecken auf der Blattunterseite mit blattoberseits gelblich erhabenen Stellen. Blattunterseits, aber auch auf den Hülsen bilden sich braune Sporenlager aus (Sommersporen), die für weitere Infektionswellen verantwortlich sind. Zum Herbst bilden sich dann dunkle, nahezu schwarze Sporenlager aus (Wintersporen). Befallene Blätter vergilben und fallen ab, die Pflanzen können auch absterben. Der Pilz wird nicht über Samen übertragen.

Vorbeugen und bekämpfen

Weniger anfällige Sorten bevorzugen. Ernterückstände im Herbst entfernen. Bohnenstangen mit Heißwasser behandeln (Schnüre bevorzugen). Kein zu enger Pflanzabstand. Einsatz von Fungiziden.

Kommt auch vor an

Dieser Rostpilz tritt bevorzugt an Stangenbohnen auf.

Bohne

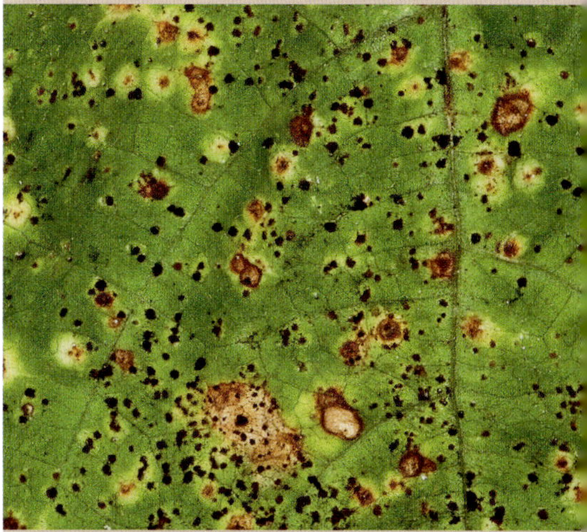

Auf einen Blick

- tritt nur an Bohne auf
- Ausbildung brauner Sporenlager auf der Blattunterseite
- Verwendung wenig anfälliger Sorten

Bohne

Auf einen Blick

- Blätter mit silbriger Sprenkelung
- deutliche Gespinstbildung
- im Gewächshaus Raubmilben einsetzen

Bohnenspinnmilbe

Tetranychus urticae
Spinnmilbe

Steckbrief

Bis zu 7 Generationen pro Jahr. Im herbstlichen Falllaub oder in bodennahen Verstecken überwintern die roten, etwa 0,5 mm großen Weibchen („Rote Spinne"). Nach der Besiedlung von Unkräutern im Frühjahr (Brennnessel) werden auch Bohne, Gurke, Tomate und viele andere Pflanzen befallen. Die Vermehrung erfolgt über Eier. Gefördert werden die Spinnmilben durch trockene und warme Bedingungen (Gewächshaus).

Symptome und Schadbild

Ein Befall zeigt sich in Form kleiner, gelblicher Punkte, die sich rasch ausweiten. Blätter weisen dann eine bronzene bis silbrige Sprenkelung auf, sie vergilben und fallen teils auch ab. Blattunterseits sitzen die Milben gesellig in ihren Gespinsten, in denen alle Entwicklungsstadien anzutreffen sind.

Vorbeugen und bekämpfen

Vereinzelt stärker befallene Pflanzenteile entfernen. Besprühen von Pflanzen mit Wasser. Unkräuter in Kulturnähe entfernen. Laubentfernung zum Herbst. Verwendete Bohnenstangen mit heißem Wasser reinigen. Frühzeitiger Nützlingseinsatz im Gewächshaus (Raubmilben). Gezielter Einsatz von Akariziden.

Ganz nah dran

Die während der Vegetation auftretenden Spinnmilben sind gelbgrün, besitzen acht Beine (die Larven nur sechs) und tragen auf dem Rücken zwei dunkle Pigmentflecken.

Brennfleckenkrankheit

Colletotrichum lindemuthianum
Pilz

Steckbrief

Insbesondere über infiziertes Saatgut oder auch erkrankte Erntereste vom Vorjahr gelangt der Erreger in den Garten, Buschbohnen sind dabei besonders gefährdet. Erste Schadsymptome zeigen sich schon an den Keimlingen, dort gebildete Sporen werden mit Wasserspritzern auf die Laubblätter übertragen, die den Zyklus fortsetzen und für Infektionen an weiteren Blättern und Hülsen sorgen. Über die Hülsen dringt der Pilz auch in die Samen vor, in denen er für Jahre überdauern kann. Eine kühlfeuchte Witterung fördert das Auftreten der Krankheit.

Symptome und Schadbild

Bereits auf den Keimblättern und später auf den Laubblättern, dort bevorzugt entlang der Blattadern, entstehen die typischen „Brennflecken". Ein starker Befall hat einen vorzeitigen Laubfall zur Folge, auch können ganze Pflanzen absterben.

Vorbeugen und bekämpfen

Nur gesundes Saatgut und widerstandsfähige Sorten verwenden. Auf Befallsflächen 3 Jahre lang keine Bohnen anbauen. Keine zu dichte Aussaat. Kein Saatgut von erkrankten Pflanzen verwenden. Einsatz von Fungiziden.

Ganz nah dran

Die eingesunkenen „Brennflecken" sind braun mit schwarzem Rand, sortenabhängig mit rötlichem Hof. Bei feuchter Witterung bilden sich darin rosa schleimige Sporenlager.

Bohne

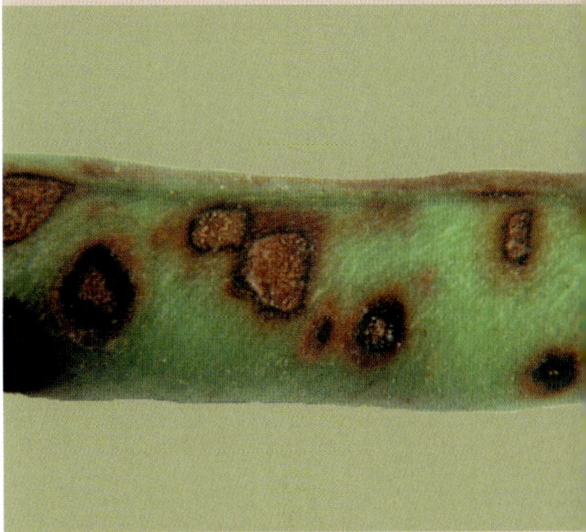

Auf einen Blick

- Buschbohnen sind besonders gefährdet
- Sporenverbreitung bevorzugt über Wasserspritzer
- Verwendung von gesundem Saatgut

Bohne

Auf einen Blick

- Hülsen besitzen glasige „Fettflecken“
- teils tritt weißlicher Bakterienschleim aus
- Verwendung von gesundem Saatgut

Fettfleckenkrankheit

Pseudomonas syringae pv. *phaseolicola*
Bakterien

Steckbrief

Die Einschleppung erfolgt über infiziertes Saatgut oder als bodenbürtiger Erreger über im Vorjahr auf dem Beet stehende erkrankte Bohnenpflanzen. Die Bakterien werden über Wind, Wasserspritzer oder auch Kontakt bei Kulturarbeiten übertragen. Eine feuchtwarme Witterung sorgt für eine rasche Ausbreitung.

Symptome und Schadbild

Befallene Blätter besitzen kleine, braune Flecken mit gelblichem, wässrig durchscheinendem Hof (bis zu 2 cm Durchmesser). Im weiteren Verlauf sterben die Blätter auch ab. Vermindertes Wachstum. Geringe Fruchtentwicklung. Die Hülsen besitzen rundliche, durchsichtig glasige „Fettflecken“. Infizierte Samen haben rundliche, graubraune eingesunkene Flecken. Bei feuchter Witterung kann an infizierten Pflanzenteilen ein weißlicher Bakterienschleim auftreten, der später eintrocknet.

Vorbeugen und bekämpfen

Nur gesundes Saatgut und widerstandsfähige Sorten verwenden. Auf Befallsflächen 3 Jahre keine Bohnen anbauen. Keine Überkopfbewässerung. Erkrankte Einzelpflanzen frühzeitig entfernen. Kein Einsatz von Bakteriziden möglich.

Kommt auch vor an

Wichtigste Bakterienerkrankung an Bohne. Tritt insbesondere an Busch- und Feuerbohnen auf, Stangenbohnen bleiben meist verschont. Neben Blättern werden auch Triebe, Hülsen und Samen befallen.

Speisebohnenkäfer

Acanthoscelides obtectus
Käfer

Steckbrief

Eine Generation pro Jahr. Der flugfähige Käfer tritt weniger im Freiland, sondern eher an gelagerten Bohnen auf. Anfangs ernährt er sich nur von Nektar, tritt ab Juni dann an Bohnenpflanzen auf. Die Weibchen legen ihre bis zu 90 Eier an die Samen der heranreifenden, insbesondere bodennahen Bohnenhülsen ab. Die Larven entwickeln sich im Samen. Im Freiland nur eine Generation pro Jahr, an gelagerten Bohnen (Zimmertemperatur) mehrere Generationen.

Symptome und Schadbild

Reife, gelagerte Bohnensamen haben ein oder meist mehrere, etwa 1 mm große, kreisrunde Ausbohrlöcher. Von außen erkennbare „Fenster“ sind die späteren Schlupflöcher der Käfer, im Innern sind noch die Larven und Puppen zu finden. Im Umfeld des befallenen Saatguts sind die kleinen Käfer zu finden.

Vorbeugen und bekämpfen

Keine Verwendung von befallenem Saatgut. Eine mehrtägige Lagerung von befallenem Saatgut in der Tiefkühltruhe tötet den Käfer und seine Entwicklungsstadien ab. Kühle Lagerung des eigenen Saatgutes (unter 12 °C).

Ganz nah dran

Der braune, nur etwa 3 mm große Käfer trägt eine weiß-gelbe Zeichnung auf den Flügeldecken. Die etwa 4 mm großen, hellen, beinlosen Larven besitzen eine dunkle Kopfkapsel.

Auf einen Blick

- Schädling an gelagerten Bohnen
- kreisrunde Ausbohrlöcher in den Samen
- Abtötung des Käfers in der Tiefkühltruhe

Bohne

Tüpfelkrankheit

Stagonosporopsis hortensis
Pilz

Steckbrief

Nach einer Überdauerung in Ernteresten, infiziertem Saatgut oder im Boden können bereits die Keimblätter erste Symptome aufweisen. Die hier gebildeten Sporen sorgen für weitere Infektionen der Blätter und Hülsen. Über die Hülsen werden später auch die Samen infiziert. Eine feuchte Witterung fördert das Auftreten der Krankheit. Gefährdet sind sowohl Busch- als auch Stangenbohnen, insbesondere solche, die bereits durch andere Faktoren geschwächt sind.

Symptome und Schadbild

Keim- und Laubblätter besitzen rundliche, dunkelbraune Flecken. Bei näherer Betrachtung sind konzentrische Ringe von Sporenlagern erkennbar. Neben diesen größeren Flecken treten viele kleine dunkle Sprenkel auf der Blattunterseite und den Hülsen, bevorzugt entlang der Hülsennaht, auf.

Vorbeugen und bekämpfen

Verwendung von gesundem Saatgut und weniger anfälligen Sorten. Laubentfernung zum Herbst. Optimierung der Kulturbedingungen (Bewässerung, Düngung) als wichtigste Maßnahme. Einsatz von Fungiziden.

Auf einen Blick

- geschwächte Pflanzen sind besonders anfällig
- Blätter und Hülsen mit auffälliger Sprenkelung
- auch Saatgut kann infiziert sein

Nicht verwechseln!

Die Symptome ähneln denen der Brennfleckenkrankheit (siehe Seite 299), wobei die Flecken der Tüpfelkrankheit eine farblich weniger ausgeprägte Randzone haben.

Grüne Erbsenblattlaus

Acyrthosiphon pisum
Blattlaus

Erbse

Steckbrief

Bis zu 20 Generationen pro Jahr. Aus den an Luzerne und Rotklee (Winterwirt) abgelegten Wintereiern entwickeln sich bis etwa Mai einige Generationen ungeflügelter Blattläuse. Dann treten geflügelte Tiere auf, die auf die Erbse abwandern und dort bis in den Herbst zahllose Generationen bilden. Feuchtkühle Witterung vermindert die Entwicklung der Blattläuse. Zum Herbst hin auftretende geflügelte Tiere fliegen wieder zum Winterwirt zurück.

Symptome und Schadbild

Etwa ab Juni, wenn die Erbsen zu ranken beginnen, besiedeln die Blattläuse die Blätter, Blüten, Triebe und Hülsen, an denen sie saugen. Aus der Saugtätigkeit folgen Deformationen und verminderter Wuchs, auch können Pflanzen ganz absterben. Auf dem reichlich ausgeschiedenen klebrigen Honigtau siedeln sich rasch Schwärzepilze an. Die Läuse können auch verschiedene Viren auf die Erbse übertragen.

Vorbeugen und bekämpfen

Förderung von Nützlingen (Marienkäfer, Florfliege, Schwebfliege). Erbsen nicht in der Nähe von Luzerne anbauen. Frühzeitiger Einsatz von Insektiziden.

Ganz nah dran

Die grünlichen bis teils rosafarbenen Blattläuse sind 2 – 3 mm groß und besitzen körperlange Fühler. Eine Laus kann bei günstigen Bedingungen 10 lebende Nachkommen gebären.

Auf einen Blick

- Überwinterung an Luzerne und Rotklee
- Besiedlung der Erbse etwa ab Juni
- Honigtau und Rußtaubildung auf den Blättern

Erbse

Erbsenblattrandkäfer

Sitona lineatus
Käfer

Steckbrief

Eine Generation pro Jahr. Die Käfer überwintern an geschützten Stellen, besiedeln ab einer Temperatur von 12 – 16 °C die Erbsen. Die ab April vom Weibchen während dem Blattfraß abgelegten Eier fallen auf den Boden, aus denen nach 2 – 3 Wochen die Larven schlüpfen. Sie verpuppen sich nach 8 Wochen im Boden zum Käfer. Die Entwicklung der Käfer wird durch trockenwarme Witterung gefördert. Die jungen Käfer fressen noch einige Zeit an den Blättern, um dann ihre Winterquartiere aufzusuchen.

Symptome und Schadbild

Blattrandfraß mit buchtenförmigen Fraßstellen durch die Käfer, die sich bei Störungen rasch fallen lassen. Fraß der Larven an den Wurzeln und Wurzelknöllchen, dadurch vermindertes Wachstum bis zum Absterben der Pflanzen. Neben Erbsen können auch andere Leguminosen befallen werden (Gartenbohne, Luzerne, Klee).

Vorbeugen und bekämpfen

Abdeckung junger Pflanzen zum Schutz vor dem Käfer. Ausreichende Stickstoffversorgung zur Kompensierung der Fraßschäden an den Wurzelknöllchen. Einsatz von Insektiziden gegen die Käfer.

Auf einen Blick

- Buchtenfraß der Käfer an den Blättern
- Larven fressen an den Wurzeln und Knöllchen
- Käfer überwintert

Ganz nah dran

Der braune, mit hellen Längsstreifen versehene, flugfähige Käfer ist etwa 5 mm groß. Die beinlosen, hellen Larven sind 5 mm groß, bauchwärts gekrümmt und besitzen eine braune Kopfkapsel.

Erbsengallmücke

Contarinia pisi
Gallmücke

Steckbrief

2 Generationen pro Jahr. Nach der teils auch mehrjährigen Überwinterung der Larven im Boden mit Verpuppung im Frühjahr treten etwa ab Mai die Gallmücken auf. Die Weibchen legen ihre bis zu 60 Eier an Blätter, Triebspitzen und Blütenknospen der Erbse ab. Die sich entwickelnden Larven saugen am Pflanzengewebe und wandern später zur Verpuppung in den Boden. Die dann schlüpfenden Mücken der zweiten Generation legen ihre Eier an die Hülsen ab, in denen sich die Larven entwickeln. Zur Überwinterung verlassen sie die Hülsen und wandern in den Boden.

Symptome und Schadbild

Wuchs- und Entwicklungsdeformationen der Blütenblätter, Triebspitzen, Blütenknospen und später auch der Hülsen. In den geschädigten Hülsen finden sich 40 und mehr Larven, die an der Innenwand und am Samen saugen.

Vorbeugen und bekämpfen

Abdeckung der Kulturen zur Vermeidung einer Eiablage. Kontrolle auf Blatt- und Blütendeformationen, Absammeln der beteiligten Larven. Bodenbearbeitung zur Larvenbekämpfung. Bevorzugung von frühblühenden Sorten. Einsatz von Insektiziden zum Zeitpunkt der Eiablage.

Ganz nah dran

Die erwachsen nur etwa 2 mm großen, gelblich gefärbten Gallmücken sind wenig flugaktiv. Die kopf- und fußlosen, hellen, 3 mm langen Larven können springen.

Auf einen Blick

- 2 Generationen pro Jahr
- Hülsen mit vielen hellen, sprungfähigen Larven
- teils mehrjähriges Überliegen der Larven im Boden

Erbse

Auf einen Blick

- Bildung von braunen Sporenlagern
- je nach Pilzart ist ein Wolfsmilchgewächs beteiligt
- der Ertrag wird nur wenig beeinflusst

Erbsenrost

Uromyces pisi-sativi, Uromyces viciae-fabae
Pilz

Steckbrief

An Erbse können zwei unterschiedliche Rostpilze auftreten, die trotz unterschiedlicher Biologie ähnliche Symptome aufweisen. Beide Pilze bilden in einem komplexen Zyklus fünf unterschiedliche Sporenformen aus. Bei einem Pilz werden alle, auch die kältetoleranten Wintersporen (überwintern im Herbstlaub), ausschließlich auf der Erbse gebildet. Beim anderen erfolgt ein Wirtswechsel auf ein Wolfsmilchgewächs (dort überwintern Sporen).

Symptome und Schadbild

Oft erst im Sommer Bildung von Pusteln mit ausstäubenden, braunen Sporen auf Blättern, Stängeln und Hülsen. Zu Beginn zeigen sich oft gelbliche Flecken auf der Blattoberseite. Zum Winter hin bilden sich pilzabhängig auch schwarze Pustellager aus. Auf den Ertrag hat der Befall nur vergleichsweise geringe Auswirkungen.

Vorbeugen und bekämpfen

Vorbeugend ist eine frühe Aussaat empfehlenswert. Pilzabhängig Laubentfernung zum Herbst oder räumliche Nähe zu *Euphorbia cyparissias* meiden. Bei wiederholten Schäden eventuell Einsatz von Fungiziden.

Kommt auch vor an

Der Wirtswechsel der einen Erbsenrostart findet auf ein Wolfsmilchgewächs (*Euphorbia cyparissias*) statt. Dort gibt der Pilz im Frühjahr Sporen ab, die vom Wind auf die Erbse übertragen werden.

Erbsenthrips

Kakothrips robustus
Thrips

Steckbrief

Eine Generation pro Jahr. Die glänzend orangen Larven überdauern im Boden in einer Tiefe von 20–30 cm. Nach der Verpuppung erscheinen die knapp 2 mm großen Thripse ab Ende Mai, besiedeln die Erbsen und saugen hier bevorzugt an den Blüten. Sie legen ihre Eier an die Blütenorgane, die schlüpfenden Larven saugen an Blüten und Hülsen. Gefährdet sind insbesondere spät ausgesäte Erbsenpflanzen. Gefördert werden die Thripse durch eine trockenwarme Witterung. Zum Herbst hin verlassen die Larven die Erbsen und wandern in den Boden ab.

Symptome und Schadbild

Die Schäden durch die Saugtätigkeit der Larven und erwachsenen Tiere zeigen sich insbesondere an den Hülsen und Blüten. Hülsen bleiben klein, sind gekrümmt und besitzen silbrig-weiße Flecken, die später verbräunen. Besaugte Blüten öffnen sich nicht und verkrüppeln teilweise.

Vorbeugen und bekämpfen

Erbsen bevorzugt früh aussäen. Kontrolle der Pflanzen auf Thripsbefall und frühzeitiger Einsatz von Insektiziden.

Ganz nah dran

Die dunklen, wurmförmigen Thripse besitzen zwei Paar schmale, mit deutlichen Borsten ausgestattete Flügel. An Erbse treten noch weitere Thripsarten auf (Blütenthrips, Frühjahrs-Ackerthrips).

Erbse

Auf einen Blick

- Hülsen mit silbrig-weißer Sprenkelung
- Thripse überwintern als Larve im Boden
- Förderung durch trockenwarme Witterung

Erbsenwickler

Cydia nigricana
Schmetterling

Steckbrief

Eine Generation pro Jahr. Die Larve überwintert im Boden, verpuppt sich im Frühjahr, der Falter schlüpft ab Mai. Im Juni legen die Weibchen ihre weißen, scheibenförmigen Eier auf die Blattunterseite blühender Pflanzen. Die nach einer Woche schlüpfenden Larven fressen an den Blättern, bohren sich dann in die jungen Hülsen ein, in denen die weitere Entwicklung abläuft. Nach 3 Wochen bohrt sich die Larve aus der Hülse und seilt sich in den Boden zur Überwinterung ab.

Symptome und Schadbild

Die Samen in den Hülsen sind von den Larven angefressen und mit Kotresten und Gespinsten versetzt. Nachträglich kommt es zur Verpilzung des Hülseninnern. Geringer Blattfraß im Frühjahr durch die Larven.

Vorbeugen und bekämpfen

Erbsen bevorzugt in windoffenen Lagen anbauen. Frühe Aussaat zur Vermeidung einer Überschneidung mit der Hauptflugzeit der Falter im Juni. Abdeckung mit Netzen zur Verhinderung der Eiablage. Bodenbearbeitung zur Larvenbekämpfung. Einsatz von Insektiziden zum Flugzeitpunkt der Falter, zum Teil mittels Bestimmung durch Pheromonfallen.

Auf einen Blick

- Larven fressen an den Samen in der Hülse
- Überwinterung als Larve im Boden
- frühe Erbsenaussaat anstreben

Ganz nah dran

Der Falter besitzt bräunliche Vorderflügel mit einer weißlichen Zeichnung am Rand. Die gelblich weißen, bis zu 2 cm langen Larven haben ein braunes Kopf- und Nackenschild.

Echter Mehltau

Erysiphe pisi var. *pisi*
Pilz

Steckbrief

Der Pilz überdauert am Erbsenlaub in Form von kleinen, nur etwa 0,1 mm großen, rundlichen, dunkel gefärbten Fruchtkörpern. Die dort im späten Frühjahr abgegebenen Sporen sorgen für erste Infektionen an den Blättern, Stängeln und Hülsen. Erneut gebildete Sporen dienen der weiteren Ausbreitung und Infektionen. Eine trockenwarme Witterung mit Taunächten fördert das Auftreten der Krankheit („Schönwetterpilz").

Symptome und Schadbild

Erst spät auftretender weißer, mehliger Pilzbelag auf der Blattoberseite, Stängel und den Hülsen, der sich rasch gräulich verfärbt. Befallene Hülsen sind häufig gesprenkelt, wobei die unmittelbaren Befallsstellen leicht eingesunken sind. Blätter und Hülsen trocknen ein, verbräunen und verkrüppeln teilweise. Vermindertes Wachstum der Pflanzen.

Vorbeugen und bekämpfen

Frühe Aussaat der Erbsen. Verwendung von resistenten Sorten. Entfernung des Herbstlaubes. Einsatz von Fungiziden.

Nicht verwechseln!

Das Schadbild des Echten Mehltaus ist bei vielen Gemüsepflanzen bekannt. Trotz ähnlicher Symptome verbergen sich dahinter verschiedene Pilzarten. So ist der Erbsenmehltau z.B. nicht für den Mehltau an Gurken oder Tomaten verantwortlich.

Erbse

Auf einen Blick

- weißer, mehliger Belag auf den Blättern
- Überwinterung im Herbstlaub
- Einsatz resistenter Sorten

Erbse

Auf einen Blick

- Pilz überdauert in Pflanze, im Boden oder Saatgut
- weißgrauer Sporenbelag blattunterseits
- wenig empfindliche Sorten nutzen

Falscher Mehltau

Peronospora viciae f. sp. *pisi*
Pilz

Steckbrief

Der Pilz überwintert als mehrere Jahre überlebensfähige Dauersporen im Pflanzengewebe, Boden oder auch am Saatgut. Nach der Infektion der Keimlinge bilden diese blattunterseits Sporen aus, die mit dem Wind oder Wasserspritzern verteilt werden und nachfolgende Infektionen an anderen Pflanzen hervorrufen. Ausreichend für eine Infektion ist eine Blattnässedauer von nur vier Stunden. Eine feuchtkühle Witterung fördert die Pilzentwicklung.

Symptome und Schadbild

Keimlinge haben einen verminderten Wuchs. Auf der Blattunterseite der vergilbenden Keimblätter bildet sich ein weißgrauer Sporenbelag aus. Laubblätter besitzen blattoberseits gelbliche Flecken, dem blattunterseits dann ein dunkler Sporenbelag folgt. Hülsen bilden dunkle Flecken aus.

Vorbeugen und bekämpfen

Entfernung des erkrankten Laubes. Wahl weniger empfindlicher Erbsensorten. Verwendung von gesundem Saatgut. Einsatz von Fungiziden, bevorzugt schon bei den Sämlingen.

Nicht verwechseln!

Trotz der Namensähnlichkeit zwischen Falschem Mehltau und Echtem Mehltau sind Biologie, Schadwirkung und Bekämpfung vollkommen unterschiedlich.

Gurke

Eckige Blattflecken-krankheit

Pseudomonas syringae pv. *lachrymans*
Bakterien

Steckbrief

Die insbesondere im Freiland auftretende Krankheit kann in Ernteresten im Boden oder infiziertem Saatgut überdauern. Über natürliche Öffnungen oder Wunden dringen die Bakterien in die Blätter ein und vermehren sich dort. Temperaturen von 24 – 28 °C bei hoher Luftfeuchte gelten als optimal für die Vermehrung der Bakterien.

Symptome und Schadbild

Die Blätter besitzen anfangs wässrige, 2 – 8 mm große, später verbräunende, papierartige Flecken, die meist deutlich von Blattadern begrenzt sind (Name). Befallene Stellen fallen häufig auch heraus. Bereits Jungpflanzen können geschädigt werden. Bei einer hohen Luftfeuchte tritt blattunterseits ein heller Bakterienschleim tröpfchenartig aus, der später als Kruste eintrocknet. Auf den Stängeln bilden sich längliche, braune Stellen, an denen ebenfalls Bakterienschleim austreten kann. Infizierte Früchte besitzen rundliche, braune Flecken mit einem hellen Zentrum.

Vorbeugen und bekämpfen

Verwendung von gesundem Saatgut. Erntereste entfernen. Fruchtwechsel von 3 Jahren einhalten. Keine dichte Pflanzung. Kein Einsatz von Pflanzenschutzmitteln möglich.

Ganz nah dran

Die nur 1 µm großen Bakterien bewegen sich im Wasser mit Geißeln. Sie werden über Wind, Wasserspritzer oder bei Kultur- und Erntearbeiten übertragen.

Auf einen Blick

- papierartige, braune, durch Blattadern begrenzte Flecken
- tritt bevorzugt im Freiland auf
- bei hoher Luftfeuchte Austritt von Bakterienschleim

Auf einen Blick

- alle Pflanzenorgane können befallen werden
- Pilz tritt bevorzugt im Gewächshaus auf
- Befallsstellen zeigen später viele dunkle Fruchtkörper

Gummistängelkrankheit

Didymella bryoniae

Pilz

Steckbrief

Nach der Überwinterung in Pflanzenresten kann der Pilz an Blättern, Früchten, Stielen und teils auch an den Wurzeln von Gurken, bevorzugt im Gewächshaus, schädigend auftreten. Hohe Luftfeuchtigkeit, dichte Bestände und längere Blattnässedauer sind für das Auftreten des Pilzes förderlich.

Symptome und Schadbild

Der Befall führt zu einem vom Blattrand her eintrocknenden hellen Gewebe, das mit einer schmutzig grünen Grenzschicht vom gesunden, weiterhin grünen Blattgewebe abgetrennt ist. Auf den hellen Stellen bildet sich eine Vielzahl kleiner Fruchtkörper. Ein Befall an den Trieben äußert sich meist an den Seitentrieben in Form von länglichen, teils stängelumfassenden Flecken, die später auch dicht besetzt von Fruchtkörpern sind. Bei befallenen Früchten stirbt die Fruchtspitze ab, teils auch von innen her. An Früchten und am Stängel treten häufiger gummiartige Ausscheidungen auf.

Vorbeugen und bekämpfen

Entfernung der Pflanzenreste. Bewässerung nur über die Wurzel. Vermeidung hoher Luftfeuchte. Kein zu enger Stand. Gute Nährstoffversorgung. Einsatz von Fungiziden.

Ganz nah dran

Die in nur 0,1 – 0,2 mm großen Fruchtkörpern gebildeten Sporen breiten sich über Wasserspritzer im Bestand aus.

Gurkenmosaikvirus

Cucumber mosaic virus, CMV
Virus

Steckbrief

Mit etwa 500 Pflanzenarten hat das Gurkenmosaikvirus einen Wirtspflanzenkreis, der neben Gurken auch andere Gemüsepflanzen, Zierpflanzen und Unkräuter umfasst. Die Übertragung der Viren erfolgt meist über verschiedene Blattläuse, kann aber auch über das Saatgut oder über Kulturarbeiten mit dem Messer oder anderen Werkzeugen erfolgen.

Symptome und Schadbild

Das Schadbild ist recht vielgestaltig und unterliegt vielen Einflussfaktoren. Bevorzugt an den jungen Blättern kommt es zu einer mosaikartigen Scheckung, häufig treten auch Blattkräuselungen und Deformationen auf. Unter bestimmten Bedingungen welken einzelne Blätter und Triebe oder die ganze Pflanzen. Befallene junge Früchte besitzen eine Mosaikscheckung, ältere Früchte bilden teils warzenartige Strukturen aus.

Vorbeugen und bekämpfen

Einsatz von resistenten Sorten. Verwendung von gesundem Saatgut. Werkzeuge nach Gebrauch gründlich reinigen. Unkrautbekämpfung in der Nähe der Gurkenpflanzen. Bekämpfung der virusübertragenden Blattläuse.

Ganz nah dran

Viren sind submikroskopische Schaderreger, deren Abmessungen im Nanometerbereich liegen. Ein Nanometer entspricht einem Millionstel Millimeter.

Auf einen Blick

- Virus mit sehr weitem Wirtspflanzenkreis
- mosaikartige Scheckung der Blätter und Deformationen
- Verwendung resistenter Sorten

Gurke

Auf einen Blick

- mehlig-weißer Sporenbelag auf Blättern und Früchten
- trockenwarme Tageswitterung fördert den Pilz
- Verwendung resistenter Sorten

Echter Mehltau

Golovinomyces cucurbitacearum
Pilz

Steckbrief

Der Pilz überwintert auf Pflanzenrückständen oder überdauernden Unkräutern. Die vom Wind verteilten Sporen sorgen für eine Ausbreitung des Pilzes und infizieren Blätter, Stängel und Früchte. Unter günstigen Bedingungen benötigt der Pilz von der Infektion bis zur Neubildung von Sporen nur drei Tage. Gefördert wird der Pilz durch trockenwarme Bedingungen am Tag („Schönwetterpilz"), die sich mit Taunächten abwechseln.

Symptome und Schadbild

Blattoberseits zunächst einzelne, später zusammenfließende rundliche Flecken mit weißem, später grauem mehligem Belag, in den auch die Sporen in kettenartigen Strukturen abgegeben werden. Teils tritt der Belag auch auf der Blattunterseite auf. Die gesamte Blattspreite kann vom Pilz besiedelt werden. Als Folge vergilben die Blätter und sterben ab. Neben den Blättern zeigen auch Stängel und Früchte einen mehligen Belag.

Vorbeugen und bekämpfen

Pflanzenrückstände zum Herbst entfernen. Nutzung resistenter oder toleranter Sorten. Einsatz von Fungiziden, wobei ein Blattbefall von bis zu 20 % toleriert werden kann.

Kommt auch vor an

Der Pilz tritt neben Gurke auch an Kürbis, Melone und Zucchini auf. Er sitzt außen auf der Pflanze („Ektoparasit") und dringt zur Nahrungsaufnahme nur in die oberen Zellschichten ein.

Falscher Mehltau

Pseudoperonospora cubensis
Pilz

Gurke

Steckbrief

Ursache für erste Infektionen sind weniger Sporen aus Erntereste, sondern die über große Entfernungen mit dem Wind eingetragenen Sporen aus südlichen Gegenden. Günstige Infektionsbedingungen sind 15 – 20 °C bei längerer Blattnässedauer von über fünf Stunden. Ab Juni ist mit stärkeren Infektionen bei Gewächshaus- und Freilandgurken zu rechnen. Der Pilz kann sich innerhalb weniger Tage in einem Bestand ausbreiten.

Symptome und Schadbild

Anfangs mosaikartig auf der Blattoberseite verteilte, deutlich von den Blattadern begrenzte, eckige und gelbliche Flecken. Diese verfärben sich dann braun, besitzen jedoch noch eine gelbliche Übergangszone zum gesunden Blattgewebe. Blattunterseits bilden sich verzweigte Trägerstrukturen mit den Sporen als grauer Pilzbelag. Abgestorbene Blätter hängen schlaff an den grünen Blattstielen.

Vorbeugen und bekämpfen

Verwendung resistenter oder toleranter Sorten. Vermeidung einer längeren Blattnässe (Bewässerung über die Wurzel und bevorzugt am Morgen, Taubildung vermeiden). Frühzeitiger Einsatz von Fungiziden.

Nicht verwechseln!

Im Gegensatz zum Echten Mehltau dringt dieser Pilz in das Blatt ein („Endoparasit“) und bildet nur seine Trägerstrukturen und Sporen außerhalb des Blattes.

Auf einen Blick

- gelbe, eckige und mosaikartige Blattflecken
- grauer Pilzbelag blattunterseits
- resistente Sorten verwenden

Kohl

Mehlige Kohlblattlaus

Brevicoryne brassicae
Blattlaus

Steckbrief

Bis zu 10 Generationen pro Jahr. Aus den an verschiedenen Kohlgewächsen, auch alten Strünken, an Raps und Unkräutern abgelegten glänzend schwarzen Eiern schlüpfen ab März die Larven. Ab Mai treten verstärkt geflügelte Tiere auf, die für eine teils massive Besiedlung anderer Kohlpflanzen sorgen. Trockenwarme Witterung fördert ein Auftreten. Während der Vegetationsperiode werden alle Tiere lebend und ohne vorherige Begattung geboren (Jungfernzeugung). Zum Herbst hin werden Geschlechtstiere gebildet, die die überwinternden Eier ablegen.

Symptome und Schadbild

Graue, deutlich mehlige Blattläuse treten erst blattoberseits, später blattunterseits in dichten Kolonien auf. Teils massive Honigtauproduktion mit nachfolgender Besiedlung von Schwärzepilzen. Virusübertragung. Blätter werden deformiert, verkrüppeln, färben sich lokal teils rötlich.

Vorbeugen und bekämpfen

Förderung von Nützlingen (Schwebfliegen, Marienkäfer). Entfernen alter Kohlstrünke. Stark befallene Einzelblätter entfernen. Frühzeitige Befallskontrolle und Einsatz von Insektiziden.

Auf einen Blick

- Überwinterung als Ei
- mehlige Blattläuse bilden Kolonien auf Blättern
- Ausbreitung über geflügelte Tiere

Ganz nah dran

Die ungeflügelten, 2 mm großen, graugrünen Läuse sind von einem mehligen Wachsbelag umgeben. Sie besitzen wie die geflügelten Läuse dunkle, unterbrochene Querstreifen auf dem Hinterleib.

Kohldrehherzmücke

Contarinia nasturtii
Gallmücke

Steckbrief

3 – 4 Generationen pro Jahr. Gallmücken erscheinen ab Mai, nachdem die Larven im Boden überwintert und sich im Frühjahr verpuppt haben. Die Weibchen legen ihre bis zu 200 Eier als kleines Gelege an junges Blattgewebe (Herzblätter, Blütenanlagen). Die Larven schaben und saugen am Gewebe. Nach 2 – 3 Wochen wandern sie zur Verpuppung in den Boden. Förderlich für die Entwicklung ist eine feuchtwarme Witterung.

Symptome und Schadbild

Durch die Schabe- und Saugtätigkeit und der Abgabe von Sekreten verdicken sich Blätter und Stiele und rollen sich ein. Verkorkungen treten auf, auch kann der Vegetationspunkt ganz absterben (führt zur Herzlosigkeit). An dem befallenen Gewebe finden sich mehrere Larven. Bei feuchter Witterung stellt sich häufig zusätzlich Fäulnis ein. Gefährdet sind insbesondere junge Kohlpflanzen, meist Blumenkohl. Bei besaugten Blütenanlagen wird eine Schotenbildung verhindert.

Vorbeugen und bekämpfen

Abdeckung der Pflanzen mit Kulturschutznetzen vor der Eiablage. Einsatz von Insektiziden gegen die Mücken zum Zeitpunkt der Eiablage.

Ganz nah dran

Die unscheinbaren Gallmücken sind nur 2 mm groß. Ebenso groß sind die schwach gelblichen, sprungfähigen Larven.

Kohl

Auf einen Blick

- Deformationen der jungen Blätter und Stiele
- bis zu 4 Generationen pro Jahr
- gelbliche, nur etwa 2 mm große Larven

Kohl

Auf einen Blick

- Schabe- und Lochfraß durch die Käfer
- Befallsminderung durch Boden feucht halten
- die kleinen, sprungfähigen Käfer überwintern

Kohlerdfloh

Phyllotreta-Arten
Käfer

Steckbrief

Eine Generation pro Jahr. Die Käfer überwintern in der Bodenstreu und treten an den ersten warmen Frühlingstagen am Kohl und anderen Kreuzblütlern auf (Raps, Senf, Radieschen, Unkräuter). Die Eier werden ab Mai je nach Art in den Boden oder auf die Blattunterseite gelegt. Die weißen, 4 mm langen Larven mit brauner Kopfkapsel entwickeln sich an den Wurzeln im Boden oder minieren in Blättern und Blattstängeln. Die Larven beider Typen verpuppen sich etwa im Juli im Boden, die Käfer wandern bald in ihre Winterquartiere ab.

Symptome und Schadbild

Schabe- und Lochfraß in meist hoher Zahl insbesondere auf Sämlingen und jungen Pflanzen, teils Absterben der Pflanzen. Käfer können auch Viren und Pilze übertragen. Wurzelfraß der Larven meist wenig auffällig.

Vorbeugen und bekämpfen

Abdecken mit engmaschigem Vlies als Schutz vor Zuflug der Käfer. Anbau von Untersaaten (Klee). Regelmäßige Bewässerung und Feuchthalten des Bodens. Häufige Bodenlockerung. Einsatz von Insektiziden gegen die Käfer.

Ganz nah dran

Die etwa 3 mm langen, blauschwarzen Käfer („Erdfloh“) mit verdickten Hinterschenkeln, manche mit zwei gelben Längsstreifen, können gut springen.

Kohleule

Mamestra brassicae
Schmetterling

Kohl

Steckbrief

2 Generationen pro Jahr. Die braune, etwa 2 cm große Puppe überwintert im Boden. Ab Mai schlüpft der dunkelbraune, nachtaktive Falter (Spannweite 4 cm). Das Weibchen legt seine bis zu 500 Eier in kleinen Gelegen auf die Blattunterseite der Kohlpflanzen ab. Die jungen Raupen sind grün mit gelben Streifen, während die älteren ab einer Länge von 2 cm braun gefärbt sind.

Symptome und Schadbild

Die meist nachtaktiven Larven schädigen anfangs durch einen Schabefraß, der aber rasch in einen Lochfraß der Blätter übergeht. Im Gegensatz dazu fressen sich die älteren Larven der zweiten Generation bis in das Herz der Kohlpflanzen hinein („Herzwurm") und hinterlassen größere Mengen an grünschwarzem Kot. Auftreten der dunklen Falter etwa im Mai und August.

Vorbeugen und bekämpfen

Absammeln der Raupen und Eigelege. Abdeckung mit Kulturschutznetzen vor der Eiablage. Einsatz von Insektiziden bevorzugt gegen die jungen Larven.

Ganz nah dran

Die halbkugeligen Eier mit dem dunklen Fleck in der Mitte sind nur etwa 0,5 mm groß und färben sich rasch dunkel.

Auf einen Blick

- meist nachtaktive Larven und Falter
- ältere Larven fressen sich bis ins Herz der Kohlpflanzen
- 2 Generationen pro Jahr

Kohl

Auf einen Blick

- Larvenfraß („Maden“) an den Wurzeln
- Fliege ähnelt einer Stubenfliege
- Einsatz von Kohlkragen und Kulturschutznetzen

Kleine Kohlfliege

Delia radicum
Fliege

Steckbrief

3 Generationen pro Jahr. Die 6 mm großen, braunen Puppen überwintern im Boden, die ersten Kohlfliegen treten ab Mitte April auf. Das Weibchen legt die 1 mm kleinen, weißen, länglichen Eier einzeln oder als kleine Gelege an den Wurzelhals oder in den Boden ab. Die Larven ernähren sich von den Wurzeln. Nach einer Entwicklungszeit von 3 – 4 Wochen verlassen die Larven die Wurzeln und verpuppen sich im Boden.

Symptome und Schadbild

Während junge Larven an den feinen Wurzeln fressen, dringen ältere Larven mit ihrem Minierfraß in die Wurzel ein. Oberirdisch zeigen sich Welkeerscheinungen und graue Blattfärbungen, auch lassen sich die Kohlpflanzen leicht aus dem Boden ziehen. Die Wurzeln sind abgefressen, der Wurzelhals ist zerstört. Insbesondere Jungpflanzen sind gefährdet.

Vorbeugen und bekämpfen

Abdeckung der Pflanzen mit Kulturschutznetzen. Verwendung von „Kohlkragen“ zum Abfangen der abgelegten Eier. Entfernen befallener Pflanzen. Spät pflanzen, um die erste Generation zu umgehen. Förderung von Nützlingen (Laufkäfer). Einsatz von Insektiziden gegen die Larven im Boden.

Ganz nah dran

Die Kohlfliege ähnelt einer Stubenfliege. Die beinlosen, gelblichen Larven („Maden“) sind vorne zugespitzt und bis zu 1 cm groß.

Kohlgallenrüssler

Ceutorhynchus pleurostigma
Käfer

Steckbrief

Eine Generation pro Jahr. Nach der Überwinterung als Käfer und einem ersten Reifungsfraß an Blättern und Stielen legen die Weibchen ihre bis zu 140 Eier an den Wurzelhals junger Pflanzen ab. Die schlüpfende Larve bohrt sich in die Hauptwurzel ein und induziert dort eine Galle, in der sie geschützt lebt. Nach 4 Wochen verlässt die Larve ihre Galle und verpuppt sich in einem Erdkokon. Es existiert noch ein anderer Käferstamm mit zeitversetztem Zyklus, bei dem die Larven in den Gallen überwintern.

Symptome und Schadbild

An den Hauptwurzeln zeigen sich gallenartige, erbsengroße Anschwellungen, in dessen Hohlraum sich eine Larve befindet (ähnelt sonst im Schadbild etwas der durch Pilze hervorgerufenen Kohlhernie). An den Wurzeln können auch traubenartige Gallenansammlungen auftreten. Im Frühjahr finden sich die Käfer an den Pflanzen. Jungpflanzen welken, ältere Pflanzen sind oft symptomlos.

Vorbeugen und bekämpfen

Entfernung der mit Gallen besetzten Pflanzen, bevor die Larven sich verpuppen. Einsatz von Insektiziden; aufgrund des geringen Schadens Bekämpfung meist nicht nötig.

Ganz nah dran

Der 3 mm große, braune Käfer mit hellen Flecken besitzt einen rüsselartig verlängerten Kopf. Die beinlosen, hellen Larven werden 5 mm groß und besitzen eine braune Kopfkapsel.

Kohl

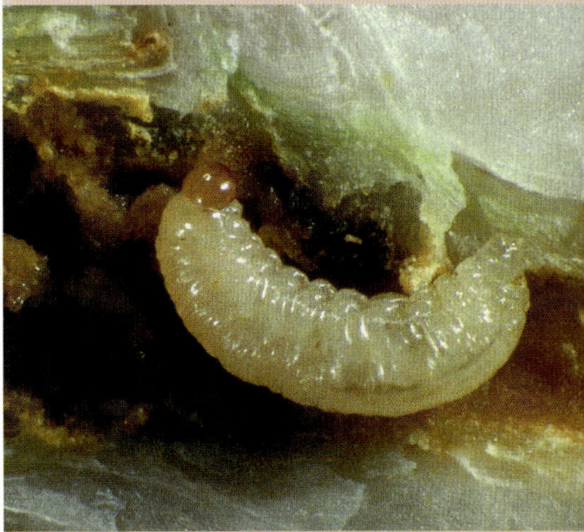

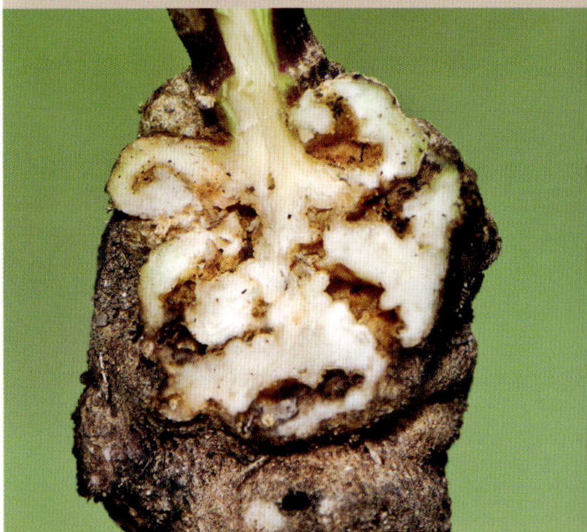

Auf einen Blick

- erbsengroße Anschwellungen der Wurzeln
- eher geringer Schaden an der Pflanze
- meist überwintert der Käfer

Auf einen Blick

- gallenförmige Deformationen an den Wurzeln
- Gefahr einer langjährigen Bodenverseuchung (Dauersporen)
- blaugrüne Blattverfärbung und Welken der Pflanzen

Kohlhernie

Plasmodiophora brassicae
Pilz

Steckbrief

Die mikroskopisch kleinen Dauerkörper können bis zu 10 Jahre im Boden überdauern. Optimale Bedingungen für die Wurzelinfektion sind hohe Bodenfeuchte, geringer pH-Wert sowie Temperaturen von 20 – 25 °C. In den befallenen Wurzeln vermehrt sich der Pilz und gelangt über die abgestorbenen Wurzeln in den Boden zurück.

Symptome und Schadbild

Oberirdisch welken die Pflanzen insbesondere bei sonnigem Wetter. Die Pflanzen wachsen schlechter, die Blätter sind blaugrün gefärbt. An den Wurzeln zeigen sich deutliche Wucherungen und Verdickungen, die keinen Hohlraum besitzen (Schadbild vom Kohlgallenrüssler). Häufig tritt ein Befall nesterweise im Beet auf, auch können bereits Jungpflanzen betroffen sein.

Vorbeugen und bekämpfen

Der pH-Wert sollte nicht unter 7,0 absinken, zur Anhebung Kohlensauren Kalk oder Branntkalk streuen. Kranke Pflanzen entfernen (nicht kompostieren). Eintrag der Dauersporen über Stallmist ist möglich. Wahl resistenter Sorten. Für ausreichenden Wasserabzug (Drainage) sorgen. Wechsel der Fläche für Kreuzblütler für mindestens 7 Jahre. Bekämpfung von kreuzblütigen Unkräutern.

Kommt auch vor an

Von dem Pilz werden Kulturpflanzen und Unkräuter aus der Familie der Kreuzblütler infiziert, das sind u.a. Kohl, Radies, Rettich, Raps, Ackersenf, Hirtentäschel.

Kohlmotte

Plutella xylostella
Schmetterling

Kohl

Steckbrief

3–4 Generationen pro Jahr. Die Puppen der letzten Generation überwintern im Boden, die ersten Falter treten ab April auf. Die unscheinbaren, nur 0,5 mm kleinen, weißlichen Eier werden einzeln auf die Blattunterseite abgelegt. Die grünen, leicht behaarten, 1 cm großen Raupen sind am Kopf- und Hinterende zugespitzt und werden oft von Nützlingen parasitiert. Die Verpuppung erfolgt nach etwa 3–4 Wochen an der Pflanze.

Symptome und Schadbild

Die frisch geschlüpften Larven minieren im Blatt, das hierdurch einen silbrigen Glanz bekommt („Schleiermotte"). Später rufen die Larven einen Schabefraß auf der Blattunterseite hervor („Kohlschabe"). Größere Larven führen zunächst Lochfraß durch, später Skelettierfraß. Größere Raupen fressen sich auch ins Kohlinnere. Auf der Blattunterseite spindelförmige Puppen, von Netzkokon umgeben.

Vorbeugen und bekämpfen

Absammeln der Raupen und Puppen. Abdeckung mit Kulturschutznetzen vor der Eiablage. Förderung von Nützlingen (Vögel). Entfernung der Laubreste im Herbst. Einsatz von Insektiziden gegen die Larven.

Ganz nah dran

Diese schlanken, dunkel gefärbten Falter zeigen in Ruhestellung eine auffällig helle, wellenförmige Zeichnung auf dem Rücken.

Auf einen Blick

- Überwinterung als Puppe im Boden
- junge Larven schädigen erst durch Schabefraß
- Puppen mit netzartigem Kokon

Kohlmottenschildlaus

Aleurodes proletella
Mottenschildlaus

Steckbrief

4–5 Generationen pro Jahr. Die Weibchen („Weiße Fliege") überwintern an geschützten Stellen und legen ihre bis zu 70 winzigen Eier mit reichlicher Wachsbildung halb- oder kreisförmig auf die Blattunterseite der Kohlblätter ab. Die schlüpfenden Larven sind anfangs noch beweglich, setzen sich dann zunehmend fest. Aus dem „Puparium" schlüpft nach 3–4 Wochen die 2 mm große, deutlich weiß bemehlte Laus mit grau gefleckten Flügeln. Eine trockenwarme Witterung fördert das Auftreten des Schädlings.

Symptome und Schadbild

Schwächung der Pflanze durch Saugtätigkeit. Teils massive Abgabe von klebrigem Honigtau, der von Rußtaupilzen besiedelt wird. Auftreten der schildlausartigen Larven sowie der weiß bemehlten Läuse. Bei Berührung der Pflanzen fliegen die erwachsenen Tiere aufgeschreckt hoch. Zum Herbst hin meist deutliche Zunahme der Befalls.

Vorbeugen und bekämpfen

Entfernung einzelner, stark befallener Blätter. Frühzeitiger, regelmäßiger Einsatz von Insektiziden auf der Blattunterseite gegen die Larven.

Auf einen Blick

- die kältetoleranten Weibchen überwintern
- Abgabe von Honigtau und Besiedlung von Schwärzepilzen
- Bis zu 5 Generationen pro Jahr

Ganz nah dran

Die Larven ähneln einer 1 mm großen, ovalen, braunen Schildlaus. Das „Puparium" ist ein borstenloses, flaches Gebilde.

Kohlrübenblattwespe

Athalia rosae
Blattwespe

Steckbrief

2 – 3 Generationen pro Jahr. Die schlanken, schwarz-roten, etwa 6 – 8 mm großen Blattwespen schlüpfen ab Mai aus den im Boden überwinterten Puppen. Die Weibchen legen die Eier einzeln ins Blatt ab. Die nach einer Woche schlüpfenden, bis zu 2 cm großen Larven legen anfangs noch einen Miniergang an, verlassen diesen aber später und treten frei auf den Blättern auf.

Symptome und Schadbild

Die jungen Larven (Afterraupen) rufen einen unscheinbaren Minierfraß in den Blättern hervor. Ältere Larven fressen anfangs noch schabend auf der Blattunterseite, später fressen sie längliche Löcher. Auf den Blättern finden sich die dunklen Larven sowie deren Häutungsreste.

Vorbeugen und bekämpfen

Absammeln der Larven. Sofern möglich die Nähe zu Rapsfeldern meiden. Abdeckung der Pflanzen vor der Eiablage. Frühzeitige Kontrolle auf die unscheinbaren Miniergänge der jungen Larven. Einsatz von Insektiziden gegen die Larven.

Ganz nah dran

Die bis zu 2 cm großen Larven sind anfangs noch grün, später aber nahezu schwarz gefärbt und besitzen 22 Beine.

Kohl

Auf einen Blick

- junge Larven fressen unscheinbare Miniergänge ins Blatt
- ältere dunkle Larven sind bis zu 2 cm groß
- Nähe zu Rapsfeldern meiden

Kohl

Auf einen Blick

- dunkle Flecken mit dunklem Sporenrasen
- bevorzugt auf älteren Blättern an älteren Pflanzen
- feuchtnasse Bedingungen fördern den Pilz

Kohlschwärze

Alternaria brassicae, Alternaria brassicicola
Pilz

Steckbrief

Der Pilz kann nicht nur an infiziertem Pflanzenmaterial überdauern, sondern auch mit dem Saatgut übertragen werden. Dichte Bestände, feuchte Bedingungen und insbesondere eine Blattnässedauer von über fünf Stunden fördern das Auftreten der Krankheit. Die Verbreitung der Sporen erfolgt über den Wind, teils auch über Insekten.

Symptome und Schadbild

Auf den Blättern bilden sich graue bis schwarze, teils deutlich zonierte, 1 – 2 cm große Blattflecken, die oft von einem gelben Rand umgeben sind. An den befallenen Stellen reißt das Gewebe häufig auf und fällt auch heraus. Die Zahl der Flecken kann rasch zunehmen. Auf den Flecken zeigt sich bei näherer Betrachtung ein oft flächig auftretender dunkler Sporenrasen.

Vorbeugen und bekämpfen

Einsatz von gesundem Saatgut. Verwendung weniger anfälliger Sorten. Entfernen von infizierten Ernterückständen. Vermeidung von feuchtnassen Kulturbedingungen (weiter Pflanzabstand, Bewässerung nur am Morgen, keine Überkopfbewässerung). Keine überhöhte Stickstoffdüngung. Einsatz von Fungiziden.

Kommt auch vor an

Der Pilz tritt vermehrt auf den äußeren Blättern älterer Pflanzen auf. Chinakohl ist sehr anfällig. Die „Blumen“ von Blumenkohl und Brokkoli können von einem dunklen Sporenrasen überzogen werden.

Kohlwanze

Eurydema oleraceum
Wanze

Steckbrief

1 – 2 Generationen pro Jahr. Die erwachsenen Kohlwanzen überwintern in der Bodenstreu oder unter der Borke von Bäumen. Ab April verlassen sie ihre Winterquartiere und legen ihre Eier auf Kohlpflanzen als zweireihiges Gelege zu je sechs Eiern ab. Alle Entwicklungsstadien saugen an den Pflanzen wobei die Larven zeitweise auch Blattläuse aussaugen. Die dunkle Kohlwanze wird 6 mm groß, besitzt drei rote oder weiße Farbflecke im hinteren Bereich (es gibt hier unterschiedliche Farbvarianten), die quer angeordnet sind, sowie einen farbigen Streifen auf dem Halsschild.

Symptome und Schadbild

Erste Saugstellen an Blättern und Trieben besitzen einen hellen Hof. Später weisen die besaugten Stellen Deformationen und Verkrüppelungen auf, die bei einem starken Befall optisch den Schäden der Kohldrehherzmücke (siehe Seite 317) ähneln können. Auf der Pflanze finden sich die dunklen, fleckigen Wanzen.

Vorbeugen und bekämpfen

Abdeckung gefährdeter Kulturen mit Kulturschutznetzen. Frühzeitige Kontrolle auf einen Larvenbesatz; Einsatz von Insektiziden.

Nicht verwechseln!

Neben der Kohlwanze gibt es an Kohl weitere meist auffällig rot-schwarze Gemüsewanzen mit einer ähnlichen Biologie.

Kohl

Auf einen Blick

- erwachsene Wanzen überwintern in der Bodenstreu
- Wanzen sind nur 0,5 cm groß
- stark besaugte Stellen zeigen bei starkem Befall Deformationen

Kohl

Auf einen Blick

- gelbgrüne Larven mit schwarzen Flecken
- 2 Generationen pro Jahr
- Einsatz von Kulturschutznetzen

Großer Kohlweißling

Pieris brassicae
Schmetterling

Steckbrief

2 Generationen pro Jahr. Die grüngelbe, kantige Puppe mit fädigem Gürtel überwintert an senkrechten Strukturen (Pfähle, Baumstämme). Ab Ende April treten die Falter auf. Sie überbrücken größere Entfernungen durch aktiven Flug und mit dem Wind. Die Eigelege der ersten Generation werden an Unkräuter (Kreuzblütler) abgelegt, an denen sich die Larven entwickeln und später verpuppen. Die gelben, stumpf kegelförmigen und längsgestreiften Eigelege der zweiten Generation werden auf die Blattunterseite der Kohlblätter gelegt. Die bis zu 4 cm großen, gelbgrünen Larven mit schwarzen Flecken entwickeln sich an den Kohlpflanzen.

Symptome und Schadbild

Geselliger Lochfraß der Jungraupen an den Blättern. Die älteren Raupen rufen einen Skelettierfraß hervor, bei dem nur die Blattadern stehen bleiben. Auftreten der tagaktiven Falter etwa ab Juni. Gelbe Eigelege mit 40 – 60 Eiern auf der Blattunterseite.

Vorbeugen und bekämpfen

Absammeln der Raupen und Eigelege. Abdeckung der Pflanzen vor der Eiablage mit Kulturschutznetzen. Einsatz von Insektiziden gegen die Raupen.

Ganz nah dran

Die Spitzen der weißen Vorderflügel sind deutlich dunkel gefärbt, die Weibchen besitzen zusätzlich zwei schwarze Punkte.

Kleiner Kohlweißling

Pieris rapae
Schmetterling

Kohl

Steckbrief

2–4 Generationen pro Jahr. Etwa ab April treten die aus der überwinternden Puppe schlüpfenden, weißen, tagaktiven Falter auf. Sie legen die weißlichen, nur etwa 1 mm kleinen Eier einzeln auf die Blattunterseite der Kohlpflanzen. Die Raupen werden häufig von Nützlingen parasitiert. Die grüne kantige Puppe ist meist an der Pflanze anzutreffen, bei der letzten Generation im Jahr überwintert sie geschützt. Da sich die Generationen oft überlappen, treten die Raupen nahezu den ganzen Sommer auf.

Symptome und Schadbild

Lochfraß an den äußeren Blättern durch einzeln auftretende, samtig grüne Raupen. Fraßschäden im Kohlinnern sowie Verschmutzung durch Kot älterer Raupen. Flug der weißlichen Falter (etwas kleiner als die des Großen Kohlweißlings).

Vorbeugen und bekämpfen

Absammeln der jungen Raupen. Kontrolle auf einzeln abgelegte Eier. Abdeckung der Pflanzen mit Kulturschutznetzen vor der Eiablage. Einsatz von Insektiziden gegen die jungen Raupen.

Ganz nah dran

Schwach abgedunkelte Flügelspitzen (im Gegensatz zum Großen Kohlweißling). Die grünen, etwa 3 cm großen Raupen mit gelbem Längsstreifen sind samtartig behaart.

Auf einen Blick

- samtartig behaarte, grüne Raupen
- Puppe überwintert
- bis zu 4 Generationen pro Jahr

Falscher Mehltau

Peronospora parasitica
Pilz

Steckbrief

Mikroskopische Dauersporen des Pilzes überdauern in Ernterückständen im Boden. Eine Übertragung ist auch durch infiziertes Saatgut möglich. Kühlere Temperaturen (16 °C) und feuchte Witterung fördern die Infektion der Blätter, bei Temperaturen von 20 – 24 °C kann sich die Krankheit rasch entwickeln. Eine Verbreitung im Bestand findet über die blattunterseits gebildeten Sporen mit Hilfe von Spritzwasser und Wind statt.

Symptome und Schadbild

Bevorzugt junge Pflanzen werden infiziert und zeigen Symptome. Blattoberseits bilden sich verteilte gelbe Flecken, denen später blattunterseits ein grauweißer Sporenrasen folgt. Das Wachstum der Jungpflanzen ist deutlich reduziert. Schwarze Punkte auf der Blumenkohlblume faulen später.

Vorbeugen und bekämpfen

Verwendung von gesundem, geprüftem Saatgut (Beizung, Heißwasserbehandlung). Ernterückstände kranker Pflanzen entfernen. Wahl weniger anfälliger Pflanzen. Sofern möglich (Gewächshaus) hohe Luftfeuchte und einen dichten Stand vermeiden. Einsatz von Fungiziden.

Auf einen Blick

- gelbe, durch Blattadern begrenzte Blattflecken
- Überdauerung in Ernteresten oder Saatgut
- feuchtkühle Tageswitterung fördert den Pilz

Ganz nah dran

Unter der Lupe zeigt sich der Belag vom Falschen Mehltau in Form von deutlich baumartig verzweigten Trägern, an deren Enden jeweils eine einzelne Spore sitzt.

Ringfleckenkrankheit

Mycosphaerella brassicicola
Pilz

Steckbrief

Der Pilz überwintert auf infiziertem Winterraps oder in abgestorbenen Pflanzen- und Ernterückstände der Kohlpflanzen. Er ist insbesondere im Norden von Deutschland verbreitet. Die auf den erkrankten Pflanzen gebildeten Sporen infizieren im Frühjahr die Blätter vom Kohl, wobei hierfür eine mehrstündige Blattnässe sowie eher mäßige Temperaturen (15 – 20 °C) förderlich sind. Erneut gebildete Sporen, die über den Wind verbreitet werden, sorgen für eine weitere Ausbreitung der Krankheit.

Symptome und Schadbild

Meist beginnend an den älteren, äußeren Blättern zeigen sich teils mehrere Zentimeter große, oft zonierte, dunkle, selten auch ganz schwarze, rundliche bis ovale Blattflecken. Bei einem starken Befall fließen die Flecken auch großflächig zusammen.

Vorbeugen und bekämpfen

Erste befallene Blätter entfernen. Weniger anfällige Kohlsorten verwenden. Entfernung von Pflanzenresten und Ernterückständen. Nähe zu Rapsfeldern meiden. Einsatz von Fungiziden.

Nicht verwechseln!

Die Symptome ähneln ein wenig denen der Kohlschwärze. Ohne Mikroskop lassen sich die beiden pilzlichen Erreger nicht sicher voneinander unterscheiden.

Auf einen Blick

- insbesondere in Norddeutschland verbreitet
- dunkle, oft zonierte Flecken auf den älteren Blättern
- förderlich für die Erkrankung sind längere Blattnässe und mäßige Temperatur

Möhre

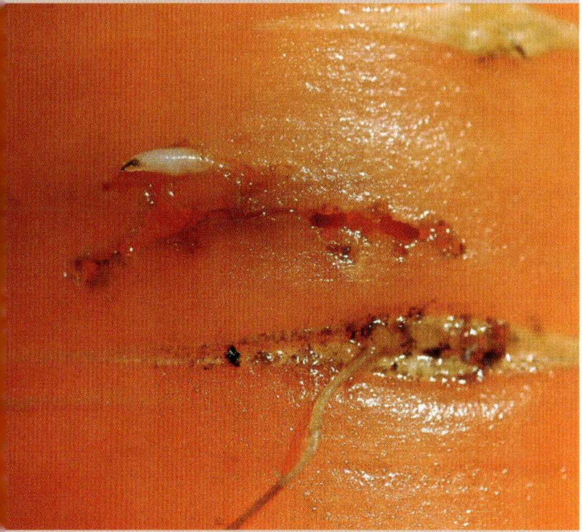

Auf einen Blick

- Larven („Maden“) fressen an Wurzel und Möhrenkörper
- schädigt insbesondere den unteren Teil des Möhrenkörpers
- bis zu 3 Generationen pro Jahr

Möhrenfliege

Psila rosae
Fliege

Steckbrief

2–3 Generationen pro Jahr. Die Puppe überwintert im Boden, ab Mai treten die ersten Fliegen auf. Eiablage ab den späten Nachmittagsstunden in die Nähe der Möhrenwurzel. Windgeschützte, eher feuchte Lagen sind gefährdet. Helle Larven („Maden“) schlüpfen nach einer Woche, fressen an den Wurzeln, dringen später in äußere Rindenschichten des Möhrenkörpers ein. Fraßzeit der Larven 5–7 Wochen. Dann wandern die bis zu 1 cm großen Maden von der Möhre zur Verpuppung in den Boden.

Symptome und Schadbild

Junge Möhrenpflanzen welken, Blätter färben sich rötlich, teils sterben Pflanze auch völlig ab. Innerhalb des Möhrenkörpers finden sich bevorzugt in den unteren Teilen die mit Kot angefüllten, braunen, nach außen hin offenen Fraßgänge der Larven. Häufig tritt zusätzlich Fäulnis auf.

Vorbeugen und bekämpfen

Abdeckung mit Kulturschutznetzen. Möhrenaussaat ab Juni entgeht dem Befall der ersten Generation. Windoffene Lagen bevorzugen. Wahl weniger anfälliger Sorten. Gelbtafeln zum Abfangen der Fliegen. Einsatz von Insektiziden gegen die Larven im Boden.

Ganz nah dran

Die Möhrenfliege ist 6 mm groß, dunkel gefärbt und besitzt glasige Flügel. Ihre bis zu 100 weißen Eier sind nur etwa 0,5 mm groß.

Möhrenminierfliege

Napomyza carotae
Fliege

Steckbrief

2 Generationen pro Jahr. Die Fliegen treten nach Überwinterung im Boden als Puppe ab April auf. Sie legen ihre 0,4 mm kleinen Eier auf die Blattunterseite, in Gewebe oder in Stängel ab. Nach wenigen Tagen schlüpfen die weißen, beinlosen Larven, die in den Blättern minieren, später im oberen Möhrenkörper. Dort verpuppen sie sich nach 2 Monaten. Ab August tritt die zweite Generation auf.

Symptome und Schadbild

Blattunterseits zeigen sich millimetergroße, helle Einstichstellen. Blätter besitzen Vergilbungen, teils auch Welkeescheinungen. In den Blättern und Blattstielen finden sich Miniergänge, in dessen Innern sich eine Larve befindet. Im oberen Teil des Möhrenkörpers zeigen sich, bevorzugt bei der ersten Generation, flach verlaufende, kotfreie Miniergänge mit den Larven, später dann auch mit der braunen Puppe.

Vorbeugen und bekämpfen

Einsatz von Kulturschutznetzen. Frühzeitige Blattkontrolle und Zerdrücken der Larven bei Einzelpflanzen. Einsatz von Insektiziden gegen die eierlegenden Fliegen.

Kommt auch vor an

Die dunklen, mit Borsten versehenen, nur 2 – 3 mm großen Fliegen befallen neben Möhren auch Petersilie, Sellerie oder Pastinake.

Möhre

Auf einen Blick

- Larven minieren im Blatt und Möhrenkörper
- insbesondere der obere Teil des Möhrenkörpers wird geschädigt
- Miniergänge sind frei von Kot

Möhre

Auf einen Blick

- dunkle Blattflecken, die rasch ganze Blätter erfassen können
- überdauert im Saatgut oder in infizierten Pflanzenresten
- feucht-nasse Bedingungen fördern den Pilz

Möhrenschwärze

Alternaria dauci
Pilz

Steckbrief

Der Pilz überdauert in infizierten Pflanzenrückständen im Boden oder im Saatgut. Auf den Blättern gebildete Sporen werden rasch mit Wind und Wasserspritzern ausgebreitet. Eine feuchte Witterung fördert die Krankheit. Die Anfälligkeit der Blätter steigt mit ihrem Alter.

Symptome und Schadbild

Auf den Blättern zeigen sich zu Beginn kleine, etwa 1–2 mm große, runde Flecken, die sich dunkel verfärben und einen helleren Hof besitzen. Rasch fließen die Einzelflecken zusammen, werden in ihrer Gesamtheit deutlich schwarz („Möhrenblattbrand") und können ganze Laubpartien betreffen. Die Blätter verfaulen oder trocknen ein. Bei feuchter Witterung ist ein dunkler Sporenrasen auf den Blättern erkennbar. Infizierte Möhrenkörper sind fleckig schwarz. Die ersten Symptome an den Blättern treten meist nestweise auf.

Vorbeugen und bekämpfen

Verwendung von gesundem Saatgut. Weiter Reihenabstand und luftige Lagen bevorzugen. Einsatz von Fungiziden. Befallene Erntereste entfernen. Weniger anfällige Sorten verwenden.

Kommt auch vor an

Der Pilz infiziert an der Möhre neben den Laubblättern auch Keimlinge und Möhrenkörper. Der Pilz kann in einem breiten Temperaturbereich (13–35 °C) wachsen, als optimal gelten 28 °C.

Möhrenwurzellaus

Dysaphis crateagi, Pemphigus phenax
Blattlaus

Steckbrief

Mehrere Generationen pro Jahr. An Möhren treten unterschiedliche, in ihrer Biologie aber ähnliche, wirtswechselnde Läuse auf. Die Möhrenwurzellaus überdauert den Winter als Ei an Schwarz- und Pyramidenpappel. Geflügelte Tiere aus den dort später gebildeten Blasenlauskolonien wandern zur Möhre und besiedeln deren Wurzeln im Bodenbereich. Im Herbst erfolgt wieder der Rückflug zur Pappel. Die Möhrenwurzelhalslaus überwintert als Ei am Weißdorn. Die dort entstehenden Blattlauskolonien wandern im Sommer als geflügelte Stadien auf die Möhre und besiedeln den Wurzelhals. Im Herbst erfolgt der Rückflug zum Weißdorn.

Symptome und Schadbild

Pappelblätter haben Blattgallen entlang der Hauptader, Weißdornblätter haben im Frühjahr auffällig rote Blattgallen. An den Möhren treten am Wurzelhals oder auch deutlich tiefer im Boden kolonieartig an den Wurzeln sitzende, teils von Wachswolle umgebende Läuse auf. Oberirdisch zeigt sich ein Befall durch vermindertes Wachstum. Die Blattläuse werden häufig von Ameisen besucht.

Vorbeugen und bekämpfen

Nähe zu Pappeln oder Weißdorn meiden, dort befallene Blätter frühzeitig entfernen. Einsatz von Kulturschutznetzen. Regelmäßiges Gießen vermindert den Befall. Bekämpfung der Wurzelläuse durch Insektizide.

Ganz nah dran

Im Spätsommer trifft man, meist an der Bodenoberfläche, neben den „normalen“ Wurzelläusen auch verpilzte Läuse an, die von einem schwach gelblich bis grauen, insektenpathogenen Pilz befallen sind.

Auf einen Blick

- Ei überwintert an Pappel oder Weißdorn
- an den Wurzeln der Möhre sitzen Kolonien von Blattläusen
- häufiger Ameisenbesuch an der Möhre

Möhre

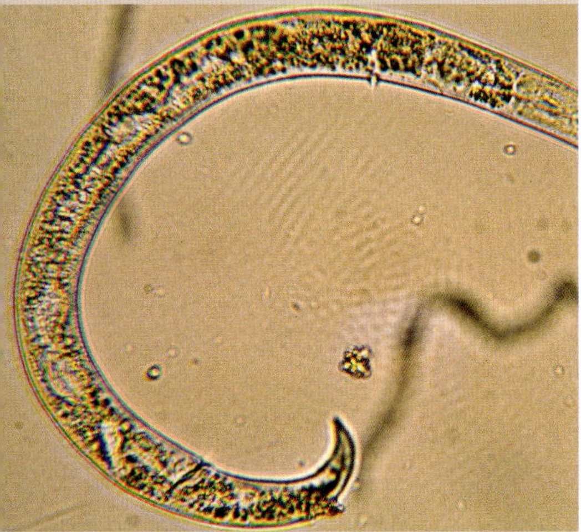

Wurzelnematoden

Verschiedene Arten
Nematode

Steckbrief

Mehrere Generationen pro Jahr. Die im Boden lebenden, etwa 0,5 – 1 mm langen, nur 20 µm dünnen Nematoden überdauern den Winter je nach Art als Ei, Larve, erwachsenes Tier oder kompakte Zyste (Dauerstadium). Die beweglichen Stadien saugen an den Wurzeln oder dringen in diese ein.

Symptome und Schadbild

Oberirdisch zeigt sich meist ein nestweises Auftreten der Schadsymptome. Charakteristisch sind reduziertes Wachstum, Welkeerscheinungen und Blattvergilbungen. Jungpflanzen können teils auch ganz absterben. Der Möhrenkörper zeigt je nach Nematodenart starke Seitenwurzelbildung („Wurzelbart"), kleine, knötchenartige Anschwellungen an den Wurzeln, Missbildungen oder eine Beinigkeit des gesamten Möhrenkörpers.

Vorbeugen und bekämpfen

Befallene Pflanzen großzügig mit anhaftender Erde entfernen. Unkrautbekämpfung. Anbau von Tagetes hilft nur bei bestimmten Nematodenarten. Sofern möglich, Dämpfung des Bodens. Sofern verfügbar, weniger anfällige Sorten anbauen. Keine Kompostierung befallener Pflanzen. Mehrjährige Anbaupause von Möhren.

Auf einen Blick

- Nematoden sind im Boden als Einzeltiere nicht erkennbar
- häufig nestweises Auftreten von Wachstumsdepressionen
- vielfältige, artabhängige Wurzelreaktionen auf die Saugtätigkeit

Kommt auch vor an

Neben Möhre befallen die Nematoden arttypisch auch andere Pflanzen sowie Unkräuter. Meist bevorzugen sie leichte, warme Böden.

Johannisbeerblattlaus

Nasonovia ribisnigri
Blattlaus

Steckbrief

Mehrere Generationen pro Jahr. Nach der Überwinterung als Ei an Johannis- oder Stachelbeere entwickeln sich dort ab März einige Generationen von Blattläusen. Ab Mai wandern dann geflügelte Läuse zum Salat ab. Bis zum Herbst entsteht dort eine Vielzahl von Blattlausgenerationen. Die einzelne Blattlaus ist 3 mm groß, oval in der Gestalt und meist grün, teils aber auch rötlich oder gelblich gefärbt. Geflügelte Stadien fliegen im Herbst zur Eiablage wieder zurück zum Beerenobst.

Symptome und Schadbild

Auftreten von Blattlauskolonien, insbesondere im Herzinnern des Salats. Kräuselungen und Vergilbungen der Blätter. Honigtauproduktion mit nachfolgender Bildung von Schwärzepilzen.

Vorbeugen und bekämpfen

Verwendung resistenter Sorten. Förderung von Nützlingen (Marienkäfer, Schwebfliegen, Florfliegen). Nähe zu Stachel- und Johannisbeere meiden. Abdeckung der Beete mit Vlies. Einsatz von Insektiziden.

Nicht verwechseln!

An Salat treten auch eine Reihe weiterer Blattlausarten auf, die schwer voneinander zu unterscheiden sind (Kartoffelblattlaus, Pfirsichblattlaus).

Salat

Auf einen Blick

- Ei überwintert an Johannis- und Stachelbeere
- Blattläuse besiedeln bevorzugt das Herzinnere des Salatkopfs
- Einsatz resistenter Sorten

Salat

Auf einen Blick

- gelbe, durch Blattadern begrenzte Blattflecken
- Pilz überdauert in Ernteresten
- Einsatz resistenter Sorten

Falscher Mehltau

Bremia lactucae
Pilz

Steckbrief

Der Pilz überdauert im Boden als mikroskopisch kleine Dauersporen, die in den befallenen Blättern gebildet wurden. Die während der Vegetationszeit blattunterseits gebildeten Sporen werden großräumig durch den Wind verbreitet. Unter günstigen Bedingungen benötigt der Pilz von der Infektion bis zur erneuten Sporenabgabe weniger als eine Woche. Förderlich für die Krankheitsentwicklung sind feuchte Bedingungen, eine mehrstündige Blattnässe sowie mäßig warme Temperaturen.

Symptome und Schadbild

Zu Beginn zeigen sich insbesondere an den äußeren Blättern Vergilbungen, die durch Blattadern begrenzt sind, teils mosaikartig die gesamte Blattspreite betreffen und später verbräunen; blattunterseits zeigt sich ein Sporenrasen. Das Schadbild weitet sich von den älteren auf die jüngeren Blätter aus. Auch Keimblätter können bereits von dem Pilz befallen werden.

Vorbeugen und bekämpfen

Wahl resistenter Sorten. Weiter Pflanzabstand. Windoffene Lagen bevorzugen, die rasch abtrocknen. Pflanzen bevorzugt nur am Morgen gießen. Entfernung der Ernterückstände im Herbst. Einsatz von Fungiziden.

Ganz nah dran

Unter feuchten Bedingungen bildet sich blattunterseits ein deutlich bäumchenartig verzweigter, weißlicher Sporenrasen aus, der mit der Lupe erkennbar ist.

Salatwurzellaus

Pemphigus bursarius
Blattlaus

Steckbrief

Mehrere Generationen pro Jahr. Die Salatwurzellaus überwintert auf den Trieben der Schwarzpappel als Ei. Die sich entwickelnden Läuse bilden am Blattstiel der Pappel eine Galle aus, in der sie leben. Etwa Anfang Juni verlassen sie die Pappel, fliegen bestimmte Unkräuter und Salat an und besiedeln den Wurzelbereich. Eine trockenwarme Witterung fördert die Entwicklung. Im Herbst werden geflügelte Tiere gebildet, die zur Eiablage auf die Pappel zurückfliegen.

Symptome und Schadbild

An den Salatwurzeln treten im Sommer bis zu 100, selten auch mehr unterirdische Wurzellauskolonien auf. Bei hoher Lausanzahl an den Wurzeln und warmer Witterung welken die Pflanzen oberirdisch. Am Blattstiel nahe stehender Schwarzpappeln sind im Frühjahr sich schlitzförmig öffnende, etwa 1 – 2 cm große Gallen mit Läusen erkennbar.

Vorbeugen und bekämpfen

Ein Feuchthalten des Bodens vermindert das Auftreten der Wurzelläuse. Nähe zu Schwarzpappeln meiden. Entfernen der Blattstielgallen an der Pappel. Wahl weniger anfälliger Salatsorten. Insektizide gießen.

Ganz nah dran

Die zart gelblichen Läuse an den Wurzeln sind knapp 3 mm groß und produzieren reichlich Wachsausscheidungen.

Salat

Auf einen Blick

- Überdauerung als Ei auf der Schwarzpappel
- Kolonien von Blattläusen an den Salatwurzeln
- trockenwarme Witterung fördert die Wurzelläuse

Salat

Auf einen Blick

- auf dem Boden liegende Blätter faulen
- Strunk bleibt weiter weiß und ohne Befall
- spinnwebartiges Pilzgeflecht auf dem Boden

Schwarzfäule

Rhizoctonia solani
Pilz

Steckbrief

Der Erreger wächst als Pilzgeflecht auf den oberen Bodenschichten. Er überdauert mit Hilfe von Dauerkörpern in infizierten Pflanzenresten. Die Infektion erfolgt über die unteren, auf dem Boden liegenden Blätter. Gefördert wird ein Befall durch geringen pH-Wert, hohen Humusgehalt sowie hohe Bodenfeuchte und Temperatur. Unter günstigen Bedingungen vergehen von der Infektion bis zur Symptomausbildung nur drei Tage. Bei Temperaturen unter 9 °C erfolgt keine Infektion mehr.

Symptome und Schadbild

Zu Beginn faulen die äußeren, dem Boden aufliegenden Blätter. Sie wirken transparent durchsichtig und sind braunschwarz gefärbt, wobei die Mittelrippe meist weiterhin gesund bleibt und nur dunkle Längsstreifen aufweist. Der Salatstrunk wird nicht angegriffen und bleibt weiß. Teils zeigt sich auf dem Blattgewebe ein spinnwebartiges Pilzgeflecht sowie braun gefärbte Dauerkörper.

Vorbeugen und bekämpfen

Vermeidung feuchter Bedingungen. Anbau von Salat auf Dämmen. Weniger anfällige Sorten bevorzugen. Anzucht mit Hilfe von Mulchfolien. Mehrjährige Anbaupause einplanen. Entfernen infizierter Erntereste. Vorbeugender Einsatz von Fungiziden.

Ganz nah dran

Die braunen Dauerkörper (Sklerotien) sind isoliert betrachtet mit bloßem Auge erkennbar, aber im Boden liegend nicht mehr als solche erkennbar.

Spargelfliege

Platyparea poeciloptera
Fliege

Steckbrief

Eine Generation pro Jahr. In den unterirdischen Trieben überdauern die 8 mm großen, braunen Puppen. Etwa ab April, teils noch bis in den August hinein treten die dunklen Fliegen auf. Sie legen bis zu 60 nur 1 mm kleine Eier einzeln hinter die Schuppen der aus dem Boden ragenden Triebe. Die nach wenigen Tagen schlüpfenden Larven minieren während ihrer 3- bis 5-wöchigen Entwicklungszeit innerhalb der Triebe. Die Puppenruhe erfolgt im Trieb und kann bis zu 10 Monate dauern.

Symptome und Schadbild

Die jungen Triebe sind einseitig gekrümmt bis verdreht. Innerhalb der Triebe sind in Abhängigkeit von der Dicke eine bis mehrere Larven und ihre bis in den Boden reichenden, teils mit Kot angefüllten Miniergänge zu erkennen. Geschädigte Triebe welken und sterben anschließend ab.

Vorbeugen und bekämpfen

Befallene Triebe mit den enthaltenen Puppen tief ausstechen und entfernen. Ein Abdecken mit Vlies oder bei Einzelpflanzen mit Papiermanschetten verhindert eine Eiablage. Abfangen der Weibchen mit braun gefärbten Stableimfallen. Einsatz von Insektiziden gegen die Fliegen.

Ganz nah dran

Die Flügel der 8 mm großen Fliegen weisen ein auffällig helles Zickzackmuster auf. Die beinlosen, hellgefärbten Larven werden bis zu 10 mm groß.

Spargel

Auf einen Blick

- Fliegen mit hellem Zickzackmuster
- Larven minieren in den Trieben
- Eine Generation pro Jahr

Spargel

Spargelhähnchen

Crioceris asparagi
Käfer

Steckbrief

2 Generationen pro Jahr. Der im Boden überwinternde Käfer tritt etwa ab April an den Spargelpflanzen auf. Das Weibchen legt bis zu 100 dunkle, fast 2 mm große Eier stiftartig abstehend zu mehreren auf die Stängel. Nach etwa einer Woche schlüpfen die Larven, die sich innerhalb von 3 Wochen am Spargel entwickeln und anschließend im Boden verpuppen. Die bis zu 7 mm großen, dunklen Larven haben drei Brustbeinpaare und einen schwarzen, glänzenden Kopf.

Symptome und Schadbild

Die überwinternden Käfer schädigen die Triebe insbesondere durch einen Lochfraß, der sie leicht abknicken lässt. Larven und Käfer fressen an allen oberirdischen Pflanzenteilen, lassen sich leicht lokalisieren. Bei Störung geben die Käfer zirpende Laute von sich. Häufig tritt das Spargelhähnchen mit dem Spargelkäfer vergesellschaftet auf.

Vorbeugen und bekämpfen

Gezieltes Abklopfen und Absammeln der Larven und Käfer. Förderung von Nützlingen Marienkäferlarven fressen die Larven vom Spargelhähnchen). Einsatz von Insektiziden gegen Käfer und Larven.

Auf einen Blick

- dunkler Käfer mit sechs hellen Flecken
- Eiablage stiftartig auf die Stängel
- Triebschäden durch die überwinternden Käfer

Ganz nah dran

Die dunkelrötlich glänzenden Käfer sind etwa 6 mm groß und besitzen sechs helle Flecken auf den Flügeldecken.

Spargelkäfer

Crioceris duodecimpunctata
Käfer

Steckbrief

2 Generationen pro Jahr. Der wärmebedürftige Spargelkäfer überwintert in der Bodenstreu und erscheint ab Mai. Das Weibchen legt 70 – 100 dunkle, etwa 1 mm große Eier einzeln flach an die Blätter. Die sich innerhalb von 3 – 5 Wochen entwickelnden braungelben Larven (Verpuppung im Boden) und die Käfer ernähren sich von oberirdischen Spargelteilen.

Symptome und Schadbild

Fraßschäden an allen oberirdischen Spargelorganen. Auf den Blättern, Blütenknospen und Beeren finden sich die Larven und erwachsenen Käfer. Die Larven fressen verstärkt an den Beeren. Bei geringer Störung geben die Käfer zirpende Laute von sich. Häufig kommt der Spargelkäfer auch zusammen mit dem Spargelhähnchen vor, tritt im Frühjahr aber zeitlich später auf.

Vorbeugen und bekämpfen

Wegen der begrenzten Fraßschäden meist nur geringer Schaden. Förderung von Nützlingen (Larven werden von Marienkäferlarven gefressen). Abklopfen und Absammeln der Larven und Käfer. Einsatz von Insektiziden.

Ganz nah dran

Der etwa 7 mm große, glänzend rote Käfer trägt auf den Flügeldecken zwölf schwarze Flecken („Zwölfpunkt-Spargelkäfer“). Die bis zu 7 mm großen Larven haben drei Brustbeinpaare.

Spargel

Auf einen Blick

- roter Käfer mit zwölf schwarzen Flecken
- Eiablage flach auf die Blätter
- Fraßschaden an allen oberirdischen Spargelteilen

Spargel

Auf einen Blick

- gelbe bis orange Pusteln
- trockenwarme Bedingungen fördern den Pilz
- Überwinterung an den erkrankten Trieben

Spargelrost

Puccinia asparagi
Pilz

Steckbrief

Mit Hilfe seiner Wintersporen (Teleutosporen) überdauert der nur am Spargel auftretende Rostpilz an den erkrankten Spargeltrieben. Die etwa ab April auftretenden Basidiosporen infizieren die Spargelpflanze, auf denen nachfolgend weitere Sporenformen produziert werden (Spermatien, Aecidiosporen). Trockenwarme Bedingungen fördern das Auftreten der Krankheit, obgleich zur Infektion wenige Stunden Blattnässe nötig sind. Im Herbst werden die der Überwinterung dienenden Wintersporen gebildet.

Symptome und Schadbild

Es beginnt im Frühjahr mit gelben (Spermogonien) und orangefarbenen Pusteln (Aecidien), gefolgt von den wiederholt im Sommer auftretenden rostbraunen Pusteln (Uredolager). Die Pusteln der im Herbst gebildeten Wintersporenlager sind nahezu schwarz. Blätter und Triebe vergilben und trocknen ein. Deutliche Ertragseinbußen im Folgejahr durch verminderte Reservestoffeinlagerungen.

Vorbeugen und bekämpfen

Abräumen befallener Pflanzenteile im Herbst. Verwendung weniger rostanfälliger Sorten. Windoffene Lagen bevorzugen. Einsatz von Fungiziden.

Ganz nah dran

Insbesondere durch die im Sommer wiederholt gebildeten nur 20 µm großen Uredosporen erfolgt eine größere Verbreitung des Pilzes im Bestand.

Stemphylium-Blattflecken

Stemphylium botryosum
Pilz

Steckbrief

Die Fruchtkörper des Pilzes überwintern am Spargellaub. Die dort gebildeten Sporen infizieren ab Mai die jungen Triebe. Förderlich sind feuchtwarme Bedingungen. In der Vegetationsperiode verbreitet der Wind die zyklusartig neu entstehenden Sporen. Bei Temperaturen unter 15 °C ist die Krankheitsentwicklung reduziert. Zum Herbst hin werden im Laub die Fruchtkörper zur Überwinterung gebildet.

Symptome und Schadbild

An Trieben und Blättern bilden sich im späten Frühjahr wenige Millimeter große, elliptisch geformte, anfangs fast weiße Flecken mit braunem Rand aus. Sie dunkeln durch den sich bildenden Sporenrasen deutlich nach. Oberhalb der stängelumfassenden Flecken befallene Triebe vergilben und sterben ab. Triebe verkahlen nach Abfall der Blätter. Die Schwächung der Pflanze wirkt sich negativ auf den Ertrag im nächsten Jahr aus. Abgestorbene Spargeltriebe sind im Herbst mit einer Vielzahl kleiner Fruchtkörper bestückt.

Vorbeugen und bekämpfen

Entfernung des befallenen Herbstlaubs. Weniger empfindliche Sorten bevorzugen. Dichte, enge Bestände vermeiden. Windoffene Lagen bevorzugen. Einsatz von Fungiziden.

Kommt auch vor an

Unter besonderen Bedingungen können neben Spargel als wichtigste Wirtspflanze auch andere Gemüsearten befallen werden, wie etwa Spinat oder Borretsch.

Spargel

Auf einen Blick

- Blätter und Triebe mit elliptisch geformten Flecken
- dichte, enge Bestände fördern den Pilz
- Pilz überdauert im Herbstlaub

Tomate

Auf einen Blick

- Bakterienkrankheit, die sich im Gefäßsystem ausbreitet
- Austritt von gelbem Bakterienschleim
- befallene Früchte mit „Vogelaugen"-Symptom

Bakterienwelke

Clavibacter michiganensis ssp. *michiganensis*
Bakterien

Steckbrief

An infiziertem Pflanzenmaterial können die Bakterien 2 – 3 Jahre überdauern, können auch über Samen übertragen werden. Die Infektion erfolgt anfangs über die Wurzeln und die Bakterien breiten sich im Gefäßsystem der Pflanze aus („Gefäßparasit"). Die Krankheit kann im Freiland und Gewächshaus auftreten. Der austretende Bakterienschleim führt durch Wasserspritzer und Kulturarbeiten zu einer weiteren Ausbreitung. Förderlich für die Bakterienentwicklung sind feuchte Bedingungen und hohe Temperaturen.

Symptome und Schadbild

Charakteristisch ist das zu Beginn auftretende Welken einzelner Fiederblätter oder weniger Teile der Pflanze, das sich dann rasch auf die ganze Pflanze ausdehnt. Auf den Stängeln sind braune Risse erkennbar, nach einem Schnitt zeigen sich im Innern verbräunte Leitungsbahnen. Zusammengedrückte Triebe sondern gelben Bakterienschleim ab. Infizierte Früchte besitzen wenige Millimeter große, braune, aufgerissene Punkte, die von einem weißen Rand umgeben sind („Vogelaugen").

Vorbeugen und bekämpfen

Verwendung von gesundem Saatgut. Bewässerung nur über den Boden. Entfernung infizierter Pflanzenreste. Mehrjährige Anbaupause. Desinfektion der Schnittwerkzeuge (70%iger Alkohol). Kein Einsatz von Pflanzenschutzmitteln möglich.

Ganz nah dran

Die einzelnen Bakterien sind mit einer Größe von etwa 1 µm (Millionstel Millimeter) mit bloßem Auge nicht erkennbar, nur in einer größeren Ansammlung (Bakterienschleim).

Dürrfleckenkrankheit

Alternaria solani
Pilz

Steckbrief

Überwinterungs- und Infektionsquellen sind erkranktes Saatgut, Erntereste im Boden, verseuchte Tomatenstäbe sowie befallene Kartoffelpflanzen, auf denen der Pilz ebenfalls vorkommt. Die Verbreitung der Sporen erfolgt über Wind und Wasserspritzer. Förderlich dieser insbesondere im Freiland auftretenden Krankheit sind feuchte Bedingungen bei zugleich warmen Temperaturen.

Symptome und Schadbild

Meist beginnend von den älteren Blättern bilden sich braune, rundliche, teils deutlich zonierte Flecken, die einen gelben Rand besitzen. Sie befinden sich häufig am Blattrand oder sind von Blattadern begrenzt. Der Befall dehnt sich rasch aus, die Blätter rollen sich nach oben ein und vertrocknen. Auf allen braunen Stellen zeigt sich bei feuchter Witterung ein dunkler Sporenrasen. Manchmal zeigen sich längliche, braune Flecken auf den Trieben.

Vorbeugen und bekämpfen

Gesundes Saatgut verwenden. Nähe zu Kartoffeln meiden. Weiter Stand und Bewässerung nur über den Boden. Beseitigung infizierter Pflanzenrückstände. Tomatenstäbe desinfizieren. Einsatz von Fungiziden.

Nicht verwechseln!

Braune Stellen auf befallenen Früchten am Stielansatz, wobei das Fruchtfleisch aber weich bleibt (im Gegensatz zur sonst ähnlichen Kraut- und Braunfäule).

Tomate

Auf einen Blick

- braune Flecken mit gelbem Rand an älteren Blättern
- Pilz tritt auch an Kartoffeln auf
- befallene Früchte werden weichfaul

Tomate

Korkwurzelkrankheit

Pyrenochaeta lycopersici
Pilz

Steckbrief

Der bodenbürtige Pilz überdauert mehrere Jahre lang im Boden. Die Wurzelinfektionen werden gefördert durch eher mäßige Temperaturen (14 – 18 °C), auftretende Wurzelverletzungen und Böden, die nur eine schlechte Bewurzelung erlauben. Die gebildeten Dauerkörper (Mikrosklerotien) überdauern im Boden oder in infizierten Wurzelresten.

Symptome und Schadbild

Oberirdisch zeigt sich insbesondere bei schon größeren Pflanzen und sonnigen Bedingungen eine zu Beginn erst zeitweise auftretende Welke, die sich aber rasch verstärkt. Die Blätter sind kleiner und blasser in der Farbe, zudem ist die Anzahl reduziert. Die feinen Seitenwurzeln sind zerstört oder ganz abgestorben. Die größeren Wurzeln sind verdickt, längs aufgerissen und haben später eine auffällig korkige Oberfläche (Name), wobei sich die äußere Schicht der Rinde sichtbar löst. Stärker geschädigte Pflanzen sitzen nur locker im Boden.

Vorbeugen und bekämpfen

Verwendung weniger anfälliger Sorten oder Veredlung auf resistente Unterlagen. Entfernen infizierter Wurzeln (nicht kompostieren). Ausgleichende Bewässerung im Sommer. Auf optimale Bodenstruktur achten. Ein Anhäufeln kann den Schaden begrenzen.

Auf einen Blick

- geschädigte Wurzeln mit zum Teil korkiger Oberfläche
- Pflanzen welken insbesondere bei sonnigem Wetter
- auf resistente Unterlagen veredelte Sorten nutzen

Kommt auch vor an

Neben Tomaten können auch Paprika, Melonen, Spinat und Aubergine befallen werden.

Kraut- und Braunfäule

Phytophthora infestans
Pilz

Steckbrief

Der Pilz überwintert in infizierten Kartoffelknollen, seltener als Dauersporen in befallenen Pflanzenresten im Boden. Von diesen Infektionsquellen aus befallen die Sporen die Tomate, wegen der Verbreitung mit dem Wind auch über größere Distanzen. Temperaturen von 12 – 15 °C bei gleichzeitig nassen Blättern über mehrere Stunden sind optimal für eine Infektion, im weiteren Krankheitsverlauf ist feuchtwarme Witterung (20 – 23 °C) von Vorteil.

Symptome und Schadbild

Infizierte Blätter haben blattoberseits graugrüne, später deutlich braune Flecken, bei höherer Luftfeuchte bildet sich dort blattunterseits ein grauweißer Sporenbelag. Befall weitet sich bis zum Absterben der Blätter aus. Früchte werden vom Stielansatz her infiziert, sind teils großflächig braun mit runzeliger Oberfläche und einer tief ins Fruchtfleisch verhärtenden Fäule. An den Trieben braune, meist längliche, teils stängelumfassende Flecken.

Vorbeugen und bekämpfen

Sofern möglich, Nähe zu Kartoffeln meiden. Vor Feuchtigkeit geschützter Anbau (Pultdach, zur Wetterseite geschlossen). Weniger empfindliche Sorten bevorzugen. Weiter Stand und Bewässerung nur über den Boden. Erste befallene Blätter entfernen. Frühzeitiger Einsatz von Fungiziden.

Kommt auch vor an

An Kartoffeln ist der Pilz aufgrund des Befalls der Knollen als Kraut- und Knollenfäule bekannt.

Tomate

Auf einen Blick

- erste Infektion über befallene Kartoffeln
- Früchte, Blätter und Triebe mit braunen Flecken und Fäulnis
- Pflanzen vor Feuchtigkeit schützen (Pultdach)

Tomate

Auf einen Blick

- weißer, mehliger Belag auf der Blattoberseite
- Früchte ohne Befall
- rascher Krankheitsverlauf im Gewächshaus

Echter Mehltau

Peudoidium neolycopersici
Pilz

Steckbrief

Die möglichen Infektionsquellen sind teils noch unklar, vermutet wird ein Eintrag aus südlichen Regionen mit dem Wind. An Pflanzenresten können die gebildeten Sporen nur eine Woche überdauern. Förderlich für eine Infektion sind eher mäßige Temperaturen (16 – 18 °C) und eine Luftfeuchtigkeit von 70 %. Unter günstigen Bedingungen kann bereits in weniger als einer Woche der Zyklus von der Infektion bis zur erneuten Sporenbildung durchlaufen werden.

Symptome und Schadbild

Zunächst zeigen sich blattoberseits rundliche, mehlig weiße Flecken, die später zusammenfließen und rasch die ganze Blattspreite befallen können. Im weiteren Verlauf verfärben sich die Stellen braun, die Blätter welken und trocknen ein. Der weißliche Belag tritt teils auch auf den Stängeln und Blattstielen auf, die Früchte bleiben jedoch befallsfrei.

Vorbeugen und bekämpfen

Weniger anfällige Sorten bevorzugen. Beim Zukauf Jungpflanzen auf Befall kontrollieren. Frühzeitiger Einsatz von Fungiziden.

Ganz nah dran

Bei diesem nur an Tomate und meist im Gewächshaus auftretenden Pilz fehlen die sonst bei Echten Mehltaupilzen mit bloßem Auge erkennbaren Überdauerungsorgane (Kleistothecien).

Samtfleckenkrankheit

Cladosporium fulvum
Pilz

Steckbrief

Der Pilz tritt bevorzugt im Gewächshaus auf, kann dort viele Monate an Innenkonstruktionen sowie infizierten Pflanzenresten im Boden überdauern. Für Infektionen durch Wind und Wasserspritzer ist eine bestimmte Temperatur / Luftfeuchtigkeitskombination Voraussetzung, wobei eine höhere Temperatur eine geringere Luftfeuchte erfordert (etwa 20 °C / 80 % RF; 25 °C / 70 % RF). Nur die Blätter werden infiziert. Von der Infektion bis zur Symptomausbildung vergehen unter günstigen Bedingungen weniger als 2 Wochen.

Symptome und Schadbild

Es beginnt mit gelblichen, diffus wirkenden Flecken auf der Blattoberseite, häufig zuerst an älteren Blättern. Später bildet sich blattunterseits ein samtartiger, brauner Sporenrasen (Name). Bei stärkerem Befall sterben die Blätter vollständig ab. Früchte bleiben symptomlos, deren Anzahl ist jedoch aufgrund des Blattbefalls vermindert.

Vorbeugen und bekämpfen

Verwendung resistenter Sorten. Vermeidung einer längeren Blattnässedauer (weiter Pflanzabstand, Bewässerung der Pflanzen über den Boden, gezieltes Lüften im Gewächshaus). Entfernung infizierter Pflanzenreste. Säuberung der Gewächshauskonstruktionen nach der letzten Ernte. Fungizideinsatz.

Ganz nah dran

Der Pilz bildet unterschiedliche Rassen aus, die sich aber äußerlich in ihrem Auftreten und ihrer Symptomatik auch mit Hilfe einer Lupe nicht unterscheiden lassen.

Tomate

Auf einen Blick

- brauner, samtartiger Belag auf der Blattunterseite
- Früchte werden nicht befallen
- Pilz tritt bevorzugt im Gewächshaus auf

Tomate

Septoria-Blattfleckenpilz

Septoria lycopersici
Pilz

Steckbrief

Über 9 Monate überdauert dieser Pilz auf befallenen Pflanzenresten, der nur regional und meist auch nur im Freiland auftritt. Wasserspritzer und Wind verbreiten die Sporen. Eine feuchte Witterung und eher mäßig warme Temperaturen fördern die Ausbreitung des Erregers.

Symptome und Schadbild

Infizierte Blätter besitzen anfangs wässrige Stellen, die rasch grau werden, von einem dunkleren Ring umgeben sind und dessen weiteres Umfeld deutlich vergilbt ist. Innerhalb der Flecken finden sich auf der Blattunterseite die punktförmigen, dunklen Fruchtkörper. Die Einzelflecken erreichen meist nur eine Größe von 5 mm. In der Summe kann jedoch das ganze Blatt befallen werden und vertrocknen. Früchte werden nicht infiziert, die Stängel nur selten. Bedingt durch den frühzeitigen Laubfall sind Sonnenbrandschäden an den Früchten leicht möglich.

Vorbeugen und bekämpfen

Entfernung der infizierten Erntereste. Weniger anfällige Sorten bevorzugen. Einsatz von Fungiziden.

Auf einen Blick

- tritt meist nur im Freiland auf
- nur Blätter werden befallen, Früchte zeigen keine Symptome
- Überdauerung des Pilzes in infizierten Pflanzenresten

Nicht verwechseln!

Im Gegensatz zur Dürrfleckenkrankheit werden die Früchte nicht befallen, auch tritt auf den Blättern kein flächiger, dunkler Sporenrasen auf.

Tomatenminierfliege

Liriomyza bryoniae
Fliege

Steckbrief

2 Generationen pro Jahr. Die Puppe überwintert im Boden. Die Weibchen legen ihre Eier einzeln in die Tomatenblätter. Die Fliegen ähneln einer Stubenfliege, sind jedoch mit 2 mm deutlich kleiner und schwarzgelb gefärbt. Die aus den Eiern schlüpfenden, gelblichen, beinlosen Larven minieren im Blatt und werden etwa 2 mm groß. Die spätere Verpuppung erfolgt im Blatt, teils auch im Boden. Während im Freiland 2 Generationen pro Jahr auftreten, sind im Gewächshaus deutlich mehr möglich.

Symptome und Schadbild

Mehrfach gewundene, schmale, serpentinenartige Miniergänge in den Blättern, die mit dunklem Kot sowie einer gelblichen Larve („Made“) gefüllt sind. Ein starker Befall führt zur Welke und zum Absterben der Blätter.

Vorbeugen und bekämpfen

Frühzeitiges Entfernen der mit Larven bestückten Blätter. Einsatz von Nützlingen (Schlupfwespen) im Gewächshaus. Aufgehängte Leimtafeln fangen die erwachsenen Fliegen weg. Einsatz von Insektiziden gegen die Larven im Blatt.

Nicht verwechseln!

An Tomate treten neben dieser Minierfliege noch andere Arten auf, die ähnliche Symptome hervorrufen (z. B. Florida- oder Adernminierfliege).

Tomate

Auf einen Blick

- serpentinenartige Miniergänge im Blatt
- Puppe überdauert im Boden
- Minierfliege ähnlich einer Stubenfliege, aber deutlich kleiner

Tomate

Auf einen Blick

- 4–5 Generationen pro Jahr
- tritt bevorzugt im Gewächshaus auf
- Minier- und Fraßgänge in Blättern, Trieben und Früchten

Tomatenminiermotte

Tuta absoluta
Schmetterling

Steckbrief

4–5 Generationen pro Jahr (Gewächshaus). Dieser neue, bei uns im Freiland nicht überwinterungsfähige Schädling wird über Jungpflanzen oder befallene Tomatenfrüchte unbemerkt eingeschleppt. Die bis zu 250 Eier werden einzeln auf die Unterseite der Blätter, teils auch in den Stängel abgelegt. Die bis zu 9 mm langen Larven entwickeln sich in Blatt, Stängel oder der Frucht. Die Verpuppung erfolgt meist im Boden.

Symptome und Schadbild

Die Larven minieren in Blättern, Stängel oder der Frucht. Die Minen im Blatt sind keine Gänge, sondern haben eine eichenblattähnliche, deutlich vergrößerte Form („Platzmine"). Ein Miniergang im Stängel der Tomate führt zur Welke und zum Absterben der Pflanze. Bevorzugt junge, grüne Früchte werden von den Larven besiedelt (Fraßgänge mit Löchern).

Vorbeugen und bekämpfen

Absammeln befallener Blätter vor der Verpuppung. Abfangen der Männchen mittels Pheromonfallen. Befallskontrolle gekaufter Jungpflanzen. Rücksprache mit dem Pflanzenschutzamt. Einsatz von Insektiziden gegen die Larven.

Ganz nah dran

Die dämmerungs- und nachtaktiven 7 mm großen, graubraunen Falter tragen lange fadenförmige Fühler. Die Larven sind anfangs grünlich, später rötlich.

Tomatenstängelfäule

Didymella lycopersici
Pilz

Steckbrief

Der Pilz überdauert in infiziertem Saatgut und Pflanzenresten im Boden, aber auch an Stangen und Schnüren. Der Erreger infiziert bevorzugt die bodennahen Stängel, befällt aber auch Wurzeln, Früchte und Blätter. Schwere Böden und Temperaturen um 15 °C fördern die Krankheitsentwicklung. Insbesondere über Wasserspritzer und Kulturarbeiten wird der Pilz im Tomatenbestand verbreitet.

Symptome und Schadbild

Die Stängel verfärben sich am Wurzelhalsbereich braun und sind deutlich eingeschnürt, das hat Welke und Absterben der Pflanze zur Folge. An den befallenen Stellen finden sich in oft hoher Zahl die dunklen, 0,2 mm kleinen Fruchtkörper des Pilzes. Oberhalb der Schadstelle ist eine erhöhte Adventivwurzelbildung erkennbar. Feuchte Witterung vorausgesetzt treten auch an den oberirdischen Trieben Verbräunungen auf. Infizierte Früchte zeigen oft ausgehend vom Fruchtstielansatz eine teils größere, braune, meist rundliche Fruchtfäule mit konzentrischen Ringen.

Vorbeugen und bekämpfen

Entfernung befallener Pflanzen. Verwendung von gesundem Saatgut. Einsatz von Fungiziden. Desinfektion verwendeter Tomatenstäbe. Verwendung neuer Schnüre. Einsatz veredelter Sorten auf einer nicht anfälligen Unterlage. Mehrjährige Anbaupause.

Kommt auch vor an

Neben Tomate kann der Pilz auch an Kartoffel, Paprika und Aubergine Schäden verursachen.

Tomate

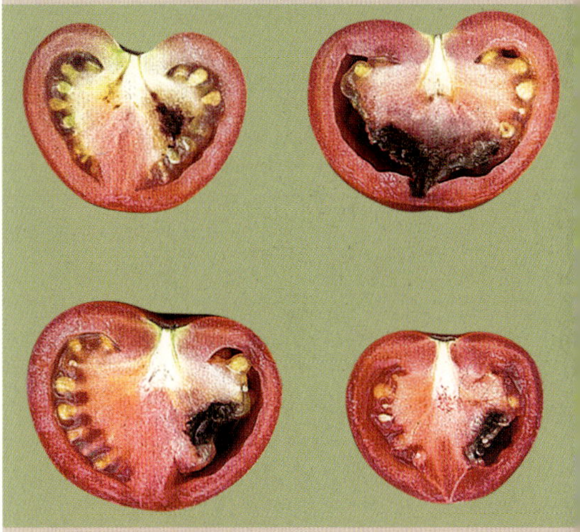

Auf einen Blick

- Befall bevorzugt am unteren Stängelabschnitt
- Bildung dunkler Fruchtkörper auf den Befallsstellen
- Fruchtfäule beginnt vom Stielansatz her

Auf einen Blick

- Überwinterung als Falter
- Schabe- und Minierfraß der Larven
- Verpuppung in einem netzartigen Kokon am Blatt

Lauchmotte

Acrolepiopsis assectella
Schmetterling

Steckbrief

2 Generationen pro Jahr. Ab April treten die nachtaktiven Falter auf. Das Weibchen legt bis zu 100 Eier an die Blätter von Porree, Schnittlauch und Zwiebel. Die gelblichen Larven mit dunklen Punkten dringen nach einem Schabefraß minierend in die Blätter ein. Die spätere Verpuppung erfolgt in einem netzartigen, 7 mm großen Kokon außen an der Pflanze. Die Falter der zweiten Generation treten ab Juli auf, die später überwinternden Tiere ab November.

Symptome und Schadbild

Anfänglich tritt ein Schabefraß an den Blättern auf, später in befallenen Blättern abwärts gerichtete Miniergänge, die mit Kot gefüllt sind. Im Innern finden sich dann die Raupen. Häufig stellt sich Fäulnis ein. Die Raupen dringen bis in die Herzblätter hinein, in einem Strunk können sich viele Larven aufhalten.

Vorbeugen und bekämpfen

Einsatz von engmaschigen Kulturschutznetzen. Erste Larvengänge mit den enthaltenen Raupen zerdrücken. Einsatz von Insektiziden gegen die jungen Larven.

Ganz nah dran

Der 7 mm große, braune Falter besitzt einen auffällig weißen Fleck auf den Vorderflügeln. Die bis zu 12 mm großen Larven besitzen drei Brust- und fünf Bauchbeinpaare.

Mehlkrankheit

Sclerotium cepivorum
Pilz

Steckbrief

Mit Hilfe seiner nur 0,5 mm kleinen, dunkel gefärbten Dauerkörper (Sklerotien) kann der Pilz bis zu zwei Jahrzehnte im Boden überdauern. Durch Bodenbearbeitung, Werkzeuge, Schuhwerk und Wind werden diese Dauerkörper leicht übertragen. Angeregt von Wurzelausscheidungen der Zwiebelpflanzen keimen sie aus und infizieren anschließend die Wurzeln. Geringe pH-Werte und eine mittlere Bodenfeuchte fördern den Pilz im Boden. Mäßige Temperaturen (15 – 20 °C) gelten als optimal für Infektion und Ausbreitung im Boden, sodass insbesondere im Frühjahr und Herbst sowie im kühlen Sommer mit Schäden zu rechnen ist.

Symptome und Schadbild

Infizierte Sämlinge sterben noch während der Auflaufphase vollständig ab. Bei älteren Pflanzen stellt sich oberirdisch eine Welke ein. Befallene Zwiebeln lassen sich aufgrund der Wurzelschädigung leicht aus dem Boden ziehen. Am Zwiebelboden zeigt sich ein weißes, watteartiges Pilzgeflecht, in dem sich später auch viele schwarze Dauerkörper (Sklerotien) zeigen.

Vorbeugen und bekämpfen

Keine infizierten Erntereste im Beet belassen. Fruchtfolge von mindestens 8 Jahren einhalten. Kein Anbau auf sauren Böden. Keine überhöhte Stickstoffdüngung. Einsatz von Fungiziden.

Ganz nah dran

Im Gegensatz zu vielen anderen Pilzen bildet diese Art keine Sporen zur Verbreitung aus, sondern verbreitet sich nur durch Dauerkörper und sein Myzel.

Auf einen Blick

- Zwiebelboden mit weißem Pilzgeflecht
- Pilz langjährig im Boden (Dauerkörper) überlebensfähig
- Pilz schädigt insbesondere im Frühjahr und Herbst

Falscher Mehltau

Peronospora destructor
Pilz

Steckbrief

Der Pilz überdauert auf befallenen Pflanzenresten oder überwinternden Zwiebeln, zudem werden Dauersporen (Oosporen) ausgebildet. Die auf den Blättern insbesondere nachts gebildeten Sporen werden tagsüber mit dem Wind auch über größere Entfernungen verbreitet. Zur Infektion ist eine mehrstündige Blattnässe erforderlich. Unter günstigen Bedingungen vergehen von der Infektion bis zur Symptomausbildung nur 1 – 2 Wochen.

Symptome und Schadbild

Verstärkt an der Blattspitze bilden sich meist ovale, helle Flecken in teils hoher Zahl. Auf diesen entsteht bei feuchter Witterung ein violetter Rasen aus verzweigten Trägerstrukturen mit Sporen. Die Blätter vertrocknen und sterben von der Spitze her ab, manchmal das gesamte Laub. Aufgrund der reduzierten Blattfläche bleiben die Zwiebeln klein.

Vorbeugen und bekämpfen

Feuchte Lagen, dichte Bestände und eine starke Verunkrautung vermeiden. Erkrankte Pflanzen und deren Reste entfernen. Mehrjährigen Fruchtwechsel einhalten. Weniger anfällige Sorten verwenden. Einsatz von Fungiziden.

Auf einen Blick

- zunächst ovale, helle Flecken an der Blattspitze
- Taunächte und eine warme Tageswitterung fördern den Pilz
- rasche Krankheitsentwicklung möglich

Kommt auch vor an

Der Pilz befällt Zwiebeln, selten auch Schnittlauch und Porree. Förderlich für die Krankheitsentwicklung sind kühle Nächte mit Taubildung in Verbindung mit mäßig warmen Tagestemperaturen von 15 – 20 °C.

Papierfleckenkrankheit

Phytophthora porrii
Pilz

Steckbrief

Mit Hilfe seiner mikroskopischen Dauersporen kann der Pilz in Pflanzenresten oder im Boden für mehrere Jahre überdauern. Die Verbreitung im Bestand erfolgt durch die auf den Blättern gebildeten Sporen mit Hilfe von Wind und Wasserspritzern. Gefördert wird der Pilz durch feuchte Bedingungen und mäßig warme Temperaturen (15 – 20 °C).

Symptome und Schadbild

Es beginnt mit durchscheinenden, wässrigen Flecken an den Blattspitzen, die rasch eintrocknen, sich hell verfärben und papierartig anfühlen (Name). Die grünliche Übergangszone zum gesunden Gewebe ist wässrig. Auf den gebildeten Flecken bildet sich teils auch ein Sporenrasen aus. Stärker befallene Blätter sterben von der Spitze her unter Gelbfärbung ab. Das Wachstum der Pflanzen ist deutlich reduziert.

Vorbeugen und bekämpfen

Infizierte Pflanzen und deren Reste entfernen. Fruchtwechsel von 4 Jahren beachten. Weniger empfindliche Sorten verwenden. Stroh als Mulchschicht verwenden. Windgeschützte, feuchte Lagen für den Anbau meiden. Einsatz von Fungiziden.

Kommt auch vor an

Schäden treten insbesondere am Porree auf, meist eher im Spätsommer, Zwiebeln können aber auch befallen werden.

Zwiebelgewächse

Auf einen Blick

- wässrige Blattflecken, die später papierartig eintrocknen
- langjährige Überdauerung des Pilzes im Boden
- insbesondere Porree ist im Spätsommer gefährdet

Porreeminierfliege

Napomyza gymnostoma
Fliege

Steckbrief

2 Generationen pro Jahr. Die nicht nur an Porree, sondern an allen Zwiebelgewächsen vorkommende Minierfliege überwintert als braune, 4 mm große Puppe in ihren Wirtspflanzen. Ab April schlüpfen die Fliegen. Die Weibchen legen nach Aufnahme von Pflanzensaft ihre nur 0,5 mm kleinen Eier in das Blattgewebe, in dem die Larvenentwicklung und Verpuppung erfolgen. Die Fliegen der zweiten Generation treten ab September auf.

Symptome und Schadbild

Die Weibchen bohren zur Nahrungsaufnahme Blattstellen an, diese sind dann oft als helle Punktreihen im Bereich der Blattspitzen erkennbar. In den Lauchblättern zeigen sich von oben nach unten verlaufende Miniergänge, in denen sich die Larven und Kotreste befinden (von außen sind scheinbare Unterbrechungen erkennbar) und Fäulnis auftritt. Am Gangende treten die braunen Puppen auf.

Vorbeugen und bekämpfen

Befallene Blattspitzen entfernen. Abdeckung mit engmaschigen Kulturschutznetzen vor der Flugzeit. Befallene Pflanzenreste entfernen. Frühzeitiger Insektizideinsatz gegen die Larven.

Auf einen Blick

- Eiablagestellen als helle Punktreihen an den Blattspitzen
- Blätter mit nach unten verlaufenden Miniergängen
- 2 Generationen pro Jahr

Ganz nah dran

Die 5 mm große, graue Minierfliege ähnelt einer Stubenfliege, besitzt aber einen auffällig gelben Kopf. Die beinlosen, vorne zugespitzten Larven („Maden“) sind weiß.

Porreerost

Puccinia allii
Pilz

Steckbrief

Bildet wie andere Rostpilze unterschiedliche Sporenformen aus. Überwinternde Sporen führen im Frühjahr zu ersten Infektionen. Bedingt durch bestimmte Witterungsfaktoren (10 – 25 °C, hohe Luftfeuchte) nimmt der Befall an Porree im August und September deutlich zu. Dichte Bestände und eine erhöhte Stickstoffdüngung fördern das Auftreten des Pilzes.

Symptome und Schadbild

Auf den Blättern zeigen sich ovale, bis zu 5 mm lange, orange Flecken, die meist von einer blass grünlichen Farbe umgeben sind. Diese Stellen reißen später auf und entlassen über den Sommer die rostfarbenen Uredosporenlager. Zum Herbst bilden sich auf dem erkrankten Gewebe vereinzelt die fast schwarzen Teleutosporenlager. Die Blätter sind in der Summe deutlich blasser gefärbt, zudem ist das Wachstum reduziert.

Vorbeugen und bekämpfen

Entfernung von Pflanzenresten. Erkrankte Pflanzen vom Vorjahr frühzeitig entfernen. Weniger anfällige Sorten verwenden. Großzügiger Pflanzenabstand, keine überhöhten Düngergaben. Einsatz von Fungiziden.

Ganz nah dran

Die rostfarbenen, nur 20 µm großen Uredosporen überdauern auf überwinternden Pflanzen, die dunklen, zweizelligen Wintersporen (Teleutosporen) an erkrankten Pflanzenrückständen.

Auf einen Blick

- rostbraune, später auch dunkle Pustelbildung an den Blättern
- dichte Bestände meiden
- Pilz überdauert in Pflanzenresten oder infizierten Pflanzen

Purpurfleckenkrankheit

Alternaria porrii
Pilz

Steckbrief

Der Pilz überdauert in Saatgut, infizierten Pflanzenresten im Boden (über 1 Jahr) und überwinternden Zwiebelpflanzen. Die auf den Blattflecken erfolgte Sporenbildung wird durch warme (20 – 30 °C) und feuchte Bedingungen (Niederschläge, Bewässerung) gefördert. Gesundes Gewebe und durch Wunden oder Insekten (Thripse) vorgeschädigtes Pflanzengewebe kann infiziert werden. Verbreitung der Sporen durch Wind und Wasserspritzer.

Symptome und Schadbild

Die ersten länglichen, deutlich zoniert ovalen Flecken mit grauem, später durch den gebildeten Sporenrasen schwarzem Zentrum entstehen bevorzugt in der oberen Blatthälfte. Umgeben sind die Flecken von einer purpurfarbenen Randzone (Name). Die befallenen Blätter beginnen sich einzudrehen, reißen auf, schnüren sich ein und sterben ganz ab. Bei Porree kann auch der Schaft befallen werden, der dann rasch in eine sekundäre Fäule übergeht.

Vorbeugen und bekämpfen

Weniger anfällige Sorten verwenden. Einsatz von gesundem Saatgut. Entfernung befallener Pflanzen und Erntereste. Mehrjährige Fruchtfolge. Stroh als Mulchschicht nutzen. Weiter Pflanzabstand. Einsatz von Fungiziden.

Auf einen Blick

- längliche, graue Blattflecken mit purpurfarbener Randzone
- Blätter mit zusätzlichen Deformationen
- vielfältige Überdauerungsmöglichkeiten des Pilzes

Ganz nah dran

Die einzelnen, deutlich dunkel gefärbten und birnenförmigen Sporen sind bis zu 0,3 mm groß und besitzen ein längeres, schmales Ende. In ihrer Gesamtheit sind sie mit der Lupe gut erkennbar.

Zwiebelfliege

Delia antiqua
Fliege

Steckbrief
2 – 3 Generationen pro Jahr. Die braunen, etwa 8 mm großen tönnchenförmige Puppen überwintern flach im Boden. Ab Ende April treten die Fliegen auf. Sie nehmen etwa eine Woche lang Nektar und Pollen vom Löwenzahn auf, paaren sich. Dann legen die Weibchen ihre ovalen, weißen, etwa 1 mm großen Eier meist als kleines Gelege in den Boden in unmittelbare Nähe der Zwiebeln. Die beinlosen, weißen Larven dringen in den Zwiebelkörper ein, verpuppen sich später im Boden mit einer Länge von 8 mm. Ein Auftreten der Zwiebelfliege wird durch windstille, eher feuchte Lagen gefördert.

Symptome und Schadbild
Junge Pflanzen kümmern und sterben teils ab. In den geschädigten Zwiebeln befinden sich teils mehrere Larven. Eine Larve kann in ihrer mehrwöchigen Entwicklungszeit 2 – 3 Pflanzen zerstören. Aufgrund der Larvenbesiedlung stellt sich zusätzlich oft eine übel riechende Fäulnis ein.

Vorbeugen und bekämpfen
Frühzeitige Abdeckung mit Kulturschutznetzen. Windoffene, eher trockene Lagen bevorzugen. Förderung von Nützlingen (Laufkäfer). Einsatz von Insektiziden in den Boden zur Larvenbekämpfung.

Ganz nah dran

Die 8 mm große Zwiebelfliege ähnelt einer hellen Stubenfliege.

Zwiebelgewächse

Auf einen Blick
- Puppe überwintert im Boden
- Schädigung der Larven am Zwiebelboden
- Larven sind beinlos und weiß („Maden“)

Zwiebelminierfliege

Liriomyza nietzkei
Fliege

Steckbrief

2 Generationen pro Jahr. Etwa ab Mitte Mai treten die erwachsenen Fliegen auf. Sie ähneln Stubenfliegen, sind jedoch nur knapp 3 mm groß und haben einen gelblichen Kopf. Die Weibchen stechen das Blattgewebe an und nehmen den austretenden Pflanzensaft auf. Die Weibchen legen bis zu 30 Eier einzeln in die Blattspitze ab. Die sich entwickelnden Larven minieren im Blattgewebe. Die beinlosen, hellen Larven werden etwa 4 mm groß. Die Verpuppung erfolgt später im Boden. Etwa ab August fliegt die zweite Generation. Die braunen Puppen überwintern flach im Boden.

Symptome und Schadbild

Eine Vielzahl von hellen Einstichstellen an den Blättern. Dünne Miniergänge, teils auch verästelt, in denen helle, beinlose Larven freigelegt werden können. Blätter krümmen sich und welken.

Vorbeugen und bekämpfen

Abdeckung mit engmaschigen Kulturschutznetzen. Befallene Blattspitzen früh entfernen. Einsatz von Insektiziden gegen die jungen Larven.

Auf einen Blick

- Puppe überwintert im Boden
- dünne, teils verästelte Miniergänge im Blatt
- 2 Generationen pro Jahr

Nicht verwechseln!

Das Schadbild ähnelt sehr dem der Porreeminierfliege (siehe Seite 360) und lässt sich auch kaum von diesem unterscheiden, auch sind die Schritte zur Bekämpfung vergleichbar.

Zwiebelthrips

Thrips tabaci
Thrips

Steckbrief
4 – 6 Generationen pro Jahr. Die erwachsenen Thripse überwintern im Boden. Bis zu 100 nur 0,3 mm kleine Eier werden in das Blattgewebe abgelegt. Die Entwicklung zum Thrips erfolgt über Larven an der Pflanze und zwei Ruhestadien im Boden, wird durch trockenwarme Witterung gefördert. So benötigen die Tiere bei 20°C für einen Zyklus 3 – 4 Wochen, nur 2 Wochen bei 30 °C. Zwiebelthripse treten neben Zwiebelgewächsen (Porree) auch an Zierpflanzen, anderen Gemüsekulturen und Unkräutern auf.

Symptome und Schadbild
Die besaugten Stellen färben sich unter Lufteintritt weißlich silbrig und sind oft streifig auf dem Blatt angeordnet. Teils verkorken die Stellen und werden braun. Auf den Blättern, insbesondere im unteren Bereich, sind die Thripse, deren Larven und schwarze Kottropfen anzutreffen.

Vorbeugen und bekämpfen
Weniger anfällige Sorten bevorzugen. Abdeckung mit engmaschigen Netzen. Umgraben im Herbst. Entfernung von Pflanzenresten. Nützlingsförderung (Blumenwanzen, räuberische Thripse). Einsatz von Insektiziden.

Ganz nah dran
Die schlanken, etwa 1 mm großen, hell- bis dunkelbraunen Thripse besitzen zwei fransige Flügelpaare, die schwertförmig über dem Rücken liegen. Die 0,7 mm großen flügellosen Larven ähneln den erwachsenen Tieren.

Zwiebelgewächse

Auf einen Blick
- weißlich silbrige Saugstellen auf den Blättern
- schlanke, nur 1 mm große Tiere
- bis zu 6 Generationen pro Jahr

Service

Auf den folgenden Seiten finden Sie jede Menge zusätzliche Tipps, wie Sie Ihren Gartenpflanzen wieder auf die Beine helfen können.

Anzeichen für einen Nährstoffmangel

Mangelsymptome an Pflanzen können durch einen echten Nährstoffmangel im Boden hervorgerufen werden. Sie können aber auch durch Nährstoffkonkurrenz gegenüber anderen Nährstoffen erzeugt werden. Beispielsweise kann ein Kaliummangel durch einen Überschuss von Magnesium im Boden entstehen. Außerdem können bestimmte Umweltbedingungen wie etwa Kälte oder geringer Sauerstoffgehalt im Boden eine Aufnahme bestimmter Nährstoffe erschweren oder sogar ganz verhindern. Bei kritischen Diagnosefällen empfiehlt sich daher neben einer Bodenuntersuchung eine zusätzliche Pflanzenanalyse. Hilfreiche Adressen entsprechender Labore finden Sie auf Seite 369.

Nährstoff (Abkürzung)	Mangelsymptome
Stickstoff (N)	• Vergilbung der älteren Blätter (Chlorophyllabbau) • Pflanzen mit reduziertem Wachstum (Triebwachstum, Dickenwachstum) • kleinere Blätter ohne Formveränderung • teils rötliche Blattverfärbung (Anthozyanbildung)
Kalium (K)	• Blattrand der älteren Blätter sind chlorotisch bis später nekrotisch • Blattränder sind nach oben oder unten gebogen • Neigung zum Welken („Welketracht“)
Magnesium (Mg)	• ältere Blätter mit Interkostalchlorosen, später nekrotisch werdend • Blattadern mit breitem, grünen Saum („Fischgrätenmuster“) • Blattränder bleiben häufig noch grün • Blattspitzen und Blattränder sind häufig aufwärts gewölbt • später häufig Abwurf der älteren Blätter
Eisen (Fe)	• jüngste Blätter vergilben bei scharf abgesetzten, grün gefärbten Hauptadern
Mangan (Mn)	• jüngste und mittlere Blätter mit Interkostalchlorosen • Hauptader weiter grün gefärbt mit deutlichem Saum
Schwefel (S)	• jüngste Blätter einschließlich der Blattadern vergilben zunehmend • reduziertes Wachstum • eher in industriefernen ländlichen Regionen (kein Eintrag über die Luft) • löffelartige Blattmissbildungen bei Kohlgewächsen
Calcium (Ca)	• junge Blätter der Triebspitze sind hakenförmig umgebogen • Abknicken der Stängel unter der Blüten- oder Sprossspitze • Blütenendfäule bei Früchten (Tomate, Paprika), Stippigkeit bei Apfel • Blattrandnekrosen bei Gemüsepflanzen (Salat)

Chlorose: Gelbfärbung (Vergilbung) von Gewebe
Nekrose: abgestorbenes, braunes Gewebe
Interkostalfelder: Blattbereiche zwischen den Blattadern

Was fehlt meinen Pflanzen?

Die Anfälligkeit von Pflanzen gegenüber Krankheiten steigt grundsätzlich mit einem mangelhaften Nährstoffangebot und/oder einer eingeschränkten Verfügbarkeit im Boden.
Eine Bodenuntersuchung bei einer Neuanlage eines Gartens oder sonst im Abstand von etwa 3–5 Jahren ist sinnvoll, um genau zu wissen, was dem Boden bzw. Ihren Pflanzen fehlt.
Wenn Sie eine Untersuchung in Auftrag geben, fordern Sie gleich auch eine Düngerempfehlung (Gartenpass) an. Nachfolgend eine kurze Auswahl von Laboren, die Bodenproben für Hobbygärtner untersuchen. Die Kosten pro Untersuchung betragen, je nach Untersuchungsumfang, etwa 20–30 Euro.

Agrolab Labor
84079 Bruckberg
Tel.: 08765 / 939960
www.agrolab.de

Landwirtschaftliches Bodenlabor Dr. Eugen Lehle
89150 Laichingen-Machtolsheim
Tel.: 07333 / 947212
www.bodenlabor.de

Chemisch-Biologisches Laboratorium
91522 Ansbach
Tel.: 0981 / 97257720
www.rietzleranalytik.de

Chemisches Labor Dr. Graser
97453 Schonungen
Tel.: 09721 / 75760
www.labor-graser.de

Ingenieurbüro für Materialreports und Umweltanalytik
82515 Wolfratshausen
Tel.: 08171 / 380100
www.gartenpass.de

Verband Deutscher Landwirtschaftlicher Untersuchungs- und Forschungsanstalten
67346 Speyer
www.vdlufa.de
(Auflistung von rund 90 Laboren in Deutschland)

Als Freeware erhältlich ist ein komfortables PC-Programm mit Namen DiG (Düngung im Garten) aus dem Jahre 2012, das auf den Seiten der Hochschule Weihenstephan-Triesdorf zum Download angeboten wird (https://www.gartenbausoftware.de/dig-duengung-im-garten.html).

Stärkungsmittel für Ihre Pflanzen

Aktuell werden Pflanzenstärkungsmittel als Präparate definiert, die allgemein der Gesunderhaltung der Pflanzen dienen und/oder dazu bestimmt sind, Pflanzen vor nichtparasitären Beeinträchtigungen zu schützen. Das Bundesamt für Verbraucherschutz und Lebensmittelsicherheit (BVL) führt eine online einsehbare, monatlich aktualisierte Liste, in der alle Pflanzenstärkungsmittel mit deren Inverkehrbringer aufgeführt sind (https://www.bvl.bund.de/DE/Arbeitsbereiche/04_Pflanzenschutzmittel/01_Aufgaben/04_Pflanzenstaerkungsmittel/psm_Pflanzenstaerkungsmittel_node.html). Für die vor 2012 gelisteten Pflanzenstärkungsmittel – die nach ihrer damaligen Definition noch zur Erhöhung der Widerstandsfähigkeit von Pflanzen bestimmt waren – bietet das Julius Kühn-Institut (JKI) eine umfangreiche Archiv-Datenbank an. Viele Informationen, so auch zur Wirkungsweise der einzelnen Inhaltsstoffe, lassen sich hier nachlesen (http://archiv-pflanzenstaerkungsmittel.julius-kuehn.de).

Aktuell einsetzbare Pflanzenschutzmittel

Bedingt durch regelmäßige Neuzulassungen von Pflanzenschutzmitteln, aber auch dem Ablauf oder erforderlichen Änderungen wäre eine tabellarische Übersicht über den Zulassungsstand aller derzeit rund 1700 in Deutschland zugelassenen Präparate im Detail veraltet, bevor das Buch gedruckt ist. Es gibt jedoch andere Wege, einen aktuellen Überblick zu erhalten. Einerseits genügt ein Anruf beim jeweils zuständigen Pflanzenschutzamt (siehe Seite 372f.) oder Sie nutzen die folgenden Internetadressen und recherchieren dort selber. Nachfolgend hierzu einige empfehlenswerte, bundesweit einsetzbare Internetseiten mit kurzer Erläuterung zur Nutzung.

https://www.hamburg.de/pflanzenschutz/nav-haus-garten/

Das Pflanzenschutzamt Hamburg bietet auf seiner Seite eine PDF-Datei an, die in kompakter Form den jeweils aktuellen Zulassungsstand tabellarisch auflistet. Die Auflistung ist auf die Beratung und den etwas versierteren Hobbygärtner ausgerichtet, da die Gliederung nach Wirkungsspektrum (Fungizide, Insektizide etc.) und Wirkstoffen erfolgt. Zusätzlich besteht die Möglichkeit in einen Mailverteiler aufgenommen zu werden, sodass man jeden Monat die aktualisierte Liste per Mail erhält.

https://apps2.bvl.bund.de/psm/jsp/index.jsp

Das BVL (Bundesamt für Verbraucherschutz und Lebensmittelsicherheit) als Zulassungsbehörde in Deutschland bietet über diese Seite eine datenbankgestützte Abfragemöglichkeit zum aktuellen Zulassungsstand an. Im Feld „HuK/Alle" ist die Position Haus und Kleingarten auszuwählen. Die weitere Suche erfolgt einfach mit anklickbaren Feldern etwa zum Schadorganismus und zur Kultur. Zu allen Produkten finden sich detaillierte Beschreibungen, u. a. zum Einsatzgebiet, zu Auflagen und den jeweiligen Anwendungsbestimmungen.

https://hausgarten.pflanzenschutz-information.de

Herausgegeben wird diese Online-Datenbank vom Dienstleistungszentrum Ländlicher Raum Rheinpfalz. In der Nutzung ist die Datenbank komfortabler und für Hobbygärtner einfacher in der Bedienung und zudem optisch nutzerfreundlicher aufgebaut als das zuvor vorgestellte Profi-Angebot des BVL.

https://www.lksh.de/gartenbau/haus-und-kleingarten/pflanzenschutz-beratung-haus-und-kleingarten/

Die Landwirtschaftskammer Schleswig-Holstein bietet auf ihren Haus- und Kleingartenseiten unter der Rubrik „Pflanzenschutzmittel-Listen" monatsaktuelle Zusammenstellungen für die Bereiche Ziergarten, Obst- und Gemüsegarten sowie Rasen an. Die Listen im PDF-Format sind anwenderfreundlich nach Schaderregern sortiert und führen hier die jeweils einsetzbaren Wirkstoffe und Produktnamen mit ergänzenden Informationen zum Anwendungsgebiet auf.

Hier bekommen Sie Helfer für Ihren Garten

ABITEP GmbH
Glienicker Weg 185
D-12489 Berlin
www.abitep.de

AMW Nützlinge GmbH
Ausserhalb 54
D-64319 Pfungstadt
www.amwnuetzlinge.de

Andermatt Biocontrol Suisse AG
Stahlermatten 6
CH-6146 Grossdietwil
www.biocontrol.ch/

BIOCARE Gesellschaft für Biologische Schutzmittel mbH
Dorfstr. 4
D-37574 Einbeck
www.biocare-web.de

Biofa AG
Rudolf-Diesel-Str. 2
D-72525 Münsingen
www.biofa-profi.de

bio-ferm GmbH
Erber Campus 1
A-3131 Getzersdorf
www.bio-ferm.com

biohelp GmbH
Kapleigasse 16
A-1110 Wien
www.biohelp.at

BIOPLANT Naturverfahren GmbH
Carl-Benz-Str.4
D-78467 Konstanz
www.biplantol.de

Bio-Protect GmbH
Lohnerhofstr. 7
D-78467 Konstanz
www.bio-protect.de

ChiPro GmbH
Anne-Conway-Str. 1
D-28359 Bremen
www.chipro.de

Gesellschaft für Biotechnologie und biologischen Pflanzenschutz mbH
Klausdorfer Str. 28-36
D-24223 Schwentinental
www.e-nema.de

Intrachem Bio
Deutschland GmbH & Co KG
Bahnhofstraße 52
D-65520 Bad Camberg
www.intrachem-bio.de

Katz Biotech AG
An der Birkenpfuhlheide 10
D-15837 Baruth
www.katzbiotech.de

W. Neudorff GmbH KG
An der Mühle 3
D-31860 Emmerthal
www.neudorff.de

ÖRE Bio – Protect Biologischer Pflanzenschutz GmbH
Neuwührener Weg 26
D-24223 Schwentinental
www.oere-bio-protect.de

SAUTTER & STEPPER GmbH
Rosenstr. 19
D-72119 Ammerbuch
www.nuetzlinge.de

Temmen GmbH
Ankerstr. 66a
D-65795 Hattersheim-Eddersheim
www.temmen.de

Tilco Alginure GmbH
Holländerkoppel 1a
D-23858 Reinfeld
www.tilco-biochemie.de

Trifolio-M GmbH
Dr.-Hans-Wilhelmi-Weg-1
D-35633 Lahnau
www.trifolio-m.de

Pflanzenschutzstellen der Länder

Baden-Württemberg
Landwirtschaftliches Technologiezentrum Augustenberg
Neßlerstraße 25, 76227 Karlsruhe
www.ltz-bw.de

Bayern
Bayerische Landesanstalt für Landwirtschaft
Institut für Pflanzenschutz
Lange Point 10, 85354 Freising
www.LfL.bayern.de/ips

Berlin
Pflanzenschutzamt Berlin
Mohriner Allee 137, 12347 Berlin
https://www.berlin.de/senuvk/pflanzenschutz/pflanzenschutzamt

Brandenburg
Landesamt für Ländliche Entwicklung, Landwirtschaft und Flurneuordnung (LELF)
Pflanzenschutzdienst
Müllroser Chaussee 54, 15236 Frankfurt/Oder
https://lelf.brandenburg.de/lelf/de/landwirtschaft/pflanzenschutzdienst/

Bremen
Lebensmittelüberwachungs-, Tierschutz- und Veterinärdienst des Landes Bremen (LMTVET)
Pflanzenschutzdienst
Lötzener Str. 3, 28207 Bremen
www.lmtvet.bremen.de

Hamburg
Behörde für Wirtschaft, Verkehr und Innovation
Pflanzengesundheitskontrolle, Pflanzenschutzamt Hamburg, Pflanzenschutzdienst
Brennerhof 123, 22113 Hamburg
https://www.hamburg.de/pflanzenschutz

Hessen
Regierungspräsidium Gießen
Pflanzenschutzdienst (Dez:51.4)
Schanzenfeldstr. 8–10, 35578 Wetzlar
www.pflanzenschutzdienst.rp-giessen.de

Mecklenburg-Vorpommern
Landesamt für Landwirtschaft, Lebensmittelsicherheit und Fischerei Mecklenburg-Vorpommern (LALLF)
Abt. 4: Pflanzenschutzdienst
Graf-Lippe-Str. 1, 18059 Rostock
www.lallf.de

Niedersachsen
Landwirtschaftskammer Niedersachsen
Pflanzenschutzamt (Hannover)
Wunstorfer Landstraße 9, 30453 Hannover
www.lwk-niedersachsen.de

Nordrhein-Westfalen
Landwirtschaftskammer Nordrhein-Westfalen
Pflanzenschutzdienst
Gartenstraße 11, 50765 Köln-Auweiler
www.landwirtschaftskammer.de/landwirtschaft/pflanzenschutz

Rheinland-Pfalz
Ministerium für Wirtschaft, Verkehr, Landwirtschaft und Weinbau Rheinland-Pfalz
Stiftsstraße 9, 55116 Mainz
www.mwvlw.rlp.de

Saarland
Landwirtschaftskammer für das Saarland
Pflanzenschutzdienst
In der Kolling 310, 66450 Bexbach
www.lwk-saarland.de/pflanze

Sachsen
Sächsisches Landesamt für Umwelt, Landwirtschaft und Geologie
Abt. 7 – Pflanzliche Erzeugung
Waldheimer Straße 219, 01683 Nossen
www.smul.sachsen.de/lfulg

Sachsen-Anhalt
Landesanstalt für Landwirtschaft und Gartenbau (LLG)
Dezernat 23 – Pflanzenschutz
Strenzfelder Allee 22, 06406 Bernburg
www.llg.sachsen-anhalt.de

Schleswig-Holstein
Landwirtschaftskammer Schleswig-Holstein
Abteilung Pflanzenbau, Pflanzenschutz und Umwelt
Fachbereich 33 – Pflanzenschutz
Grüner Kamp 15–17, 24768 Rendsburg
www.lksh.de

Thüringen
Thüringer Landesanstalt für Landwirtschaft (TLL)
Referat 410 – Pflanzenschutz
Kühnhäuser Straße 101, 99090 Erfurt
https://www.thueringen.de/th9/tlllr/landwirtschaft/pflanzenproduktion/pflanzenschutz/index.aspx

Gartenakademien in Deutschland

Baden-Württemberg
Gartenakademie Baden-Württemberg e. V.
Diebsweg 2, 69123 Heidelberg
www.gartenakademie.info

Bayern
Bayerische Landesanstalt für Weinbau und Gartenbau, Gartenakademie
97209 Veitshöchheim, An der Steige 15
www.lwg.bayern.de/gartenakademie/

Hessen
LLH – Hessische Gartenakademie
65366 Geisenheim, Brentanostraße 9
34117 Kassel, Kölnische Straße 48–50
https://llh.hessen.de/pflanze/freizeitgartenbau/

Niedersachsen
Niedersächsische Gartenakademie
26160 Bad Zwischenahn, Hogen Kamp 51
https://www.lwk-niedersachsen.de/index.cfm/portal/43/nav/0/article/19584.html

Rheinland-Pfalz
Gartenakademie Rheinland-Pfalz im Dienstleistungszentrum Ländlicher Raum Rheinpfalz
67435 Neustadt, Breitenweg 71
www.gartenakademie.rlp.de

Saarland
Saarländische Gartenakademie, Landwirtschaftskammer für das Saarland
66450 Bexbach, In der Kolling 310
https://www.lwk-saarland.de/pflanze/gartenakademie/

Sachsen
Sächsisches Landesamt für Umwelt, Landwirtschaft und Geologie
Gartenbau – Gartenakademie
01326 Dresden-Pillnitz, Söbrigener Straße 3a
https://www.gartenakademie.sachsen.de/

Sachsen-Anhalt
gARTenakademie Sachsen-Anhalt e. V.
39638 Hansestadt Gardelegen, Salzwedeler Torstraße 34
http://www.gartenakademie-sachsen-anhalt.de

Thüringen
GartenAkademie-Thüringen
99095 Erfurt, Hinter der Mühle 19
www.gartenakademie-thueringen.de

Pflanzenschutzmittelhersteller

Einige Hersteller bieten auch für den Haus- und Kleingarten Pflanzenschutzmittel an, die im Fachhandel (u. a. Gartencenter, Baumarkt) verkauft werden. Diese Hersteller liefern bezogen für ihre jeweiligen Produkte sowie die einzelnen Schaderreger (u. a. mit Diagnosehilfen) im Internet teils sehr umfangreiche Informationen; nachfolgend eine Auswahl.

Evergreen Garden Care Deutschland GmbH,
https://www.lovethegarden.com/de-de

SBM Life Science GmbH,
https://www.protect-home.de/

COMPO GmbH,
https://www.compo.de/

W. Neudorff GmbH KG,
https://www.neudorff.de/

Zum Weiterlesen

Allgemein

- aid infodienst (Hrsg.): Pflanzenschutz im Garten, aid, Bonn, Nr. 1162, 2007
- aid infodienst (Hrsg.): Biologischer Pflanzenschutz, aid, Bonn, Nr. 1030, 2010
- Böhmer, B. und W. Wohanka: Farbatlas Krankheiten und Schädlinge an Zierpflanzen, Obst und Gemüse, Verlag Eugen Ulmer, Stuttgart, 2008
- Greenwood, P. und A. Halstead: Schädlinge & Krankheiten: Pflanzenprobleme vermeiden, erkennen und erfolgreich bekämpfen. The Royal Horticultural Society, Dorling Kindersley Verlag, München, 2009
- Hansestadt Hamburg et al.: Pflanzenschutz im Haus- und Kleingarten, 2010
- Kreuter, M.L.: Der Biogarten: Das Original. Mit Pflanzenschutz-Kompass, BLV Buchverlag, 2009
- Lohrer, T.: Die 13 Gartenplagen, Verlag Eugen Ulmer, 2008
- Lohrer, T.: Marienkäfer, Glühwürmchen, Florfliege & Co. Pala Verlag, 2010
- Mayer, J.: Pflanzenschutz: Unser gesunder Garten. Stiftung Warentest, Berlin, 2011
- Sächsische Landesanstalt für Landwirtschaft et al.: Sachgerechter Pflanzenschutz im Haus- und Kleingarten, 2007

Obst

- Van Frankenhuyzen, A. und H. Stigter: Schädliche und nützliche Insekten und Milben an Kern- und Steinobst, Verlag Eugen Ulmer, 2002
- Griegel, A.: Mein gesunder Obstgarten. Griegel Verlag, 2001
- Persen, U. et al.: Pflanzengesundheit im Obstbau, Österreichischer Agrarverlag, 2005

Gemüse

- Bedlan, G.: Gemüsekrankheiten, Zentralverband der Kleingärtner, 4. Auflage, 2012
- Griegel, A.: Mein gesunder Gemüsegarten. Griegel Verlag, 2003
- Kahrer, A. und Gross, M.: Gemüseschädlinge, Österreichischer Agrarverlag, 2002

Ziergehölze und Bäume

- Alford, D. V.: Farbatlas der Schädlinge an Zierpflanzen. Thieme Verlag, 1997
- Butin, H.: Krankheiten der Wald- und Parkbäume. Verlag Eugen Ulmer, 2. Auflage, 2019
- Butin, H. et al.: Farbatlas Gehölzkrankheiten: Ziersträucher, Allee- und Parkbäume. Verlag Eugen Ulmer, 5. Auflage, 2017
- Griegel, A.: Mein gesunder Ziergarten. Griegel Verlag, 3. Auflage, 2000
- Hartmann, G. et al.: Farbatlas Waldschäden: Diagnose von Baumkrankheiten. Verlag Eugen Ulmer, 4. Auflage, 2017
- Nienhaus, F. und L. Kiewnick: Pflanzenschutz bei Ziergehölzen. Verlag Eugen Ulmer, 1998

Hilfe aus dem Netz

Austausch mit anderen

Die aus dem Internet bekannten Diskussionsforen gibt es auch für gärtnerische Fragen, wobei hier oft auch eigene Foren zum Thema Pflanzenschutz angeboten werden. Sie erfreuen sich großer Beliebtheit und sind bei Problemen mit Pflanzen für viele eine wichtige Anlaufstelle. Nachfolgend einige bekannte Foren zu Garten- und Pflanzenschutzthemen.

- www.mein-schoener-garten.de/jforum/forums/overview.page
- www.grf-online.de/Forum
- www.gartenforum.de
- www.garten-community.de

Erfolgreiche Suche

Für die Nutzung von Suchmaschinen (wie etwa Google), finden Sie hier einige Tipps, mit denen Sie deutlich bessere Ergebnisse bei Ihrer Suche erzielen.

- Verwenden Sie als eingegebene Stichwörter nicht nur den deutschen Namen (z. B. Birnengitterrost), sondern auch den wissenschaftlichen Namen. Der Umfang an Seiten als auch die Qualität steigt, da „gute" Seiten auch stets die lateinische Bezeichnung auf ihren Seiten aufführen.
- Nutzen Sie gezielt die „Erweiterte Suche". Sie können hier beispielsweise die Sprache einstellen oder den Dateityp (nutzen Sie hier bevorzugt die Option pdf-Dokumente). Auch können Sie auswählen, wo Ihr Suchbegriff auftreten soll, beispielsweise irgendwo auf der Seite, im Titel oder sogar in der Netzadresse selbst.
- Verwenden Sie gezielt die bei der „Bilder"-Suche mit aufgeführten Filterfunktionen. Einstellen lässt sich hier u. a. die Größe der Bilder oder auch die Farbe.
- Über die „Video"-Suche lassen sich zunehmend auch (kurze) Filme zu den unterschiedlichsten Schaderregern finden (versuchen Sie es einfach einmal mit „Dickmaulrüssler" als Suchbegriff).
- Mit Hilfe der Funktion „Mehr / Alert" erhalten Sie eine Mail, sobald Seiten ins Netz gestellt werden, die ein von Ihnen zuvor ausgewähltes Stichwort beinhalten. Insbesondere zu empfehlen, wenn Sie zu einem Thema laufend aktuell informiert werden wollen.

Online-Pflanzenschutzkurs

Der auf den Seiten der Virtuellen Hochschule Bayern kostenfrei angebotene OPEN vhb-Kurs „Pflanzenschutz – gefährlich, sinnlos und überflüssig?" liefert eine ausführliche und multimedial aufbereitete Einführung in die Welt der Schaderreger an Pflanzen (Kurs-Registrierung und Zugriff über https://open.vhb.org).

Garten-Podcasts

Ein Podcast ist ein Angebot von redaktionell gestalteten Audiodateien (als MP3-Datei bereitgestellt), die einzeln angehört und – da sie regelmäßig erscheinen – auch kostenlos abonniert werden können. Die jeweiligen Beiträge können am PC oder auch mobil auf einem MP3-Player angehört werden, beispielsweise auf dem Weg zum Einkaufen oder zur Arbeit. Auch zum Thema Garten und zum Pflanzenschutz werden Podcasts angeboten.
Zu finden sind diese am besten über die Nutzung von Podcast-Verzeichnissen wie www.podcast.de, die einfach nach dem Stichwort „Garten" durchsucht werden können und die ihre Treffer ähnlich einer Suchmaschine dann auflisten. Nachfolgend einige bekannte Podcasts zu Garten- und Pflanzenschutzthemen.

- Service Garten im WDR 5
- MDR 1 Radio Sachsen-Anhalt – Gartentipp
- Antenne Bayern – Gartentipp
- Der GartenCast der Bayerischen Gartenakademie
- Podcast – Pflanzenschutz im Gartenbau
- Radio Wien – Pflanzentipps
- MDR 1 Radio Sachsen – Gartensprechstunde
- Radio Gartenzwerg

Register

R

S

Bildquellen

Titelbild: Flora Press / Nature In Stock / Jef Meul
Buchrücken: mauritius images / Chromorange / Martina Raedlein
Bedlan, Gerhard: Seite 327 u., 354 (2x)
Beltz, Heinrich: Seite 81 o., 101 o., 112 u., 146 (2x), 155 u., 175 (2x), 192 (2x)
Brand, Thomas: Seite 38 (2x), 71 u., 112 o., 116 u., 140 o., 183 o., 193 (2x), 194 o., 196 o., 332 u., 351 u.
Buhr, Hans: 187 o.
Coatesy/Shutterstock.com: Seite 12 (Igel)
Clematiskulturen F. M. Westphal: Seite 63 o.
Epp, Paul: Seite 269 o.
Faßmann, Natalie: Seite 62 u., 128 u., 149 u., 183 u., 244 (2x), 247 o., 266 u., 307 u., 309 o.
Forschungsanstalt für Gartenbau Weihenstephan: Seite 102 (2x), 120 (2x), 121 o., 136 (2x), 142 u.
Fotonatur.de / Holger Duty: Seite 29 o., 207 o.
Fried, Arno: Seite 255 o.
Fritzsche, Martin: Seite 350 u.
Gernoth, Hubertus: Seite 26 u., 29 u., 97 u., 107 (2x), 111 u., 178 (2x), 181 (2x), 205 (2x), 207 u., 213 (2x), 215 u., 226 u., 227 u., 235 o., 238 (2x), 241 o., 245 u., 251 (2x), 254 o., 259 o., 262 o., 267 u., 270 o., 277 (2x)
Grabenweger, Giselher: Seite 352 (2x)
Hartmann, Günter: Seite 85 u., 110 u.
Harzer, Uwe: Seite 235 u., 236 o.
Haselböck, Andreas: Seite 128 o.
Herrmann, Josef V., Bayerische Landesanstalt für Weinbau und Gartenbau, Veitshöchheim: Seite 281 o.
Heydeck, Paul: Seite 110 o.
Hilfert, Gregor: Seite 21 u., 73 u., 91 o., 123 o., 200 u., 206 u., 229 (2x), 245 o., 259 u.
Hoyer, Christoph: Seite 306 u.
Julius Kühn-Institut – Bundesforschungsinstitut für Kulturpflanzen: Seite 281 u., 282 o., 287 u., 291 (2x), 299 (2x), 300 u., 302 o., 304 u., 309 u., 313 u., 331 (2x), 333 (2x), 334 u., 340 u., 346 u., 348 o., 351 o., 353 u., 355 u., 358 (2x), 359 o., 363 u., 364 o., 365 o.
Just, Jürgen/Julius-Kühn-Institut: Seite 204 o.
Kast, Walter K., Staatliche Lehr- und Versuchsanstalt für Wein- und Obstbau, Weinsberg: Seite 282 u.
Kehr, Rolf: Seite 106 o., 113 (2x), 151 u.
Kokula, Isabelle: Seite 345 u.
Kost, Werner: Seite 292 u., 300 o., 307 o., 330 o., 334 o., 335 o., 336 u., 339 o., 340 o., 359 u., 360 (2x), 361 o., 364 u.
Kreiselmeier, Jochen: Seite 350 o.
Lehmann, Manfred: Seite 22 u., 334
Lösing, Heinrich: Seite 144 (2x)
Margraf, Klaus: Seite 130 u.
Maring, Eveline: Seite 219 o., 269 u.
Martchan/Shutterstock.com: Seite 5 r., 366/367
Maschning, E.: Seite 85 o.
MityaChernov/Shutterstock.com: Seite 198/199
Nennmann, Holger: Seite 142 o.
Noé López Gutiérrez, Landesanstalt für Landwirtschaft, Forsten und Gartenbau Sachsen-Anhalt: Seite 305 u., 306 o.
Pertusinas/Shutterstock.com: Seite 4, 208/209
PictureDesignSwiss/Shutterstock.com: Seite 13 (Marienkäfer)
Reinhard, Hans: Seite 13 (Schwebfliege)
Riehl, Thomas, Obstbauseite Mainfranken, Estenfeld: Seite 214 (2x), 216 o., 231 o.
Rudmer Zwerver/Shutterstock.com: Seite 12 (Fledermaus)
Schaefer, Bernd: Seite 40 u., 43 (2x), 44 (2x), 63 u., 69 o., 72 o., 80 (2x), 81 u., 83 o., 84 o., 89 u., 118 u., 127 o., 137 u., 156 o., 168 u., 191 o., 201 o., 211 (2x), 212 u., 217 o., 220 (2x), 221 u., 223 (2x), 226 o., 228 (2x), 234 (2x), 239 u., 240 (2x), 242 u., 248 o., 249 o., 252 o., 268 o., 270 u., 287 o., 296 o., 297 (2x), 316 (2x), 319 u., 320 (2x), 321 o., 328 o., 329 u., 341 (2x), 343 u., 344 (2x), 353 o., 356 (2x)
Schärer, HJ: Seite 338 u.
Schirra, Karl-Josef, DLR Rheinpfalz, Neustadt/W.: Seite 283 (2x)
Schön, Walter: Seite 58 o., 129 (2x)
Schrameyer, Klaus: Seite 20 o., 56 o., 69 u., 70 (2x), 96 o., 97 o., 108 o., 111 o., 116 o., 119 o., 122 o., 197 (2x), 293 (2x), 296 u., 301 (2x), 302 u., 303 (2x), 310 (2x), 311 (2x), 312 (2x), 313 o., 317 (2x), 325 (2x), 326 o., 327 o., 330 u., 332 o., 335 u., 336 o., 337 (2x), 338 o., 339 u., 343 o., 345 o., 346 o., 347 (2x), 348 u., 355 o., 357 (2x), 361 u., 362 (2x), 363 o., 365 u.
Schuster, Thomas: Seite 155 o., 190 u.
Shutterstock / Payless Images: Seite 5 l., 294/295
Thüringer Landesanstalt für Landwirtschaft, Jena: Seite 219 u., 231 u.
Ton Weerayut/Shutterstock.com: Seite 284/285
Veser, Jochen: Seite 40 o., 49 o., 73 o., 90 u., 106 u., 108 u., 117 u., 125 o., 151 o., 163 (2x), 164 (2x), 289 u.
Vietmeier, Andreas: Seite 3 l., 18/19, 21 o., 30/31, 45 u., 61 (2x), 62 o., 64 (2x), 72 u., 74 (2x), 83 u., 84 u., 101 u., 118 o., 119 u., 121 u., 122 u., 125 u., 130 o., 137 o., 138 (2x), 141 u., 149 o., 176 (2x), 179 (2x), 191 u., 200 o., 203 u., 210 (2x), 212 o., 216 u., 217 u., 218 o., 222 u., 224 o., 225 u., 227 o., 233 u., 239 o., 241 u., 242 o., 243 o., 247 u., 252 u., 255 u., 256 u., 257 o., 262 u., 263 o., 264 (2x), 265 u., 266 o., 267 o., 271 u., 273 o., 275 u., 278 u., 279 (2x), 280 u., 288 (2x), 297 u., 314 u., 315 o., 321 u., 322 (2x), 326 u., 329 o., 342 u., 349 (2x)
Vogt, Heidrun/Julius-Kühn-Institut: Seite 204 u.
Wachmann, Ekkehard: Seite 94 o., 100 o.
Wagner, Wolfgang: Seite 274 (2x)
Wermelinger, Beat: Seite 96 u.
Wienberg, Jens: Seite 304 o.
Wilke, Rainer: Seite 131 (2x)
Wolff, Christian, Landesanstalt für Landwirtschaft, Forsten und Gartenbau Sachsen-Anhalt: Seite 305 o.
Zoonar / Emu: Seite 13 (Florfliege)
Zoonar / Richard Kittenberger: Seite 26 o.
Zoonar / H Landshoeft: Seite 24 o., 202 o.
Zoonar / Angela Schwarz: Seite 13 (Ohrwurm)
Zoonar / D. Trapper: Seite 12 (Meise)
Zoonar / Jürgen Vogt: Seite 12 (Spitzmaus)

Alle übrigen Fotos stammen vom Autor.

Impressum

Die in diesem Buch enthaltenen Empfehlungen und Angaben sind vom Autor mit größter Sorgfalt zusammengestellt und geprüft worden. Eine Garantie für die Richtigkeit der Angaben kann aber nicht gegeben werden. Autor und Verlag übernehmen keine Haftung für Schäden und Unfälle. Bitte setzen Sie bei der Anwendung der in diesem Buch enthaltenen Empfehlungen Ihr persönliches Urteilsvermögen ein.
Der Verlag Eugen Ulmer ist nicht verantwortlich für die Inhalte der im Buch genannten Websites.

Bibliografische Information der Deutschen Nationalbibliothek
Die Deutsche Nationalbibliothek verzeichnet diese Publikation in der Deutschen Nationalbibliografie; detaillierte bibliografische Daten sind im Internet über http://dnb.d-nb.de abrufbar.

Wollgrasweg 41, 70599 Stuttgart (Hohenheim)
E-Mail: info@ulmer.de
Internet: www.ulmer.de
Projektleitung: Carolin Witte
Herstellung: Judith Schumann
Umschlaggestaltung: Antje Warnecke, nordendesign.de
Satz: Atelier Reichert, Stuttgart
Druck und Bindung: Livonia Print, Riga, Lettland
Printed in Latvia

ISBN 978-3-8186-1041-8